楼宇智能化实用技术

LOUYU ZHINENGHUA
SHIYONG JISHU

孟宪章　冯　强　编著

内 容 提 要

本书以智能楼宇强、弱电知识及智能楼宇管理知识为基础，介绍楼宇智能化实用技术，并从设备运行维护视角切入，对楼宇智能化控制的关键设备——分散控制单元直接数字控制器DDC、执行单元电动执行器、变送单元温度传感器等进行了翔实介绍，给出了常见故障的处理方法。

全书共分八章，主要内容包括智能楼宇概述，智能楼宇运行维护基本知识，视频监控与有线电视设备，楼宇设备控制系统、通信网络与信息网络系统，综合布线系统，门禁及停车场管理系统，防雷与接地系统。

本书适合智能楼宇工程技术人员，运行、维护、管理人员阅读参考，也可作为高职高专建筑电气自动化、楼宇智能化工程等专业的参考书。

图书在版编目（CIP）数据

楼宇智能化实用技术/孟宪章，冯强编著. —北京：中国电力出版社，2020.1

ISBN 978-7-5198-3487-6

Ⅰ. ①楼…　Ⅱ. ①孟… ②冯…　Ⅲ. ①智能化建筑—楼宇自动化　Ⅳ. ①TU855

中国版本图书馆CIP数据核字（2019）第169004号

出版发行：中国电力出版社
地　　址：北京市东城区北京站西街19号（邮政编码100005）
网　　址：http：//www. cepp. sgcc. com. cn
责任编辑：莫冰莹（010-63412526）
责任校对：黄　蓓　郝军燕
装帧设计：张俊霞
责任印制：杨晓东

印　　刷：北京雁林吉兆印刷有限公司
版　　次：2020年1月第一版
印　　次：2020年1月北京第一次印刷
开　　本：787毫米×1092毫米　16开本
印　　张：16.25
字　　数：388千字
印　　数：0001—2000册
定　　价：**68.00**元

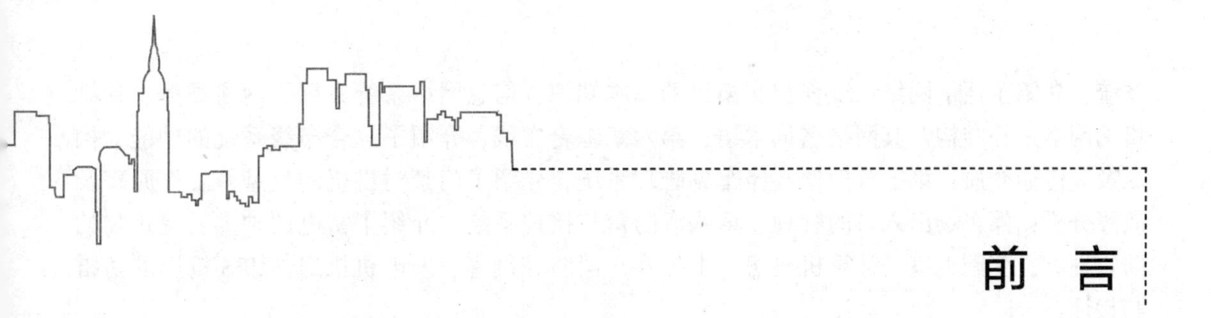

前　言

近年来，随着城市建设步伐的加速，高楼大厦在神州各处遍地林立。建筑设备（动能设备）的良好运行，为大楼里生活、工作着的人们，创造了一个安全可靠，冬季温暖如春、夏季凉爽宜人的舒适环境。

智能化的楼宇需要建筑设备（动能设备）自动调节工作在最佳运行状态。因此，需对其集中监视、综合平衡。例如，大楼内的供电、照明、空调、给排水、消防、保安、电梯、车库管理等设备或系统，以分散控制、集中监视和管理为目的，构成综合管理系统。

中央控制室（即中控室）为建筑设备（动能设备）的运行状态监视中心。中央控制室的值机人员坐在电视屏幕旁，浏览着建筑设备的运行数据，纵观全局，合纵连横，值机人员是生产的指挥者、协调者，但是不能干涉建筑设备各自的独立运行，应能制定建筑设备的最佳运行方案和设备事故处理方案。为此，就得了解建筑设备的性能、工作原理、正常运行情况、异常运行情况。物业管理者、运行维护者（包括中控室值机人员、变配电室、消防控制室、空调给排水运行室、电梯维修室等的值机人员）年复一年，昼夜守护着建筑设备，对设备情况最了解、最具有发言权，设备运行维护好了，能延长设备的使用寿命，能使一些会导致重大事故的隐患消灭在事故的萌芽中，为降低物业成本取得了较好的效果。

楼宇智能化是涉及多专业的综合性技术，如建筑结构、给排水系统、供配电系统、空调系统、消防系统、电梯系统等，只有对这些专业的相关技术都有所了解，才能做好智能楼宇的运行维护工作。

本书以实用技术为主，博采众长，收集了国内外同行业最新系列产品，列举了产品的性能和工作原理及可能产生故障的原因，使读者能够举一反三、触类旁通，并应用于实际。

本书引用的技术标准，绘制的电路图及符号，均符合 GB/T 4728.4—2005 的有关规定。对于国外的产品，为了使读者在安装、运行维护时方便，保持了原文图样，并简单介绍了元器件及设备的性能、接线方式。

本书共分八章。第一章智能楼宇概述，介绍了智能楼宇的技术管理、设计依据及与相关专业的技术知识；第二章智能楼宇运行维护基本知识，导线、电缆敷设，施工管理，物业管理方法及物业与相关单位的关系；第三章视频监控与有线电视设备，介绍了摄像机的种类、性能及技术数据；模拟电视、数字电视的前端设备及无源器件的性能；第四章楼宇设备控制系统，介绍了分散控制单元直接（现场）数字控制器 DDC 的性能、工作原理及其对空调系统，冷、热水系统，给、排水系统、10/0.4kV 变配电系统的控制；执行单元电动执行器、变送单元温度传感器的性能、技术数据及工作原理；第五章通信网络与信息网络系统，介绍了通信网络系统程控交换机的基本知识；信息网络系统介绍了网络类型、计算机的网络拓扑结构及其网络名词术语；第六章综合布线，介绍了综合布线系统的功能、构成及其传输介质；第七章门禁及停车场管理系统，介绍了门禁对讲机的类型、工作原理及故障分析；停车场出入口的管理；第八章防雷与接地系统，介绍了雷电的种类、建筑物的防雷种类，变配电室、计算机机房、中控室、消防控制室、发电机机房、UPS 机房的防雷与接地。

本书由李宏伟、冯强、孟宪章撰写，孟宪章、冯强统稿。

本书在编写过程中，莫冰莹编辑给予了支持和指导，罗晓梅高级工程师给予了技术支持，并得到了毛克凡高级工程师、王叔连高级工程师、王鸿鑫高级工程师和有关部门领导的大力支持和鼓励，许多同志和朋友也给予了鼓励和帮助。在此，谨致深切的谢意和敬意！
由于编者水平和经验有限，书中错误和不妥之处，敬请读者批评指正！

编者

2019 年 10 月

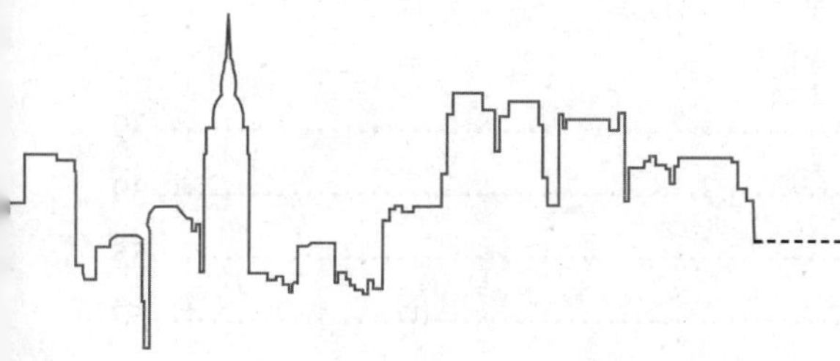

目　录

前言

第一章　智能楼宇概述 …… 1

第一节　智能楼宇的组成和主要功能 …… 1

一、智能楼宇自动化系统 …… 1

二、智能楼宇技术管理 …… 2

三、智能楼宇控制系统设计的依据 …… 7

第二节　智能楼宇与相关专业技术 …… 8

一、供配电系统 …… 8

二、楼宇自控系统 …… 12

第二章　智能楼宇运行维护基本知识 …… 19

第一节　导线、电缆敷设 …… 19

一、线、缆技术数据 …… 19

二、线、缆的敷设 …… 22

第二节　施工管理 …… 27

一、施工组织构成 …… 27

二、施工过程 …… 28

三、竣工验收 …… 30

第三节　物业管理 …… 32

一、管好物业的基本条件 …… 32

二、物业管理与设计、建设的关系 …… 33

三、物业运行维护的技术要求 …… 34

四、物业运行维护的技术培养 …… 35

五、物业运行管理与设备生产商 …… 36

六、物业维修的管理 …… 36

第三章　视频监控系统与有线电视设备 …… 38

第一节　概述 …… 38

第二节　电视监控系统的设备 …… 39
一、摄像机 …… 39
二、传输介质 …… 55
三、控制方式 …… 57
四、监视器 …… 58
第三节　有线电视设备 …… 59
一、模拟电视前端主要设备 …… 59
二、数字电视前端设备 …… 60
三、无源器件 …… 60
第四章　楼宇设备控制系统 …… 64
第一节　空调控制系统 …… 64
一、中央空调系统技术参数 …… 64
二、DDC 对中央空调器常风量系统的监控 …… 64
三、DDC 对中央空调器变风量送风系统的监控 …… 67
四、常风量送风机的电气控制 …… 73
第二节　冷、热水监控系统 …… 74
一、热水系统的监控 …… 74
二、冷水系统的监控 …… 74
三、冷却水系统的监控 …… 75
第三节　给、排水监控系统 …… 77
一、给水系统的监控 …… 77
二、排水系统的监控 …… 77
第四节　10/0.4kV 变配电室的自控与监视 …… 79
一、概述 …… 79
二、变配电室的管理、自控、连锁及监视 …… 80
三、楼宇控制中心对变配电室的监视 …… 82
第五节　控制系统的执行单元 …… 83
一、AVF-5000 系列电动调节阀 …… 83
二、回转型阀门电动执行器 …… 93
三、VA-7150 系列驱动器 …… 101
四、VB-3000 系列螺纹铸铜电动阀门 …… 102
五、VA-3000 系列驱动器 …… 103
六、VB-3000 系列铸铁电动阀门 …… 105
七、VA-7000 系列阀门驱动器 …… 106
八、VB-7000 系列法兰铸铁电动阀门 …… 106
九、DKJ、ZKJ 型角行程电动执行机构 …… 108
第六节　控制系统的变送单元 …… 111

一、TS9104 系列（PT）温度传感器 …… 111
二、8803 系列电子式温度控制器 …… 112
第七节　控制单元 …… 114
一、DDC 的性能 …… 114
二、DDC 的工作原理 …… 117
三、DX-9100-8154 DDC 的接线 …… 120
四、DDC 的安装 …… 121
第五章　通信网络系统与信息网络系统 …… 122
第一节　通信网络系统 …… 122
一、程控交换机的基本知识 …… 122
二、语音系统的组成 …… 122
第二节　信息网络系统 …… 123
一、网络类型 …… 123
二、计算机的网络拓扑结构 …… 128
三、网络设备与名词术语 …… 131
第六章　综合布线 …… 145
第一节　有关规范和标准 …… 145
一、国家标准 …… 145
二、国际标准 …… 145
第二节　结构 …… 146
一、综合布线系统的功能 …… 146
二、综合布线系统 …… 146
第三节　传输介质 …… 150
一、有线传输 …… 150
二、无线传输 …… 165
第七章　门禁及停车场管理系统 …… 169
第一节　门禁系统的分类和功能 …… 169
一、直按式对讲系统 …… 169
二、小户型套装对讲系统 …… 170
三、普通数码对讲系统 …… 171
四、直按式可视对讲系统 …… 172
五、联网型可视对讲系统 …… 174
第二节　室内机与室外机 …… 175
一、可视对讲型门禁系统电路分析 …… 175
二、单门门禁一体机 …… 178

第三节　门禁系统的锁具 …… 181
一、锁具的分类 …… 181
二、门禁锁具举例 …… 182
第四节　门禁系统的设计、安装及故障分析 …… 190
一、门禁系统的有关设计标准 …… 190
二、门禁系统的管线布置与选择 …… 191
三、主机安装 …… 192
四、问题解答及故障分析 …… 194
第五节　停车场管理 …… 218
一、存车库系统的有关标准 …… 218
二、车辆出入口管理系统的构成 …… 218
三、出入口管理系统的布线 …… 222
第八章　防雷与接地系统 …… 224
第一节　建筑物的防雷与接地 …… 224
一、雷电的种类 …… 224
二、建筑物的防雷种类 …… 225
三、建筑物的防雷措施 …… 225
四、建筑物的防雷接地系统 …… 229
第二节　10/0.4kV 供配电系统的防雷与接地 …… 235
一、概述 …… 235
二、变配电室内接地系统 …… 235
三、高压配电设备接地 …… 237
四、低压配电设备接地 …… 240
五、发电机机房和 UPS 机房的接地系统 …… 244
第三节　楼宇系统的防雷接地与保护接地 …… 245
一、计算机机房的接地系统 …… 245
二、中央控制室（中控室）的接地系统 …… 246
三、消防控制系统的接地 …… 247
四、电话机房、电视、广播音响及公共场所的接地系统 …… 248
参考文献 …… 249

第一章

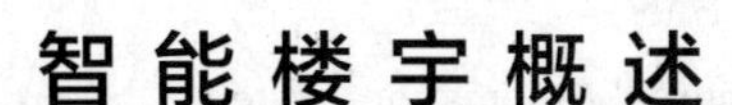

第一节 智能楼宇的组成和主要功能

一、智能楼宇自动化系统

智能楼宇即智能建筑（Intelligent Building，IB），它是以建筑为平台，兼备建筑设备（动能设备）、办公自动化及通信网络系统，集结构、系统、服务、管理及它们之间的最优化组合，为在大楼里工作、生活着的人们提供一个安全可靠、高效、舒适、便利的建筑环境。

“5A”系统，即智能楼宇控制的通俗说法，即建筑设备（动能设备）自动化系统（BAS），办公自动化系统（OAS），通信自动化系统（CAS），消防探测自动化系统（FAS），安防自动化系统（SAS）。

1. 建筑设备自动化系统（BAS）

建筑设备（动能设备）自动化系统（Building Automation System，BAS），将建筑物或建筑群内的电力、照明、空调、给排水、防灾、保安、存车场管理等设备或系统，以集中监视、控制和管理为目的，构成综合系统。

2. 办公自动化系统（OAS）

办公自动化系统（Office Automation System，OAS），办公自动化系统是应用计算机技术、通信技术、多媒体技术和行为科学等先进技术，使人们部分办公业务借助于各种办公设备，并由这些办公设备与办公人员构成服务于某种办公目标的人机信息系统。

3. 通信自动化系统（CAS）

通信自动化系统（Communication Automation System，CAS），又称通信网络系统（Communication Network System，CNS）。它是大楼内的语音、数据、图像传输的基础，同时与外部通信网络（如公用电话网、综合业务数字网、计算机互联网、数字通信及卫星通信网等）相联，确保信息畅通。

4. 消防探测自动化系统（FAS）

消防探测自动化系统（Fire dection Automation System，FAS）。消防控制室的 CRT 显示是以微型计算机、打印机等设备组成的彩色图形显示系统，显示监视、探测范围内的消防报警及控制设备的状态。当发生火灾报警时，该系统能迅速定位火灾的位置，为下达联动控制指令提供准确的信息。

该系统可以手动或自动将信息存盘，以及查询保存在硬件媒体的信息，便于将来的故障追踪，并可将该处各种信息打印存档。

CRT 是一个操作简便、功能强大的报警显示及实时控制系统。操作人员通过简洁明确的图形显示、通俗易懂的中文提示，可对整个报警联动系统进行监视和控制。

消防控制室在确认火灾后，宜向 BAS 系统及时传输、显示火灾报警信息，且能接收必要的其他信息。

5. 安全防范自动化系统（SAS）

安全防范自动化系统（Security Automation System，SAS），简称安防，其设计应根据建筑物的使用功能、建设标准及安全防范管理的需要，综合运用电子信息技术、计算机网络技术、安全防范技术等构成先进、可靠、经济、配套的安全防范自动化系统。安全防范系统主要分为如下子系统。

(1) 入侵报警系统。入侵报警系统应能根据建筑物的安全技术防范管理的需要，对设方区域的非法入侵、盗窃、破坏和抢劫等，进行实时有效的探测和报警，并应有报警复核功能。

(2) 电视监控系统。电视监控系统应能根据建筑物的安全技术防范管理的需要，对必须进行监控的场所、部位、通道等进行实时、有效的视频探测、视频监视、视频传输、显示和记录，并应具有报警和图像复核功能。

(3) 出入口控制系统。出入口控制系统应能根据建筑物的安全技术防范管理的需要，对需要控制的各类出入口，按各种不同的通行对象及其准入级别，对其进、出实施实时控制与管理，并应具有报警功能。系统应与火灾自动报警系统联动。

(4) 巡更系统。巡更系统应能根据建筑物安全技术防范管理的需要，按照预先编制的保安人员巡更软件程序；通过读卡器或其他方式对保安人员巡逻的工作状态（是否准时、是否遵守顺序等）进行监督、记录，并能对意外情况及时报警。

(5) 存车场管理系统。汽车库（场）管理系统应根据各类建筑物的管理要求，对车库（场）的车辆通行道口实施出入控制、监视、行车信号指示、停车计费及汽车防盗报警等综合管理。

(6) 其他子系统。其他子系统应根据各类建筑物不同的安全防范管理要求和建筑物内特殊部位的防护要求，设置其他安全防范子系统，如专用的高安全实体防护系统、防爆安全检查系统、安全信息广播系统、重要仓储库安全防范系统等。这些子系统均应遵照国家安全技术防范进行和相关行业的技术规范及管理法规进行设计。

二、智能楼宇技术管理

智能楼宇的技术管理是大楼的自动化管理。大楼的自动化技术管理应设有运行值班室，值班人员在值班室内，应能浏览大楼内所有建筑设备的运行情况，纵观全局、浏览大楼内各个角落。

(一) 中央控制室

中央控制室，即智能楼宇控制室，其规模根据大楼的规模而设置，如果规模不大，根据 GB/T 50314—2000《智能建筑设计标准》的 6.0.4 的规定：“消防控制室可单独设置，当与 BAS（建筑设备监控制系统）、SAS（安全防范系统）合用控制室时，有关设备在室内应占有独立的区域，且相互间不会产生干扰。火灾报警控制系统主机及控制盘应在消防控制室内。”

中央控制室宜设置在楼首层，门向外开。控制台设置在活动地板上，地板下应设有保护地线（PE）母线排、单相、三相电源插座。进、出电源线、控制线均应从活动地板内敷设至电缆桥架、托盘或金属线槽及暗设穿线管。中央控制室的屋顶、四周墙壁不应有明敷设的电缆桥架、托盘、金属线槽及穿管线。

中央控制室的照明灯具宜采用即开即亮，无眩光的灯具，照明线路应接在应急电源回路上，并设有应急照明，室内环境应按智能环境要求设计。

中央控制室的四周墙壁，应四白落地，不应有任何张贴画。

智能楼宇的中央控制室对大楼内的建筑设备，只作监视，不做操作控制。操作控制、自动控制、事故处理由各专业值班站（室）值班人员及设备现场的 PLC 或 DDC 进行操作控制。

中央控制室运行值班人员，有责任、有能力分析建筑设备（动能设备）的运行数据，并通知各专业值班站（室）进行运行数据的调节，使建筑设备（动能设备）工作在最佳运行状态。中央控制室运行值班员有责任、有能力、协调解决各专业值班站（室）本身或站与站之间、专业与专业之间发生的运行情况和事故处理情况。

（二）中央控制室的监控功能

1. 变电站

1）201、202、245 开关运行状态显示；

2）401、402、445 开关运行状态显示；

3）201、202 电压显示；

4）401、402 电压显示；

5）201、202 电流显示；

6）401、402 电流显示；

7）201、202 有功功率显示；

8）201、202 无功功率显示；

9）401、402 功率因数 $\cos\varphi$ 显示。

10）自备发电机启动情况；

11）大功率不停电装置（UPS）投入情况；

12）光伏发电电压、电流显示，频率显示，并列情况显示。

对以上 1）~9）项数据均为实时采取、显示，供运行值班人员分析运行情况。

2. 空调系统

（1）压缩式制冷系统：

1）压缩机运行状态显示；

2）冷冻水进、出口温度，压力测量；

3）冷却水进、出口湿度，压力测量；

4）过载报警。

（2）吸收式制冷系统：

1）运行状态显示；

2）蒸发器，冷凝器进、出口水温测量；
3）故障报警。
（3）蓄冰制冷系统：设备运行状态显示。
（4）热力系统：
1）蒸汽、热水出口压力、温度、流量显示；
2）运行状态显示；
3）安全保护信号显示；
4）设备故障信号显示；
5）锅炉房可燃物、有害物质浓度监测报警。
（5）冷冻水系统：
1）水流状态显示；
2）水泵运行状态显示；
3）水泵过载报警。
（6）冷却水系统：
1）水流状态显示；
2）冷却水泵运行状态显示；
3）冷却水泵过载报警；
4）冷却塔风机运行状态显示；
5）冷却水进出口水湿测量；
6）冷却塔风机过载报警。
（7）空气处理系统：
1）风机状态显示；
2）送回风温度测量；
3）室内温、湿度测量（可以以中央控制室的温、湿度为准）；
4）室外温、湿度测量；
5）过载报警。
（8）排风系统：
1）空调系统排风机工作状态显示；
2）空调系统排风机过载报警。

3. 给水系统

（1）水泵运行状态显示；
（2）水泵过载报警；
（3）水箱高、低液位显示及报警。

4. 排水及污水系统

（1）永久排水泵工作状态显示；
（2）永久排水泵运行状态显示；
（3）永久排水泵手动启、停控制；
（4）永久排水泵过载报警；

（5）永久排水池高、低液位显示及报警。

5. 公共照明系统

1）庭院灯启停控制；

2）泛光照明启停控制；

3）门厅、楼梯及走廊照明启停控制；

4）停车场照明启停控制；

5）航空障碍灯状态显示、故障报警；

6）重要场所可设智能照明控制系统。

6. 电梯系统

1）自动扶梯运行状态显示；

2）电梯运行层楼显示。

7. 消防自动控制系统

1）排风、排烟风机工作状态显示；

2）“排风、排烟”风机，“排风”环节启停控制；

3）消火栓给水泵运行状态显示；

4）喷淋给水泵运行状态显示；

5）消防水池（箱）高、低水位报警显示。

8. 安全防范系统

1）大楼出入口、各主要房间、角落、电梯轿厢内，通道等进行实时、有效的视频探测、视频监视、视频传输、显示和存盘记录，并应具有报警和图像复核功能；

2）出入口系统报警；

3）巡更系统，意外情况报警；

4）汽车防盗报警。

（三）智能楼宇管理人员的基本技术素质

（1）职业道德基本知识。

1）认真严谨，忠于职守。

2）勤奋好学，不耻下问。

3）钻研业务，勇于创新。

4）爱岗敬业，遵纪守法。

（2）工作要求。

1）能够安装线槽；敷设电缆线；识别电缆、配线架的标识。

2）能够安装机架设备；安装信息插座。

3）能够识读和处理火灾报警控制器信息；能够每日按规定流程进行检查，并填写系统运行值机记录。

4）能够对火灾报警事件按规范进行应急处理，并能按程序启动消防联动设备。

5）能够进行程控交换机硬件安装；能够进行护外连接；能够进行程控交换系统数据制作及数据维护。

6）能够安装用户分配网的线路、器材；能够对有线电视用户分配网进行维护。

7）能够安装、连接各种传感器、驱动器、执行器。

8）能够对 DDC 进行安装、连接、维护、更换。

9）能够识别、处理中央控制室的信息，并能进行基本的操作。

10）能够对视频系统的前端设备进行安装和调试，并对视频监控传输系统进行安装与连接；能够对系统的前端设备、传输系统进行维护和更换。

11）能够安装、维护、更换入侵报警系统的前端设备。

12）能够安装、维护、更换门禁系统用户端设备。

13）能够控制安全防范系统的主机设备，并识读安全防范系统的报警信息、填写安全防范系统的值机记录。

14）能够进行跳线的连接，光纤的连接。

15）能够进行铜缆的测试，光纤的测试，综合布线系统的工程电气测试记录。

16）能够进行线路故障测试、器件更换。

17）能够进行系统触发装置的检测。

18）能够对消防系统故障进行排查，并对消防设备进行定期检测试验。

19）能够选择网络设备，并对网络设备进行连接。

20）能够安装卫星电视天线和接收设备，并对其进行维护。

21）能够对空调系统、给排水系统进行测试。

22）熟悉变电站 10/0.4kV 供配系统模型板，了解变电站高、低压开关倒闸操作的规则。

23）能够对供配电系统线路、照明系统线路、电动机进行绝缘电阻摇测。

24）能够对设备接地电阻进行摇测。

25）能够对 DDC 进行运行和测试，并在线编程。

26）了解中央控制室控制设备的功能，能够对其进行维护及进行故障诊断。

27）能够对视频监控系统的终端设备进行安装、调试。

28）能够对入侵报警主机进行安装、调试及其故障诊断。

29）能够对门禁系统主机进行安装、调试及其故障诊断。

30）能够对综合布线系统工程、安全防护、接地保护进行设计及产品选型。

31）能够对综合布线系统进行验收，并编制工程竣工技术文件。

32）能够组织消防系统的竣工验收，并编制工程竣工文件。

33）能编制，并输入地址码。

34）能判断故障，确认系统运行条件。

35）能够制订消防设备维护计划。

36）对于程控交换系统，能够对业务需求进行设计；能够进行与运营商的对接；能够管理程控交换系统的硬件及软件。

37）能够进行局域网组网；能够进行 Internet 的接入；能够对网络系统进行故障诊断。

38）能够设计有线电视用户分配网，并且对卫星电视及有线电视用户分配网进行验收。

39）能够设计建筑设备（动能设备）监控系统，并进行配制。

40）能够对 DDC 进行编程、设计、调试，并进行组态设计。

41）能够编制施工组织（设计）方案，并进行系统的竣工验收。

42）能够制订管理方案及系统的升级方案。

43）能够设计安全防范系统及其设备选型。

44）能够编制安全防范系统的施工组织（设计）方案及工程竣工文件。

45）能够制订技术培训、教材编制、授课计划方案。

46）能够编制人员的定岗、定编方案；能够制订年度考核计划。

（四）技术培训

（1）培训目标。智能楼宇“5A 系统”运行维修。

（2）培训内容。“智能楼宇管理人员的基本技术素质”的 1）～46）项的内容。

智能楼宇自控系统即“5A 系统”是大楼的知识性、理论性、技术性、实际性很强的一门综合技术。专业技术方面，既有电专业（强电和弱电），又有暖通专业、给排水专业、土建专业等。

十年树木、百年树人，培养一名合格的、优秀的智能楼宇技术管理人员，不是一朝一夕的事情，更不是一蹴而就的事。一名楼宇技术管理人员应有变电站、暖通空调站、给排水、消防控制室、网络（电话机房）、电梯值班运行、维修的经历，才能积累丰富的运行经验和设备维修经验，才能及时、正确地分析系统运行情况，及时、正确地处理各种系统发生的故障。各种系统都要设想可能发生的故障，制定一些处理故障解决问题的预案，有了这些预案，一旦发生故障，处理起来就会迎刃而解，甚至把故障隐患消灭在萌芽中。分析事故、处理事故方法的探讨，也就是预案的探讨，是物业技术管理人员永恒的话题，永远的追求。

建筑设备（动能设备）的控制线路，大部分采用的是由电子器件组成的印刷电路板组成的自动启停电路、自动保护电路、自动投切电路、自动连锁电路……建筑设备（动能设备）自动化程度的加强，给大楼内的人们带来了安全可靠、四季舒适的环境。自动化程度使系统运行在最佳运行状态，节约了能源，减轻了物业运行维护人员的体力劳动，减少了运行维护的巡视路线。

但是，由于建筑设备（动能设备）的自动化程度加强不需要人去操作，也不允许去操作，久而久之，使运行维护人员对自动化产生了依赖性，同时也产生了麻痹思想，因此，自动化设备，一旦发生故障，将使物业运行维护人员，无能为力，束手无策。造成的经济损失是无可估量的。

三、智能楼宇控制系统设计的依据

GB 50019—2015《采暖通风与空气调节设计规范》

GB/T 50314—2015《智能建筑设计标准》

GBJ 50150—2016《电气装置工程　电气设备交接试验标准》

GB 50045—1995《高层民用建筑设计防火规范》

GBJ 79—1985《工业企业通信接地设计规范》

GB 50303—2015《中华人民共和国建筑电气施工质量验收规范》

GB 50300—2013《建设工程施工质量验收统一标准》

GB 50339—2013《智能建筑工程质量验收规范》

GB 50016—2014《建筑设计防火规范》

GB 50343—2012《建筑物电子信息系统防雷技术规范》

GB 50053—2013《10kV 及以下变电所设计规范》
GB 50052—2009《供配电系统设计规范》
GB 50054—2011《低压配电设计规范》
GB 50034—2013《建筑照明设计标准》
GB 50057—2010《建筑物防雷设计规范》
GB 50189—2015《公共建筑节能设计标准》
GB 50055—2011《通用用电设备设计规范》
GB 50311—2016《综合布线系统工程设计规范》
GB 50198—2011《民用闭路监视电视工程技术规范》
GB 50200—2018《有线电视工程技术规范》
GB 50098—2019《人民防空工程设计防火规范》
GB 50254—2014《电气装置安装工程　低压电器施工及验收规范》
GB/T 50312—2016《综合布线系统工程验收规范》
GBJ 50116—2013《火灾自动报警系统设计规范》
JGJ 67—2006《办公楼建筑设计规范》
JGJ 16—2008《民用建筑电气设计规范》
YD 5082—1999《建筑与建筑群综合布线系统工程设计施工图集》
GB 50174—2017《数据中心设计规范》
GB 50115—2009《工业电视系统工程设计规范》
GB 50166—2007《火灾自动报警系统施工验收规范》
以下国外标准仅供参考：
EIA/TIA 568A《商业建筑电信布线标准》
EIA/TIA 569《电信通道和空间商用建筑标准》
EIA/TIA 606《商业建筑通信基础结构管理规范》
EIA/TIA 607《商业建筑通信接地要求》
ISO/IEC IS 11801《用户建筑综合布线》
ANSIFDDI《光纤分布式数据接口高速局域网标准》
ANSITPDDI《铜线分布式数据接口高速局域网标准》
IEEE 802.3《CSAM/CD 接口方式》
IEEE 802.5《令牌环接口方式》
TSB—67 UTP《布线系统传输性能测试标准》
TIA/EIA SP—2840《商业楼通信布线标准》

第二节　智能楼宇与相关专业技术

一、供配电系统

1. 10kV 供配电系统

10kV 供配电系统一般是指从 10kV 开闭站输送至用户 10/0.4kV 配电变压器一次侧的电

压系统称为10kV供配电系统，10kV供配电系统称为高压供配电系统，在电力系统中亦称“中压供配电系统”。

10kV为线路额定电压，变压器10kV侧的电压分接点为10×（1±5%）kV，因此，为了保证线路额定电压，10kV的出口电压就应保证10kV的+5%（10.5kV）。

国家法规《全国供用电规则》规定：10kV额定电压的标准为10×(1±7%）kV，50×（1±0.5）Hz（电网容量在300万kW以下者）。

电网用电量逐渐增大，电压的变化很大，各地供电部门，根据实际用电情况，都有电压变化范围的承诺规定（见各地供电部门电压变化的通知）。

用户采取何种电压供电，供电公司是从供用电的安全、经济合理、电网规则、用电性质、用电容量、供电方式及当地供电条件等因素，进行经济技术比较后，与用户协商确定的。

在一般情况下，用户用电设备容量在250kW或需用变压器容量在160kVA及以下者，应以低压方式供电，特殊情况也可以高压方式供电。

2. 0.4kV/0.23kV供配电系统

又称低压供配电系统。低压供配电系统的线路额定电压为380V。

380×（1±5%）V，即变化范围为360~400V，因此，360~400V范围均为额定电压的正常范围，为此要求用户的用电设备在360~400V电压情况下，均能正常工作。

国家法规《全国供用电规则》规定：“低压供电：单相为220V，三相为380V”。

为了保证线路额定电压为单相220V、三相380V，变电站内低压供配电系统的母线就应保证额定电压380×(1+5%)V，即单相电压230V，三相电压400V。

国家法规《全国供用电规则》规定：“低压照明用户为额定电压的+5%、-10%”。

为了保证线路额定电压380V，变电站低压母线电压必须保证400V，如果保证不了或电压高于400V，应调节配电变压器一次侧（高压侧）电压分接点。

一般配电变压器的分接点为：10×（1±5%）kV、10×（1±2.5%）kV。“高往高调、低往低调”即低压供配电母线电压高于400V时，应往+2.5%或+5%挡调节；如低于400V时，应往-2.5%或-5%挡调节；如高压线路电压刚好是额定电压10kV时，则分接点就放在10kV挡。

调节电压分接点应注意事项（指环氧树脂干式变压器）：

（1）变压器电压分接接点调节应征得上级供电部门同意方可调节，主要是根据电网电压长期的变化情况来调节。

（2）调节变压器电压分接点的工作，必须是有试验的人方能进行。

（3）变压器电压分接点调节前，变压器必须先停电，做好安全措施后，办理工作票手续，方可进行调节。

（4）调节前，应阅读变压器出厂时或上一次“变压器电压分接点直流电阻值测试”记录。

（5）看明白变压器铭牌分接点连接的标示方法。

（6）变压器电压分接点直流电阻值测试，选用双臂直流电桥。

（7）电压分接点拆之前，先测试接线的直流电阻，并作记录。

（8）拆除电压分接点的原接线，按照所要调节的标示方法接好线。

（9）用双臂直流电桥测试新连接好的电压分接点直流电阻值，并做记录。如测试数据大于或小于原始数据，应分析原因重新测试，直至合格为止。

（10）拆除安全措施，进行发电操作，操作时应观察变压器是否有异常情况发生。

（11）变压器发电后，应观察变压器一次侧10kV电压，二次侧0.4kV/0.23kV是否是所要调节的理想数值。

3. 五防设施

五防设施是变电站的手车高压开关柜为了防止误操作，而采用的机械连锁装置，即五防设施，又叫五防措施，具体内容如下：

（1）可防止带负荷推进或拉出小车；

（2）可防止误入有电的电缆室；

（3）可防止误分、误合断路器；

（4）可防止接地开关闭合时，手车误推进；

（5）可防止手车在工作位置时，误合接地开关。

4. 三相50Hz交流电的相色、相序

相色是三相交流电导线或母线排按照相位的位置所涂的颜色，例如：L1、L2、L3或U、V、W或A、B、C的顺序，其颜色为黄、绿、红。安装规程中规定：导线或母线排的安装顺序应是L1（黄）、L2（绿）、L3（红），从左至右；从上至下；从前至后。

相序是指三相交流电A、B、C相位的顺序，即三相交流电在某一确定的时间t内到达零值或最大值的先后顺序。相与相之间相差120°。

同一供配电系统相色和相序可能是一致的，但不是同一配电系统，相色和相序不一定是一致的，所以两个系统并列时，电动机接线时，一定要进行核相试验。

相序的标识，国家旧标准中以A、B、C或A1、A2…B1、B2…C1、C2…表示。国家新标准中规定：电源进线用L1、L2、L3或L11、L21、L31、L12、L22、L32…表示；设备的电源进线用U、V、W或U1、V1、W1、U2、V2、W2…表示。作相序原理分析时，用A、B、C。

工作零线N用棕色或黑色表示。保护地线PE用黄、绿相间斑马线表示。

5. 电力系统、电力网

由发电、变电、输配电和用电设备组成的统一体称为电力系统。

电力网，亦称电网是指将各电压等级的输电线路和各种类型的变电站连接而成的网络。电网按其在电力系统中的作用不同，可分为输电网和配电网。

6. TN-S系统

TN-S系统是通常所说的三相五线制系统，即U、V、W、N、PE。国家标准（GB 14050）规定：TN-S系统接地方式中，T表示电源端有一点直接接地；N表示电气装置的外露可导电部分与电源端接地点有直接电气连接；S表示中性导体和保护导体是分开的。从规定中可知：PE线和N线应直接接变压器中性点再接地。在TN-S系统中，只有在此处，PE线和N线是接在一起的，其他无论在任何地方，PE线和N线都应是绝缘的。因此，要求竣工验收时，应把该点解开，测量PE线和N线间的绝缘，其绝缘电阻值应和其他导线相同，合格后，再把该点接上。如绝缘不合格把该点接上，将导致形成TN-C系统了。

7. 用电负荷的级别

为了确保供配电系统的经济合理、安全可靠供电，把用电负荷分为三级，其特点如下。

(1) 一级负荷。一级负荷是指中断供电造成重大影响、中断供电将造成重大经济损失、中断供电将造成人身伤亡、中断供电将造成公共场所秩序严重混乱的负荷，时刻保证不停电的负荷。

10kV 级采用两个独立电源供电，互为备用，每个电源均应有承担全部一级负荷的能力。

0.4kV/0.23kV 级采用两个独立电源供电，互为自投备用，每个电源均应有承担全部一级负荷的能力。除此之外，还应备有柴油发电机组和大容量不停电装置（UPS）。

(2) 二级负荷。二级负荷是指突然停电将产生废品，大量减产，损坏生产设备，在经济上造成较大经济损失的负荷。二级负荷通过做好停电准备工作可以停电。

10kV 级采用两个独立电源供电，互为备用，当有一路电源代替另一路电源供电时，被代的一路电源供电母线，应能提前自动甩负荷。

0.4kV/0.23kV 级采用两个独立电源供电，互为自投备用。被代的电源供电母线，应能提前自动甩负荷。除此之外，还应备有大容量不停电装置（UPS）。

(3) 三级负荷。三级负荷是指突然停电损失不大的负荷，包括不属于一级与二级负荷范围的用电负荷。

8. 有功功率、无功功率、视在功率、功率因数

(1) 有功功率。有功功率是保持用电设备正常运行所需的电功率，也就是将电能转换为其他形式能量（机械能、光能、热能）的电功率。用 P 表示，单位为千瓦（kW）。

在供配电系统运行中，有功功率表的指示是供配电系统中的瞬时值，运行值班人员可根据有功功率的指示情况，调节最佳的运行方式。

有功功率的瞬时指示数，也是智能楼宇管理采取的数据量。

(2) 无功功率。电网中的感性负荷（如电动机、变压器、感应式加热器、电焊机及输电线路）都会产生不同程度的电滞，即所谓的电感。感性负荷具有一种特性：即使所加电压改变方向，感性负荷的这种滞后仍能将电流的方向（如正向）保持一段时间。一旦存在了这种电流与电压之间的相位差，就会产生负功率，并被反馈到电网中。电流电压再次相位相同时，又需要相同大小的电能在感性负荷中建立磁场，这种磁场反向电能就被称作无功功率。用 Q 表示，单位为千乏（kvar）。

在供配电系统运行中，无功功率表的指示是供配电系统中的瞬时值，运行值班人员可根据无功功率的指示情况，调节最佳运行方式，改变设备大马拉小车的运行现象。

无功功率的瞬时指示数，也是智能楼宇管理采取的数据量。

(3) 视在功率。在交流电路中，由电源供给负荷的总功率称为视在功率。用 S 表示，单位为千伏安（kVA）。

视在功率既包括有功功率又包括无功功率，有功功率、无功功率、视在功率的关系如图 1-1 所示。

图 1-1 所示为功率直角三角形。有功功率、无功功率、视在功率的关系为直角三角形的函数关系（或直角三角形勾股定理关系）。

图 1-1 中，φ 为功率因数角。

有功功率　$P=S\cdot\cos\varphi$（kW）或 $P=\sqrt{S^2-Q^2}$（kW）

无功功率　$Q=S\cdot\sin\varphi$（kvar）或 $Q=\sqrt{S^2-P^2}$（kvar）

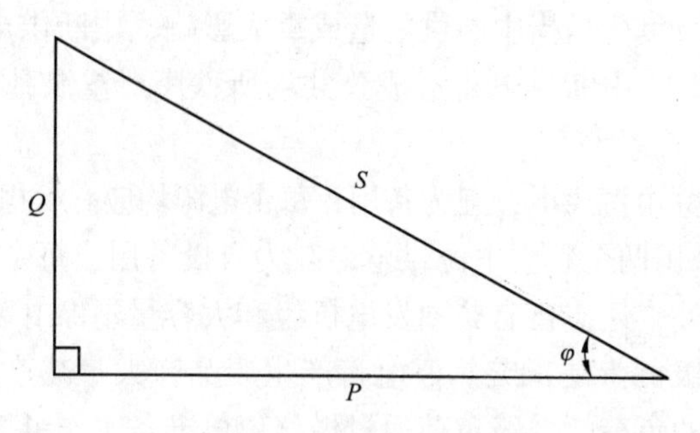

图 1-1 功率三角形

P—有功功率（kW）；Q—无功功率（kvar）；S—视在功率（kVA）

视在功率 $S=\sqrt{3}\cdot U\cdot I$（kVA）或 $S=\sqrt{P^2+Q^2}$（kVA）

式中 U——线电压，V；

I——线电流，A。

功率因数：$\cos\varphi=\dfrac{P}{S}=\dfrac{P}{\sqrt{P^2+Q^2}}$

（4）功率因数 $\cos\varphi$。有功功率是视在功率的一部分，有功功率在视在功率中所占的比重称为功率因数，用 $\cos\varphi$ 表示。

功率因数分为自然功率因数、瞬时功率因数和平均功率因数。

9. 我国电网的额定电压等级

我国交流电网的额定电压等级有 0.22/0.38，3，6，10，20，35，110，220，330，500，750，1000kV。

直流电网的额定电压等级有±500kV，±800kV。

安全电压等级有 36V、12V、6V。

绝对安全电压等级有 12V、6V。

二、 楼宇自控系统

1. 可编程序控制器（PLC）

可编程序控制器（Programmable Logic Controller，PLC）。它是计算机技术与工业自动控制技术相结合而开发的一种适用工业环境的新型通用自动控制装置，是作为传统继电器的替代产品而出现的。

2. 直接数字控制器（DDC）

直接数字控制器又叫现场数字控制器（Direct Digital Controller，DDC）。是指完成被控设备特征参数的测量与控制，并达到控制目标的控制装置。它是一种特种的计算机，其基本结构同样有中央处理器 CPU、存储器、输入输出设备。在楼宇自控系统中，DDC 视作现场控制器，具有可靠性高、控制功能强、程序可在线编写等特点。

DDC 具有运算功能和控制功能，可以独立地进行就地控制。所谓直接数字控制器，就是它可以直接装在被控设备附近，并且利用计算机的数字技术完成控制功能。它既能独立完成控制，又能联网被控。

3. 综合布线系统

(1) 综合布线系统。综合布线系统（Premises Distribution System，PDS），又称建筑结构化布线系统（SCS）。综合布线系统是通信网络系统中的终端传输介质（媒体），即分布大楼内的传输介质。传统上的电话、电视、音响、生产与管理自控系统的布线各行其道，给日常维修造成困难，同时也影响了大楼的结构布局，由于多次维修，则使原始布线杂乱无章，这样既不美观，又形成了安全隐患。综合布线解决了传统方式上的缺点。

综合布线系统是一个模块化的，灵活性极高的建筑布线系统。它能连接语音、数据、图像、计算机与通信，以及各种用于合理投资的楼宇控制与管理大楼的功能设备和生活起居的家用电器。由于它结构化极强，并不因使用布局变动而重新布线。

综合布线系统有以下功能：

1）传输模拟与数字的语音；

2）传输数据；

3）传输传真、图形、图像资料；

4）传输电视会议与安全监视系统的信息；

5）传输建筑物的安全报警；

6）传输建筑物动能设备的控制信息，如供配电系统、给排水系统、空调系统、消防系统等。

(2) 综合布线系统的组成。综合布线系统采用模块化结构。主要由6个子系统组成。

1）工作区子系统。工作区子系统（Work Area Subsystem）由终端设备连接到信息插座的连接（或软线）组成，它包括装配软线、连接器和连接所需的扩展软线，并在终端设备和I/O插座之间搭接，长度控制在10m以内。

常用设备是计算机、电话、传真机等，主要为工作人员的办公的区域，面积一般平均每人5~10m^2。

2）水平干线子系统。水平干线子系统（Horzontal Subsystem）将垂直干线子系统线路从管理间子系统的配线上连接的电缆延伸到用户工作区（信息插座），即从每层的配线间配线架上接出的水平干线。实现信息插座和管理间子系统（跳线架）的连接，常用5类或超5类非屏蔽双绞线实现这种连接，其长度一般控制在90m以内。

3）管理间子系统。管理间子系统（Administration Subsystem），设置在楼层配线间内，是连接垂直干线子系统和水平干线子系统的设备，主要有铜缆配线架、光纤配线架。利用配线架上跳线管理方式，可以使布线系统具有灵活、可调整的能力。当布置要求出现变化时，仅仅将相关跳线进行改动即可。管理间子系统应该有足够的空间放置配电间和网络设备（如交换机、集电器、理线器、机柜等）。

一般在每层楼都应设置一个管理间或配线间，主要是对本层楼所有的信息点实现配线管理及功能变换。

网络设备的布置、安装应参照有关规程要求，便于运行管理和维修。

4）垂直干线子系统。垂直干线子系统（Riser Backbone Subsystem），又称主干线，提供建筑物的干线电缆的路由，一般采用光缆，实现高速计算机网络以及程控交换机（PBX）和各管理子系统的连接。常用的通信介质是光纤，系统传输率可达到1000Mbit/s。

垂直干线子系统的范围包括管理间与设备间之间的连接电缆、主设备间与计算机房之间的连接电缆。垂直干线（光缆或双绞线电缆）应敷设在竖井内的桥架、托盘、线槽，或穿管敷设。每层的竖井间即是竖井又是管理间。

5）设备间子系统。设备间子系统（Equipment Subsystem）又称总机房，是在大楼内的适当地点设置进出线设备、网络互联设备的场所。为便于布线、节省投资，设备间最好位于大楼的中间位置。

设备间子系统由设备间中的电缆、连接器和相关支撑硬件组成，实现布线系统与设备的连接。主要为配合不同设备有关的适配器。

设备间通常也是管理人员值班的场所。

市话电缆的引入点与设备间的连接电缆应控制在15m左右为宜。数据传输引入点与设备间的连接电缆应控制在30m左右。

6）建筑群子系统。建筑群子系统（Campus Backbone Subsystem）是一栋建筑物内的缆线延伸到另外一些建筑物内的通信设备和装置，实现综合布线系统在建筑群中大楼之间的连接。主要构成是建筑群之间所敷设的光缆，同时也包括防止浪涌电压侵害的保护设备，其光缆长度一般控制在1500m之内。

4. 活动地板

活动地板又叫保护地板，亦叫网络地板。是一种由可任意移动和互换的防静电的地板构成的系统，该地板被支撑在可调整的金属支座或桁条上（或二者兼有），其目的是为人们利用地板下的空间提供方便，例如双绞线或光缆的敷设。安装时，每个金属支座和金属桁条均应做永久性接地保护（PE），并定期测试接地电阻。接地保护线，应采用铜导线，截面积$\geq 4mm^2$。

活动地板内的空间高度一般为20~30cm，即高出室内地面20~30cm。有条件的建筑，土建设计时应考虑，活动地板和室内地面是一个水平面。因此，室内地面土建时应做成-30cm的地面。

活动地板下的空间，就是一个巨型的接线盒，所有进出线的桥架、托盘、金属线槽、穿线管均应在此连通。设计时应考虑最好和地板空间的下部连通。

5. 防火墙

防火墙（Firewall）主要由软件、硬件构成，用来在两个网络之间实施接入控制策略。其接入控制策略是由使用防火墙的单位自行制定的，这种安全措施最适合本单位需要。因为防火墙在互联网中的位置，是用来解决内联网和外联网的安全问题。

（1）防火墙的功能。

1）阻止某种类型的通信量通过防火墙（包括从外到内或从内到外部网络）。

2）允许功能与阻止功能恰好相反，但大多数功能是阻止。

（2）防火墙技术分类。

1）网络级防火墙，主要用来防止整个网络出现外来非法入侵。其中有分组过滤，主要是检查所有流入本网络的信息，拒绝不符合准则的数据；其二是授权服务，主要是检查用户的登录是否合法。

2）应用级防火墙，从应用程序来进行接入控制，通常使用应用网关或代理服务器来区分各种应用。例如，可以只允许通过访问万维网的应用，而阻止 FTP（文件传输）。

6. 带宽

带宽（Bandwidth）是指信道所能传送信号的频率范围，即传送信号的最高频率与最低频率之差。例如，一条传输线可以传送 300～3000Hz 的频率，则这条传输线的带宽就是 2700Hz。

在传统的电话线路中，传送电话信号的标准带宽是 3.1kHz（语音的频率范围为300Hz～3.4kHz）通信的主干线传送的是模拟信号（即连续变化的信号）。

当通信线路传送数字信号时，则信道所传送的数据率通常称为带宽。带宽的单位为 Hz（$1kHz=1\times10^3Hz$，$1MHz=1\times10^6Hz$）。

数字信道的数据率的单位不采用频率单位。

数字信道传送数字信号的速率称为比特率。比特由英文 bit 音译而来，即二进制数中的信息单位“位”，是计算机中数据的最小单元，同时也是信息量的变量单位。一个比特就是二进制数中的一个“1”或一个“0”，网络或链路的带宽的单位就是 bit/s，亦称 bps（bit per second），即每秒传送的位数（$kbit/s=1\times10^3bit/s$，$Mbit/s=1\times10^6bit/s$，$Gbit/s=1\times10^9bit/s$，$Tbit/s=1\times10^{12}bit/s$）。通常人们所说的线路的带宽是 10M 或 10G，其实际意义应是比特率（即带宽）为 10Mbit/s 或 10Gbit/s。

带宽表示的是数字信号发送的速率，所以有时也称为吞吐量。在实际应用中，吞吐量常用每秒发送的比特数或字节数、帧数来表示。

在通信领域计算机的存储容量以字节为单位。一个字节等于 8 位（1byte=8bit），其单位为 B。千字节为 KB，它等于 2^{10}，即为 1024，而不是 1000。同样，1MB 也并非表示 10^6 字节，而是表示 2^{20}，即 1048576。

7. 调制解调器

所谓调制就是进行波形变换，即进行频谱变换，将基带数字信号的频谱变换成为适合于在模拟信道中传输的频谱。

所谓解调就是将模拟信号转换为数字信号进入计算机接收端的过程叫作解调。

完成调制、解调功能的电子器件或设备叫作调制解调器。

8. 栈

只允许在同一端进行插入与删除的线性表叫作栈。允许插入、删除的一端叫作栈顶，另一端叫作栈底。

9. 拓扑结构

从拓扑学观点看，计算机网络是由一组节点和链路组成的，网络节点和链路组成的几何图形就是网络的拓扑结构，亦称网络的物理或逻辑结构。

10. 星型拓扑结构

星型拓扑结构由中心站点、分站点和它们之间的链路组成。目前较为流行的是在中心站点处配制集线器，然后向外伸出许多分支电缆，每个入网设备通过分支电缆连到集线器上。信号经电缆再通过集线器传送至其他电缆段的设备上。

11. 树型拓扑结构

树型拓扑结构是星型拓扑结构的扩充，以星节点可以延伸出若干分支和子分支，分层结构具有根（星）节点。

12. 总线型拓扑结构

总线型拓扑结构采用公共总线作为传输介质，各站点都通过相应的硬件接口直接连向总线，信号沿传输介质进行广播式传送。

13. 环型拓扑结构

环型拓扑结构为一封闭环，各站点是通过中继器连入网的。各中继器的链路由点到点首尾连接，信息单向沿环路逐点传送。

14. 网状拓扑结构

网状拓扑结构主要用于广域网，它是网络协议中最复杂的，成本最高的一种网络。各站点相互连接，每根传输介质互相独立。

15. 计算机网络体系结构

对结构化的网络协议，一般将层和协议的集合叫作计算机网络体系结构。

16. 集线器（HUB）

集线器（HUB），是一种特殊的中继器。集线器是一个多端口中继器，用来连接双绞线传输介质或光缆传输介质的以太网，是组成 10Base-T、100Base-T 或 1Base-T、100Base-F 以太网的核心设备。

10Base-T 的含义是："10" 表示传输率为 10Mb/s；"Base" 是 base base（基带）的缩写，表示使用基带传输技术；"T" 表示的是传输介质的双绞线；"F" 表示的是传输介质为光纤。

HUB 是多路双绞线或光纤的汇集节点，它处于网络布线中心。在连接两个以上网络站点时，必须通过双绞线或光纤把站点连接到 HVB 上，所以 HVB 是 10Base-T 的核心设备。HVB 又称为 10Base-T 中继器。

17. 基带

在数字通信系统中，调制信号是数字基带信号，调制后的信号称数字调制信号。有时也可不经过调制而直接传输数字信号；这种传输方式称作数字信号的基带传输，信道的带宽称为基带。

18. 信道

通常所说的信道是指信号传输的介质，即两点间，端到端的传输路径，两点间连接指定的设备，例如：双绞线、同轴电缆、光纤、波导、电磁波、微波等。但在通信网络系统中，往往又分广义信道和狭义信道。如包括发转换器、传输介质、收转换器的称为调制信道；包括调制器、发转换器、传输介质、收转换器、解调器的称为编码信道。将这种扩大范围的信道称为广义信道，而把仅包括传输介质的信道称为狭义信道。

19. 网络协议

为进行网络中的数据交换而建立的规则、标准或约定，称为网终协议（Network Protocol）。网络协议主要由语法、语义、同步 3 个要素组成。

（1）语法。数据控制信息的结构或格式。

（2）语义。需要发出何种控制信息，完成何种动作以及做出何种反应。

（3）同步。事件实现顺序的详细说明。

协议通常有两种不同的形式：一种是便于人来阅读和理解的文字描述，另一种是让计算机能够理解的程序代码。

20. 以太网

以太网（ethernet）是目前局域网中，被广泛采用的一种总线型局域网。以太网具有以下特点。

（1）为用户提供独占的，点到点之间的连接。

（2）多个用户之间可以同时进行通信，不会发生冲突。

（3）扩充性好，其带宽可随用户的增加而增加，在扩充系统时，只需选用具有多端口的交换模块或交换机即可。

（4）采用了虚拟网络技术，使网络的组织、管理更加容易。

（5）以较低的处理能力，提高了较高吞吐率，比路由器价格低。

（6）采用帧交换技术。

21. ATM 网络

异步传输模式（ATM）是宽带综合服务网（B-ISDN）的核心技术，是实现 B-ISDN 各项业务的关键，并用光缆作为传输介质。B-ISDN 有如下特点：

（1）对宽带用户，网络接口上至少能够提供 135Mb/s 以上的接口速率，并能在接口速率内提供任意速率的业务，能提供各种连接状态。

（2）信息传送的延时和变化都很小，信息误码率低。

（3）不但提供传输语音、数据、视频图像时所采用的是固定速率型业务；还能提供各种可变型、速率型业务。ATM 具有无限的生命力，B-ISDN 将是未来广域网的发展方向。通常将 B-ISDN 叫作 ATM 网络。

22. 二维码

“二维码”又称“二维条码”，它是用特定的几何图形按一定规律在平面（二维方向）上分布的黑白相间的图形，是所有信息数据的一把“钥匙”。二维码具有储存量大、保密性高、抗损性强等特性，因此，在生活和现代商业活动中，应用十分广泛。如护照、身份证、驾照等证明登记及自动输入，发挥“随到随读”“立即取用”的资讯管理效果。如今，火车票也用上了二维码，主要作用是记录购票人的身份信息。

目前，一些国内报刊或街头广告中已经出现了二维码的优惠券，同时一些 WAP 网站也提供了二维码优惠券的下载，我们只需用手机拍摄或下载二维码图像，并通过店家的二维码扫描器识别，确认后就可以享受到相应折扣。

23. 工作接地

利用大地作为电气回路或采用接地的方法来减小电信设备和大地间的相对电位。为了要保持电压处于稳定状态，需要统一参考电压，因此通信设备中的对称电位需要接地。工作接地的接地电阻$\leq 1\Omega$。

24. 保护接地（PE）

为了防止由于电信设备的绝缘破坏，而导致人身事故，采用保护接地措施，一方面降低接触电压，即将网络设备的机架、机壳和走线架等金属部分与大地的电压降到允许的数值（安全电压以下），并且迅速断开电源；另一方面降低跨步电压，即将网络设备与大地表面间存在的电位梯位降低，使得线路电流流入大地上层时，其扩散能力为最小。保护接地的电阻≤4Ω。

国家标准中规定：保护接地线（PE）的颜色为黄、绿相间的斑马色。

25. 屏蔽接地

为了防止因外干扰电磁场和电气回路间的直接耦合，采用屏蔽接地，减小回路间产生串音影响。例如，将网络设备金属外壳、局内布线的屏蔽网（层）及网络通信机械的屏蔽接地，或者将电池的一极与“大地”连接。屏蔽接地的接地电阻≤100Ω。

26. 过电压接地

过电压接地，即避雷防护接地。为了避免发生人身事故和电气设备的损坏，对于过电压要采取一定的接地措施，以限制其对网络设备绝缘产生的危害。根据过电压的来源不同，可以分为如下几种情况。

(1) 大气过电压。主要有直接雷击和间接雷击两种，最有效地防止措施是将雷电引入大地，避雷针、避雷线的保护面积应进行计算，被保护的设备应安装在保护范围之内，其避雷针、避雷线应具有比较低的电阻值，电阻值每年雨季前要进行测试。

被保护设备的电源线、控制线均穿镀锌钢管保护，并和配电箱金属性连接牢靠，所有开关、电器元件均应装于金属性外壳的配电柜内。穿线管、配电箱、设备金属外壳、所有金属支架均应金属性地连接一起，然后接地，起到屏蔽接地、保护接地的作用。

(2) 邻近强电流线路引起的过电压。当传输介质（如非屏蔽双绞线）接近不对称高压线路时，传输介质的每一根导线都有感应过电压的危险。如果感应过电压达到危险时，应在传输介质两端或受感应的危险段上加装放电器或排流线圈，或者两者共同使用。

27. 数据处理设备的工作接地

数据处理设备的工作频率多在10Hz到几兆赫兹之间或更高，易受外界电源的干扰，也易干扰外界的对干扰敏感的设备，接地线应采用多股线引下，可减小趋肤效应和通道阻抗。当需要改善信号的工作条件时，宜采用多股绞线。

直流工作接地与交流工作接地如采用共同接地时，两者之间的电位差不应超过0.5V，以免产生干扰。

输入信号的电缆应穿镀锌钢管敷设，或敷设在带金属盖的线槽内，钢管及线槽均应接地。

28. 悬浮地

印刷电路板中，各电路中的公共连接点，称为悬浮地，该点一般不和大地连接。它是印刷板电路中的“0”电位，也是测量电路中电子元器件工作点时的参考点（电位）。

29. 引入点（电信）

穿过外墙、混凝土楼板、刚性金属导管或柔性金属导管的电信传输导体的显现位置。

第二章

智能楼宇运行维护基本知识

第一节 导线、电缆敷设

一、线、缆技术数据

RVV、RVVB型300V/500V铜芯聚氯乙烯绝缘聚氯乙烯护套圆形、平形连接软电缆技术数据见表2-1。

表2-1 RVV、RVVB型300V/500V铜芯聚氯乙烯绝缘聚氯乙烯护套圆形、平形连接软电缆

芯数×截面/mm²	导线芯根数/(直径/mm)	绝缘厚度/mm	护套厚度/mm	宽×长/mm		20℃时导体电阻/[Ω/km(≤)]	70℃时最小绝缘电阻/(MΩ·km)	参考质量/(kg/km)
				下限	上限			
2×0.75	24/0.2	0.6	0.8	6.0	7.6	26.0	0.011	59.3
2×0.75	24/0.2	0.6	0.8	3.8×6.0	5.0×7.6	26.0	0.011	49.0
2×1	32/0.2	0.6	0.8	6.4	7.8	19.5	0.010	67.7
2×1.5	30/0.25	0.7	0.8	7.2	8.8	13.3	0.010	89.5
2×2.5	49/0.25	0.8	1.0	8.8	11.0	7.88	0.009	146.3
3×0.75	24/0.2	0.6	0.8	6.4	8.0	26.0	0.011	71.2
3×1	32/0.2	0.6	0.8	6.8	8.4	19.5	0.010	83.0
3×1.5	30/0.25	0.7	0.9	7.8	9.6	13.3	0.010	113.4
3×2.5	49/0.25	0.8	1.1	9.6	11.5	7.98	0.009	181.9
4×0.75	24/0.2	0.6	0.8	7.0	8.6	26.0	0.011	85.6
4×1	32/0.2	0.6	0.9	7.6	9.2	19.5	0.010	104.3
4×1.5	30/0.25	0.7	1.0	8.8	11.0	13.3	0.06	142.3
4×2.5	49/0.25	0.8	1.1	10.5	12.5	7.98	0.009	216.1
5×0.75	24/0.2	0.6	0.9	7.8	9.4	26.0	0.011	105.3
5×1	32/0.2	0.6	0.9	8.2	11.0	19.5	0.010	78.5
5×1.5	30/0.25	0.7	1.1	9.8	12.0	13.3	0.010	173.7
5×2.5	49/0.25	0.8	1.2	11.5	14.0	7.98	0.009	270.1

RVVP型技术数据见表2-2。

表 2-2　　RVVP 型 300V/300V 铜芯聚氯乙烯绝缘金属屏蔽聚氯乙烯护套软电缆

芯数×截面/mm²	导电线芯根数/(直径/mm)	绝缘厚度/mm	屏蔽单线直径/mm	护套厚度/mm	平均外径/mm		20℃时导体电阻不大于/[(Ω/km)]	70℃时最小绝缘电阻/(MΩ·km)	参考重量/(kg/km)
					下限	上限			
1×0.12	7/0.15	0.4	0.10	0.4	2.3	2.8	158	0.016	12.7
1×0.2	12/0.15	0.4	0.10	0.4	2.5	3.0	92.3	0.013	14.9
1×0.3	16/0.15	0.5	0.10	0.4	2.8	3.3	69.2	0.014	18.2
1×0.4	23/0.15	0.5	0.10	0.4	2.9	3.5	48.2	0.013	21.0
1×0.5	16/0.20	0.5	0.10	0.4	3.0	3.6	39.6	0.012	22.2
1×0.75	24/0.20	0.5	0.10	0.4	3.2	3.8	26.0	0.010	26.9
1×1.0	32/0.20	0.6	0.10	0.6	3.9	4.6	19.5	0.010	36.7
1×1.5	30/0.25	0.6	0.10	0.6	4.2	4.9	13.3	0.009	44.0
1×2.5	49/0.25	0.7	0.15	0.6	5.0	5.8	7.98	0.008	66.0
2×0.12	7/0.15	0.4	0.10	0.6	4.0 2.94×4	5.0 3.5×5	158	0.016	18.0
2×0.2	12/0.15	0.4	0.10	0.6	4.3 3.0×4.3	5.4 3.7×5.4	92.3	0.013	27.0
2×0.3	16/0.15	0.5	0.15	0.6	5.0 3.5×5	6.2 4.2×6.2	69.2	0.014	34.0
2×0.4	23/0.15	0.5	0.15	0.6	5.4 3.7×5.4	6.6 4.4×6.6	48.2	0.013	37.0
2×0.5	16/0.20	0.5	0.15	0.6	5.6 3.8×5.6	6.8 4.5×6.8	39.0	0.012	40.0
2×0.75	24/0.20	0.5	0.15	0.6	6.0 4.0×6.6	7.2 4.7×7.2	26.0	0.010	48.0
2×1.0	32/0.20	0.6	0.15	0.6	6.6 4.3×6.6	8.0 5.2×8.0	19.5	0.010	68.0
2×1.5	30/0.25	0.6	0.15	0.8	7.6 5.6×7.6	9.0 5.0×9.0	13.3	0.009	89.0
3×0.12	7/0.15	0.4	0.10	0.6	4.2	5.2	158	0.016	29.1
3×0.2	12/0.15	0.4	0.15	0.6	4.8	6.0	92.3	0.013	40.4
3×0.3	16/0.15	0.5	0.15	0.6	5.4	6.6	69.2	0.014	49.8
3×0.4	23/0.15	0.5	0.15	0.6	5.6	6.8	48.2	0.013	57.9
3×0.5	16/0.20	0.5	0.15	0.6	5.8	7.0	39.0	0.012	61.1
3×0.75	24/0.20	0.5	0.15	0.6	6.2	7.6	26.0	0.010	74.4
3×1.0	32/0.20	0.6	0.15	0.8	7.4	8.8	19.5	0.010	98.5

续表

芯数×截面/mm²	导电线芯根数/(直径/mm)	绝缘厚度/mm	屏蔽单线直径/mm	护套厚度/mm	平均外径/mm		20℃时导体电阻不大于/[(Ω/km)]	70℃时最小绝缘电阻/(MΩ·km)	参考重量/(kg/km)
					下限	上限			
3×1.5	30/0.25	0.6	0.20	0.8	8.2	9.8	13.3	0.009	129.5
4×0.12	7/0.15	0.4	0.15	0.6	4.8	6.0	158	0.016	39.4
4×0.2	12/0.15	0.4	0.15	0.6	5.0	6.2	92.3	0.013	46.9
4×0.3	16/0.15	0.5	0.15	0.6	5.8	7.0	69.2	0.014	58.5
4×0.4	23/0.15	0.5	0.15	0.6	6.0	7.4	48.2	0.013	69.0
5×0.12	7/0.15	0.4	0.15	0.6	5.0	6.2	158	0.016	44.9
5×0.2	12/0.15	0.4	0.15	0.6	5.4	6.6	92.3	0.013	53.6
5×0.3	16/0.15	0.5	0.15	0.6	6.2	7.6	69.2	0.016	65.1
5×0.4	23/0.15	0.5	0.15	0.6	6.6	8.0	48.2	0.013	82.9
6×0.12	7/0.15	0.4	0.15	0.6	5.4	6.6	158	0.016	52.9
6×0.2	12/0.15	0.4	0.15	0.6	5.8	7.2	92.3	0.013	63.3
6×0.3	16/0.15	0.5	0.15	0.6	6.8	8.0	69.2	0.014	29.2
6×0.4	23/0.15	0.5	0.15	0.8	7.4	9.0	48.2	0.013	101.4
7×0.12	7/0.15	0.4	0.15	0.6	5.4	6.6	158	0.016	55.7
7×0.20	12/0.15	0.4	0.15	0.6	5.8	7.2	92.3	0.013	67.2
7×0.30	16/0.15	0.5	0.15	0.6	6.8	8.0	69.2	0.014	84.8
7×0.40	23/0.15	0.5	0.15	0.8	7.4	9.0	48.2	0.013	108.5
10×0.12	7/0.15	0.4	0.15	0.6	6.6	8.0	158	0.016	73.1
10×0.2	12/0.15	0.4	0.15	0.8	7.6	9.0	92.3	0.013	98.3
10×0.3	16/0.15	0.5	0.20	0.8	9.0	10.5	69.2	0.014	137.4
10×0.4	23/0.15	0.5	0.20	0.8	9.6	11.5	48.2	0.013	161.9
12×0.12	7/0.15	0.4	0.15	0.8	6.8	8.2	158	0.016	78.6
12×0.2	12/0.15	0.4	0.15	0.8	7.8	9.2	92.3	0.013	106.1
12×0.3	16/0.15	0.5	0.20	0.8	9.2	11.0	69.2	0.014	148.2
12×0.4	23/0.15	0.5	0.20	0.8	9.8	11.5	48.2	0.013	176.7
14×0.12	7/0.15	0.4	0.15	0.8	7.6	9.0	158	0.016	95.0
14×0.2	12/0.5	0.4	0.20	0.8	8.4	10.0	92.3	0.013	129.2
14×0.3	16	0.5	0.20	0.80	9.6	11.5	69.2	0.014	163.7
14×0.4	23	0.5	0.20	0.80	10.0	12.0	48.2	0.013	195.8
16×0.12	7	0.4	0.15	0.80	8.0	9.4	158	0.016	103.6
16×0.2	12	0.4	0.20	0.80	8.8	10.5	92.3	0.013	140.9
16×0.3	16	0.5	0.20	0.80	10.0	12.0	29.2	0.014	175.4

续表

芯数×截面/mm²	导电线芯根数/(直径/mm)	绝缘厚度/mm	屏蔽单线直径/mm	护套厚度/mm	平均外径/mm		20℃时导体电阻不大于/[(Ω/km)]	70℃时最小绝缘电阻/(MΩ·km)	参考重量/(kg/km)
					下限	上限			
16×0.4	23	0.5	0.20	0.80	10.5	12.5	48.2	0.013	213.7
19×0.12	7	0.4	0.20	0.80	8.6	10.0	158	0.016	127.1
19×0.2	12	0.4	0.20	0.80	9.2	11.0	92.3	0.013	156.8
19×0.3	16	0.5	0.20	0.80	10.5	12.5	69.2	0.014	197.3
19×0.4	23	0.5	0.20	1.00	11.5	13.5	48.2	0.013	253.5
24×0.12	7	0.4	0.20	0.80	9.8	11.5	158	0.016	131.5
24×0.2	12	0.4	0.20	0.80	10.5	12.5	12.3	0.013	188.0
24×0.3	16	0.5	0.20	1.00	11.5	14.5	69.2	0.014	254.1
24×0.4	23	0.5	0.20	1.00	13.5	15.5	48.2	0.013	306.7

二、线、缆的敷设

为了保证大楼着火时或意外运行事故时，智能楼宇控制系统能正常监视建筑设备（动能设备）的运行情况，为此，要求监测控制线路应具备耐火性和抗干扰性。

楼宇监控系统的传输线路均应采用铜芯绝缘导线或铜芯阻燃电缆，其电压等级不应低于 AC 500V，尽量采用暗敷设，暗敷设时可采用阻燃的 PVC 管的保护方式布线。

1. 暗敷设

暗敷设时尽量避免通过高温和易受机械损坏的场所，如果不能避免时，该段应采用镀锌钢管敷设，镀锌钢管应可靠接地（PE）。在一般情况下，采用阻燃的 PVC 管保护方式即可。暗敷设时，管路走向应尽量采取短距离，敷设在非燃烧体的结构内，其保护层厚度不应小于 3cm。暗敷设的 PVC 管应尽量减少弯曲。

当电线保护管遇到下列情况或超过下列长度时，中间应加装接线盒，接线盒的位置应便于穿线和接线：①管长长度每超过 45m，无弯曲时（但根据实际情况，可以适当加大管径来延长管路直线长度）；②管长每超过 30m，有 1 个弯曲时；③管长每超过 20m，有两个弯曲时；④管长每超过 12m 有 3 个弯曲时。

电线保护管不应穿过设备或建筑物、构筑物的基础，当必须穿过时，应采取特殊保护措施。

当线路暗配时，弯曲半径不应小于管外径的 6 倍，当埋设于地下或混凝土内时，其弯曲半径不应小于管外径的 10 倍。

潮湿场所和直埋于地下的电缆保护管，应采用厚壁钢管。钢管的内壁、外壁均应做防腐处理，而当埋设于混凝土内时，钢管外壁可不做防腐处理。直埋于土层内的钢管外壁应涂两层沥青。采用镀锌钢管时，锌层剥落处应涂防腐漆。

设计有特殊要求时，应按设计要求进行防腐处理。

钢管不应折扁和裂缝，管内应无铁屑及毛刺，切断口应平整，管口光滑。

钢管采用暗敷设套管连接时，套管长度应为管外径的1.5~3倍，管与管的对口处应位于套管的中心。套管采用焊接连接时，焊缝应牢固严密，并应采取防腐处理。采用固定螺钉连接时，螺钉应拧紧，在有振动的场所，固定螺钉应有防松的措施。

采用PVC塑料管敷设时，塑料管的管口应平整、光滑，管与管、管与接线盒、管与配电箱（柜）等器件采用插入法连接，连接处接合面应涂专用胶合剂，接口应牢固密封；管与管之间采用套管连接时，套管长度应为管外径的1.5~3倍，管与管的对口处应位于套管的中心；管与接线盒、管与配电箱（柜）的连接插入处应加装塑料护口。

PVC管与器件连接时，插入深度应为管径的1.1~1.8倍。

直埋于地下或楼板内的硬PVC管，在露出地面易受机械损伤的一段，应采取保护措施。

PVC管直埋于现浇混凝土内，在浇捣混凝土时，应采取防止塑料管发生机械损伤及PVC管接口处、接线盒处灌浆的保护措施。

PVC管及其配件的敷设、安装和煨弯制作，均应在原材料规定的允许环境温度下进行，其温度不应低于-15℃。

2. 明敷设

穿线管明敷设时，弯曲半径不应小于外径的6倍，当两个接线盒间只有一个弯曲时，其弯曲半径不应小于管外径的4倍。

镀锌钢管和薄壁钢管应采用螺纹连接或套管固定螺钉连接，不应采用熔焊连接。连接处的管内表面应平整、光滑。

黑色钢管与盒（箱）或设备的连接可采用焊接，管口高出盒（箱）内壁3~5mm，且焊后应涂防锈漆；明配管或暗配管的镀锌钢管与盒（箱）连接应采用锁紧螺母或护口固定，用锁紧螺母固定的管端螺纹应外露锁紧螺母2~3扣。

当钢管与设备直接连接时，应将钢管敷设到设备的接线盒内。

与设备连接的钢管管口与地面的距离应大于200mm。

当黑色钢管采用螺纹连接时，连接处的两端应焊接跨接地线或采用专用接地线卡跨接；镀锌钢管的跨接地线应采用专用接地线卡跨接，不应采用熔焊连接。

明配管应排列整齐，固定点间距应均匀，钢管管卡间的最大距离应符合表2-3所示。

管卡与终端、弯头中点、电气器具或盒（箱）边缘的距离应为150~500mm。

明配PVC管在穿过楼板易受机械损伤的地方，应采用钢管保护，其保护高度距楼板表面的距离不应小于500mm。

明配PVC管应排列整齐，固定点间距离应均匀，管卡间最大距离应符合表2-4的规定。

表2-3　钢管管卡间的最大距离

敷设方式	钢管种类	钢管直径/mm			
		15~20	25~32	40~50	65以上
		管卡间最大间距/m			
吊架、支架	厚壁钢管	1.5	2.0	2.5	3.5
沿墙敷设	薄壁钢管	1.0	1.5	2.0	—

表 2-4 硬 PVC 管管卡间最大距离

敷设方式	PVC 管内径/mm		
	20 及以下	25~40	50 及以下
吊架、支架、沿墙敷设/m	1.0	1.5	2.0

管卡与终端、转弯中点、电气器具或盒（箱）边缘的距离为 150~500mm。

PVC 管直线段超过 15m 或直角弯超过 3 个时，应设接线盒。

3. 桥架、托盘、金属线槽的敷设

楼宇系统的测控线、监控线、控制线应穿阻燃 PVC 管暗敷设或穿镀锌钢管明敷设。

借助强电系统的桥架、托盘敷设时，应穿锌钢管敷设，镀锌钢管应可靠接地（PE）。

楼宇控制系统、火灾报警系统均属于弱电系统，为避免干扰，弱电系统与强电系统的电缆应尽量设置在各自的电缆竖井内，如受条件限制必须同时敷设时，弱电和强电电缆线路应分设在竖井的两侧。

竖井中每层应对竖井楼板孔洞进行防火封堵，以防止竖井的烟囱效应带来损失；桥架、托盘、线槽的穿过孔均应做防火封堵。

桥架、托盘、金属线槽均应做可靠接地保护（PE）。桥架、托盘接地干线不应小于铜线 $16mm^2$，跨接线和金属线槽接地线（PE）不应小于铜线 $4mm^2$。

不同防火分区线路，不宜穿入同一根金属管内。当敷设在金属线槽内，穿越防火分区时，应在穿越防火分区处进行可靠的防封堵。

桥架、托盘、线槽的异形安装，如变形缩口、弯头等的加工制作，不应在现场进行，应由施工单位绘制好制作图，由设备厂家根据要求制作。

4. 配线

金属线槽允许容纳导线及电缆数量表，见表 2-5。绝缘导线允许穿管根数及相应最小管径表，见表 2-6。现场数字控制器（DDC）控制箱应装于被控设备电控箱的附近。I/O 模块应装于被控设备的电控箱内。

楼宇自控系统的线缆选择：

有线电视视频电缆：SYV-75-5-2、SYWV-75-5-4、SYWV-75-9-4；

控制线缆：RVVP2×1.0、RVV2×1.0、RVV3×1.5、BV-1.5；

控制电源、UPS 电源：RVV3×2.5、BV3×2.5。

导线在管内或线槽内，不应有接头或扭结。导线的接头，应在接线盒内焊接或用端子压接。

穿线前，应严格检查导线，不应有铰接、死弯、绝缘破皮、接头等现象存在。

穿线、配线时，应按图纸的要求，分清导线颜色表示的意义，在同一建筑物内，一旦导线颜色表示的意义确定，就不要随意更改，随意使用。

不同电压等级的线路；不完整的回路线（例如直流电路缺正或缺负；交流回路缺相线或缺零线；L1、L2、L3 三相电源缺一相或两相均属不完整的回路线）；不是同一防火分区的线路不允许穿在同一管内。

表 2-5　　金属线槽允许容纳导线及电缆数量表

GXC 金属线槽	GXC 金属线槽尺寸 宽×高/(mm×mm)	安装方式 A 槽口向上 B 槽口向下 C 地面内	导线型号（500V）	各系列线槽容纳导线根数														电话线、电话电缆及同轴电话型号规格			
				500V 单芯绝缘导线/mm^2														RVB-2×0.2 电话线	HYV-2×0.5 电话电缆	SYV 型同轴电缆	
																				75-5-1	75-9
				1.0	1.5	2.5	4	6	10	16	25	35	50	70	95	120	150	容纳电话线对数或电缆条数			
30 系列	45×30	A	BV	68	42	32	25	19	10	7	4	3	2	2	—	—	—	A 26 对 B 16 对	A：1 条 100 对或 2 条 50 对 B：1 条 50 对	A：25 条 B：15 条	A：15 条 B：8 条
		B		38	25	19	15	11	6	4	3	2	—	—	—	—	—				
		A	BXF	31	28	24	18	12	8	5	4	3	2	2	—	—	—				
		B		19	17	14	11	18	5	3	2	2	—	—	—	—	—				
40 系列	55×40	A	BV	112	74	51	43	33	17	12	8	6	4	3	2	2	—	A 46 对 B 28 对	A：1 条 200 对或 2 条 150 对 B：1 条 100 对	A：46 条 B：20 条	A：26 条 B：12 条
		B		68	45	30	26	20	10	7	5	4	3	2	—	—	—				
		A	BXF	56	51	43	32	22	15	10	7	5	4	3	—	—	—				
		B		34	31	26	20	14	9	6	4	3	2	2	—	—	—				
45 系列	45×45	A	BV	103	58	52	41	31	16	11	7	6	4	3	2	2	—	A 43 对 B 26 对	A：1 条 300 对或 2 条 200 对 B：1 条 200 对	A：43 条 B：23 条	A：24 条 B：10 条
		B		63	35	29	23	18	9	7	4	3	2	2	—	—	—				
		A	BXF	52	47	40	31	21	14	9	6	5	4	3	2	—	—				
		B		52	27	26	20	13	9	5	4	3	2	2	—	—	—				
50 系列	—	C	BV	68	38	31	24	19	—	—	—	—	—	—	—	—	—	C 33 对	C：1 条 80 对	C：28 条	C：16 条
			BXF	34	31	26	20	14	—	—	—	—	—	—	—	—	—				
65 系列	120×65	A	BV	443	246	201	159	123	65	46	30	24	16	12	9	8	6	A 184 对 B 112 对	A：2 条 400 对 B：1 条 400 对	A：184 条 B：80 条	A：103 条 B：50 条
		B		269	149	122	96	75	40	28	19	14	10	8	6	5	4				
		A	BXF	221	201	170	130	88	58	38	28	20	15	12	9	—	—				
		B		134	122	103	80	57	37	23	17	12	9	8	5	—	—				
70 系列	—	C	BV	146	81	66	52	40	21	—	—	—	—	—	—	—	—	C 70 对	C：1 条 150 对	C：60 条	C：30 条
			BXF	73	66	56	43	31	20	—	—	—	—	—	—	—	—				

表 2-6 绝缘导线允许穿管根数及相应最小管径表

导线规格	500V BV、BLV 聚氯乙烯绝缘导线																													
截面/mm²	最小管径/mm																													
	2 根单芯						3 根单芯						4 根单芯						5 根单芯						6 根单芯					
	DG	G	GG	KRG	BYG	VG	DG	G	GG	KRG	BYG	VG	DG	G	GG	KRG	BYG	VG	DG	G	GG	KRG	BYG	VG	DG	G	GG	KRG	BYG	VG
1.0	15	15	15	15	15	15	15	15	15	15	15	15	15	15	15	15	15	15	15	15	15	15	15	15	15	15	15	15	15	15
1.5	15	15	15	15	15	15	15	15	15	15	15	15	15	15	15	15	15	15	20	15	15	20	20	20	20	15	15	20	20	20
2.5	15	15	15	15	15	15	15	15	15	15	15	15	20	15	15	15	20	15	20	15	15	20	20	20	25	20	20	20	20	20
4.0	15	15	15	15	15	15	15	15	15	15	15	15	20	15	15	20	20	20	25	20	20	20	20	20	25	20	20	25	25	25
6.0	15	15	15	15	15	15	20	15	15	20	20	20	25	20	20	25	25	20	25	20	20	25	25	25	25	20	20	25	32	25
10	25	20	20	20	25	20	25	25	25	25	32	25	32	25	25	32	32	32	32	32	32	32	32	32	40	32	32	40	40	40
16	25	20	20	25	25	25	32	25	25	32	32	32	40	32	32	40	40	40	40	32	32	40	32	40	50	40	40	40	50	40
25	32	25	25	32	32	32	40	32	32	40	40	40	50	40	40	40	50	40	50	40	40	50	50	50	50	50	50	50	50	50
35	40	32	32	40	40	40	50	40	40	40	50	40	50	50	50	50	50	50	50	50	50	50	—	70	—	50	50	—	—	70
50	50	32	32	40	40	40	50	50	50	50	50	50	—	50	50	50	—	70	—	—	70	—	—	80	—	—	70	—	—	80
70	50	50	50	50	50	50	—	—	70	—	—	70	—	—	70	—	—	80	—	—	80	—	—	80	—	—	80	—	—	—
95	—	50	50	—	—	70	—	—	70	—	—	80	—	—	80	—	—	—	—	—	100	—	—	—	—	—	100	—	—	—
120	—	—	70	—	—	70	—	—	70	—	—	80	—	—	80	—	—	—	—	—	100	—	—	—	—	—	100	—	—	—
150	—	—	70	—	—	—	—	—	80	—	—	—	—	—	100	—	—	—	—	—	100	—	—	—	—	—	100	—	—	—

注 1. DG—电线管；G—厚壁电线管；GG—水煤气管；VG（PVC）—硬聚氯乙烯管；KRG—聚氯乙烯可挠管；BYG—难燃型聚氯乙烯半硬塑料管。

2. 管内容线面积为 1~6mm²，按不大于内孔总面积 33%计算；10~50mm² 时，按 22%计算。

3. DG、BYG 按外径称呼，G、HG、VG 按内径称呼。

第二节　施　工　管　理

一、施工组织构成

一般普通的工程主要由如下的单位参与：建设单位（甲方）、施工单位（乙方）、设计单位（丙方）、施工监理、机电设备评估、机电设备购置等单位。

1. 建设单位（甲方）

建设单位是工程的建设方，是工程的总负责方。主要负责工程资金筹备、政府各项行政审批的申报、委托设计任务书的制定和提供；施工单位的施工技术调查了解、评定、招标选择施工单位；建筑设备（动能设备）调查、了解、选定。

目前国内建设单位有两种形式，一种是某一公司为了扩大再生产自建厂房而组建的建设单位，这种形式是比较好的形式。建筑的目的是为了本单位的应用，实用性强，质量要求严格。另一种建设形式是开发商建筑的楼宇，这样的建筑往往是以赢利为目的的。

建设方的组成人员由项目经理、土建工程师、给排水工程师、暖通工程师、消防工程师、供配电工程师、弱电工程师等组成，这些人员的组成应以物业管理、维修人员为主。

以上各专业工程师应具有丰富的物业管理、运行维修经验，了解本专业及相关专业的设计、安装、运行维修的国家规范及本地区供电公司、燃气公司、自来水公司不成文的口头技术要求。

制订本专业的设计技术要求，编写委托设计任务书，审核本专业的设计图。

本专业的工程师应具有施工技术、施工质量的鉴别能力、对比能力、选择能力，并了解10/0.4kV供配电工程、消防自控系统、楼宇自控系统工程目前在国内、国外的技术水平，并能进一步辨别施工单位（乙方）、建筑设备（功能设备）生产商在介绍施工安装技术、设备性能时的实事求是程度，是否有广告宣传成分。必要时应多考查几个乙方施工安装过的单位。

协调解决设计中，设备订货中，安装中遇到的技术问题。

具备设备、系统的试验能力，并制订设备、系统竣工验收，项目、步骤表。

2. 施工单位（乙方）

甲方对乙方的要求如下。

(1) 施工单位应有能力承包建设单位所有专业的施工项目，如果进行分包，在施工技术上，也应有能力进行管理。

(2) 乙方各专业应具有稳定的施工技术人员。

(3) 进驻工地前，乙方各专业应把施工图纸通读一遍，在甲方专业技术人员参加的情况下，向设计单位提出补充或修改意见。尽量减少施工过程中以洽商解决问题。

(4) 变配电施工队应具有当地供电部门核发的《10kV及以下变配电系统安装》证书，安装电工应具有《高压运行、安装》电工执照。

(5) 招标应聘会，乙方座谈参加人员应由施工单位经理、专业工程师、施工负责人、施工班（组）长、预算人员等组成。乙方应保证参加座谈的所有人员，就是施工安装时的所有参加人员，绝不应座谈是一批人，施工时又换了另一批人，必要时，应在合同附件上留有身份证复印件。

(6) 施工单位的选择。建设单位（甲方）通过各种形式选择施工单位，选择的方式如下。

1）通过建设单位（甲方）、施工单位（乙方）座谈、介绍情况，了解施工单位的组成人员情况、施工过的项目、施工技术、施工经验。

2）通过使用单位推荐来选择施工单位。

3）通过物业运行维修人员介绍来选择施工单位。

4）通过参观访问和物业运行维护人员使用情况的介绍来选择施工单位。

(7) 强电、弱电的施工技术人员应具有现场施工设计能力，应能完成如下设计项目。

1）桥架、托盘、金属线槽、支架、托架等弯头、缩口、短节、变形制作，不应在现场随意制作，应配合设备生产厂家技术人员，现场测绘，绘制加工、制作详图。

2）绘制桥架、托盘电缆敷设的排线顺序详图。

3）绘制电动机电源线埋管示意详图。

4）根据高、低压开关柜设备系统图，绘制 10/0.4kV 变配电系统模型图，并标注开关调度编号。

5）绘制控制/信号模块在配电柜（盘）内安装的示意详图。

(8) 强电施工单位应有专业沟通协调能力，并了解各专业的地方规范及当地供电部门、自来水公司、燃气公司、消防部门不成文的口头技术要求。

(9) 变配电施工单位应具有 10kV 变配电设备的试验能力。

二、施工过程

1. 施工单位（强电施工、乙方）

有变电站安装的电气工程，施工单位必须配备有施工、维修经验的电气技术人员。施工单位的技术人员应做到以下要求。

(1) 通读电气施工图（平面布置图、系统图、原理图、安装详图、接地网布置图等），以及相关专业的施工图如土建施工图、消防施工图、弱电施工图、给排水施工图等。把施工图中所有的疑问都应记录在册。

除电缆桥架、线槽敷设的电缆、导线外，其他穿管的导线均应暗敷设在墙内。

与强电有联系的弱电信号线、消防信号线穿线管均应由强电施工人员敷设埋管，敷设方案应征得建设方同意。

(2) 电缆敷设排线图。这是由施工单位做的，也是很简单的一张图，但是绘制起来很困难。绘制前需要了解设备平面布置图、供电系统图、电缆平面布置图、变电站电缆沟电缆支架层数、现场实际情况，反复综合考虑，才能把“电缆敷设排线图”绘制得实用完整。目前有些施工单位不绘制“电缆敷设排线图”，随意地在电缆桥架上敷设，结果把电缆敷设得杂乱无章，影响了设备的运行环境，也给电缆运行留下了隐患。

(3) 为了满足“10/0.4kV 供配电系统模型板”的需要，根据施工情况，绘制“10/0.4kV供配电系统图”。

(4) 变电站内，高压开关柜、变压器、低压开关柜四周应铺设7cm厚、100cm宽、耐压AC32kV/1min绝缘橡胶垫。

(5) 变电站内工具柜、安全工具、安全用具的配备。

(6) 变电站金属防火门接地软连接的安装。

(7) 电缆室或电缆技术夹层地面最低处应设有永久排水坑。

以上及读图中发现的其他问题，在设计交底会上应一并提出，得到设计确认后，补充在图纸上或设计说明中。这些问题都纳入工程预算，在施工过程中不再用“洽商”解决图纸中发现的问题。

(8) 电缆桥架、托盘、金属线槽的弯头、拐角、短连接及配电箱（柜）的开孔等，均不在现场制作安装。施工技术人员协同生产厂家技术人员现场测绘，回厂生产预制件。

(9) 电气施工技术人员应阅读土建图纸，检查配电箱（柜）、电缆桥架、托盘、金属线槽等所需要的孔洞是否有预留。

(10) 各施工人员应把施工顺序、进度书面写好，报给施工总工程师，待会议讨论后确定下来。

(11) 文明施工，各施工专业应互相配合，多为对方创造施工条件。

(12) 配电柜、变压器二次搬运时，注意应戴干净手套，不要磕碰。

2. 设计单位（丙方）

设计师是在作诗、作画（立体画），施工单位是执行者，是在满足设计师的意图。

设计者辛苦的劳动，为施工者创造了便利，为建设者减少了工程费用，为使用者创造了舒适的环境。设计师的思维应是集大成且具有远见。

初步设计除了遵循国家规范外，应充分征求各方建议如消防部门、燃气公司、自来水公司、通信部门、供电部门、建设单位。

细心研读甲方的“委托设计任务书”，尽量把设计交底会上，建设单位（甲方）、施工单位（乙方）要提的问题全部纳入设计中，以避免在施工过程中用“洽商”来解决设计遗漏的问题。

安装详图、设备工作原理控制图、选择标准图样应准确实用。

设计应以实用为主，在实用中起到装饰作用。

3. 建设单位（甲方）

建设单位是工程的指挥者、责任者，受益者，工程的管理者。理想的工程管理者应有着丰富的物业管理经验，事无巨细，细微处决定成败。每一点细小的事情都要去关心、去过问。

选择施工单位前，就应了解一些施工队伍的施工质量、进度情况。

工程工作会议中，有针对性地提出问题、解决问题。施工过程中，始终以安全问题、质量问题、进度问题、提问题、解决问题为主线。

施工队选好了，工程就会很顺利地进行。因为好的施工队对质量要求是很严格的。因为每完成一项任务，质量不好，不用监理检查，他自己就会看不习惯。例如，埋地的出线管，一般出地面20cm，认真的施工人员会把出线管调整为距设备接线口合适的位置，并且把20cm长的（任意管径的出线管）出线管调整为与地面垂直。如果不考虑这些施工的细节，不但浪费了材料，而且影响工程的质量。工程初期由于不了解施工队的施工情况，虽然是微小细节，但建设方应书面或口头提前提醒施工单位，否则会造成材料和工时的浪费。

三、竣工验收

工程质量、工程进度是验收的基本保证。专业之间应互相配合、互相支持、互相为对方施工创造条件。例如，一座大楼的工作顺序如下。

(1) 敷设地下上下水管道，然后做水压耐压试验，试验合格后方可覆土。覆土前整个过程应有建设方、监理现场检查、验收。

(2) 电工砸设接地极，焊接、敷设接地网。摇测接地电阻。覆土前建设方、监理现场检查、验收。

(3) 土建结构。

(4) 变配电室工程。

(5) 冷水机组、空调机组工程。冷水机组、空调机组基础及安装。

(6) 各种水泵基础及安装。

(7) 弱电工程。

(8) 电梯工程。

(9) 消防工程。

但是在大进度中，互相又有制约。例如变配电室工程，土建砌完墙后，电工必须敷设穿线管和埋设接线盒后，土建才能抹墙、刷墙。地面必须是电工把接地网敷设好后，土建才能浇注水泥地面。地面干了后，才能安装配电柜。顶棚必须是电线管敷设完成，穿好线后，才可吊顶（石膏板顶棚），吊好顶后，顶棚才可装灯、装火灾探测器。

变配电室工程举例，变配电室工程的施工顺序如下。

(1) 土建结构，主要是房屋的水泥结构。

(2) 土建砌变配电室四周的墙。

(3) 埋设变电站卫生间上、下水管道；敷设墙内、吊顶内电力、照明、消防、弱电各种穿线管、接线盒、端子箱。

消防信号接线箱、弱电信号接线箱应做的大小试样一样，内装有 DC12V 微型中间继电器、阻燃端子排。该端子箱暗装在低压开关柜后边的墙壁上，距完成地面 0.3 m。消防信号接线箱上端敷设暗管通向消防控制室，下端敷设暗管通向低压开关柜电缆沟。弱电信号接线箱上端敷设暗管通向中控室，下端敷设暗管通向低压开关柜电缆沟。

(4) 土建砌筑由高压开关柜通向变压器、直流电源柜的电缆沟；低压开关柜通向变压器、直流电源柜、计算机房、电缆竖井电缆桥架的电缆沟。

(5) 敷设变配电室内接地网。并摇测接地电阻，建设方、监理方在现场。

(6) 土建抹墙。

(7) 土建浇注水泥地面。

(8) 土建吊顶（石膏板）刷墙四白落地。

(9) 安装电缆沟内电缆支架。

(10) 安装变压器，高、低压开关柜，直流电源柜。

（11）安装高、低压柜一次系统母线排。

（12）敷设高压馈电柜至变压器高压侧电缆。

（13）敷设201、202电源柜高压电缆，并做耐压试验。

（14）高压电缆头制作。

（15）高压电缆耐压试验。

（16）敷设变配电室通往电缆竖井的电缆桥架、线槽、穿线管。

（17）敷设变配电室通往电缆竖井的电缆。

（18）低压电缆头制作，电缆绝缘电阻摇测。

（19）室内照明灯、应急灯、路标灯安装、穿线、接线、试灯。

（20）变压器金属外罩安装。

（21）立式空调器安装，排风机安装，并试车。

（22）铺设高、低压开关柜，变压器，直流电源柜四周的橡胶绝缘垫。

（23）悬挂“10/0.4kV供配电系统模型”板。

（24）安装变配电室门，连接门接地线。

（25）装设变配电室内墙壁+0.3m处接地网。

（26）安装变压器金属外罩。

（27）准备安全遮栏、“有人工作不许合闸”“已接地”标示牌。

（28）准备办公桌、更衣柜、工具柜、仪表柜、安全工具、用具及部分仪表。

（29）控制线穿线接线：变压器高压侧门联锁控制线，变压器温度控制器控制线，计算机电源线、控制线、直流电源柜控制线、高压柜直流电源线、联锁控制线，低压柜电源线、联锁控制线，消防控制线，智能楼宇控制线。以上控制线接线时应套图纸标注的编号。

（30）高压计量柜内装电能表（供电部门任务）。

（31）高压柜交流耐压试验（甲方、监理在场）。

（32）变压器交流耐压试验；分接点直流电阻值测定（甲方、监理在场）。

（33）所有低压电缆两端均标注：电缆型号规格、长度、开关编号、配电箱编号、敷设日期。

（34）检查所有电能表（电度表）接线是否正确，电能表是否准确。

（35）检查手车柜“五防”装置。手车推入“工作位置”，拉至“试验位置”“断开位置”分别对真空断路器进行手动、电动操作（甲方、监理在场）。

（36）对高压柜进行联锁动作试验（甲方、监理在场）。

（37）201、202开关合闸发电，配电变压器做冲击试验、空载试验。观察电压表、电流表、电压显示装置显示是否正常（甲方、监理在场）。

（38）所有低压断路器做手动、电动合、分闸操作（甲方、监理在场）。

（39）低压开关柜抽屉三相动触头之间做交流耐压试验（甲方、监理在场）。

（40）变压器高压侧门做连锁试验（甲方、监理在场）。

（41）母联开关445做自投连锁试验（甲方、监理在场）。

以上的工作是边施工、边自检、边试验。自检中，应解决施工中遗漏的问题、施工质量问题、材料质量问题。试验时，甲方、监理应在现场，试验合格就应作为正式项目验收。

自检、试验完成后，如下技术资料应交给甲方。

(42) 竣工施工图。

(43) 变压器技术说明书。试验报告：交流耐压试验；局部放电试验；空载试验；负载试验；分接点直流电阻测定；5次合闸冲击试验。

(44) 高压开关柜一次系统图；二次系统控制原理图、接线图；真空断路器操动机构接线图；综合继电保护使用说明书；电能表使用说明书；电压显示装置说明书；开关柜交流耐压试验报告。

(45) 低压开关柜一次系统图；二次系统控制原理图、接线图；框架式空气断路器接线图；断路器抽屉操作说明书；PLC使用说明书；电能表说明书；断路器抽屉和触头交流耐压试验报告。

(46) 直流电源柜说明书。

(47) 电缆耐压试验、摇测绝缘电阻值报告。

(48) 竣工验收。开关合闸发电，变压器5次合闸冲击试验后，投入空载运行24 h（乙方）后，运行正常交给甲方。

竣工验收参加人员：甲方、乙方、丙方、咨询单位、监理、设备厂家、上级供电单位。

第三节 物 业 管 理

一、管好物业的基本条件

管好物业，让设备（动能设备）经济合理、安全可靠的运行，是物业管理的永恒的目标，永远的追求，也是物业管理在竞争中取胜的条件，内容主要如下。

(1) 热情的态度，诚恳的服务。

(2) 廉价的物业收费（包括电费、水费、燃气费、设备维修费等）。

(3) 做好设备的预防性周期试验，在保证设备经济合理、安全可靠的运行情况下，延长设备的使用寿命。

(4) 制订切实可行、经济合理的公司内部电价，供配电系统充分利用联络线的作用，制订合理的经济运行倒闸操作方案。

(5) 把用户用电性质进行负荷分类，充分利用变压器的容量。Ⅰ、Ⅱ类负荷供电的变压器，可以运行在60%~70%变压器额定容量；Ⅲ类负荷供电的变压器，可以运行在80%~90%变压器的额定容量。

(6) 绝不能误停用户的供电、供水、供气。

(7) 了解用户所有用电设备的用电性质、用电周期，制订经济合理的运行方案，提高设备的自然 $\cos\varphi$，使功率因数控制在 $\cos\varphi \geqslant 0.95$。

(8) 绝不能以断送能源的方式，对用户进行某种行政惩罚。这反映了物业管理水平，同时也给用户留下了深刻印象。

(9) 处理事故迅速、及时，维修保质保量。

二、物业管理与设计、建设的关系

设计为了建设，建设为了物业使用和物业管理，物业管理为了给人们生活、工作创造一个安全、舒适的环境。设计者、建设者、物业管理者都应该为使用者考虑，因为使用者也包括我们自己。

好的设计是时代的作品，是时代的标志，时代的作品不一定都是以投资多少来衡量的，因为它凝聚了设计者、建设者的心血和艰辛。

建筑工程是一门遗憾的艺术，总结经验是很重要的，往往这次取得的经验，下次再设计时才能改进，才能受益。因此，设计者应不辞辛苦，善于倾听用户意见，善于总结经验，不要以为“鸡毛蒜皮的小事”就以为与设计无关，细节决定成败。

甲级设计单位往往是面向全国设计，而忽略了地方规范甚至更不了解当地供电部门、自来水公司、燃气公司、生产安全监察部门、消防部门的不成文的口头技术要求。

例如，10/0.4kV 变电站（北京地区）如下一些问题，大部分设计图都没有表现出来，给竣工验收造成了困难，更影响了日后的使用。

(1) 设计图中，没有适合做 10/0.4kV 供配电系统模型板的设计图，设计说明中也没有强调模型板事项。

(2) 高、低压供配电系统图没有标注开关调度编号（《北京地区电力系统调度管理规程》北京供电局编），设计说明也没有说明开关调度编号在开关柜上的标注方法。

(3) 没有变压器和高压柜的电气联锁图；干式变压器外壳高压侧门和本变压器的高压馈电柜应有电气联锁（联锁关系应是：高压馈电柜停电后，变压器外壳高压侧门方可打开，不应是打开变压器外壳高压侧门，高压馈电柜误掉闸停电。电磁锁应选用 DC 220V 无电锁门，有电开门）。

(4) 设计图中，设计说明中，没有强调在变压器四周、开关柜四周铺设 1cm 厚、100cm 宽耐压 AC 32kV 的绝缘橡胶垫，而且大部分都采取了塑料喷涂做法，甚至铺设瓷砖，既浪费了钱，又保证不了安全。

(5) 高、低压开关柜柜面上的电压表、电流表，有人值班的变电站每小时要巡视抄表，无人值班的变电站也要定期巡视抄表，可是目前有些电压表、电流表在巡视的通道上根本看不清读数。消防规范中规定：“电压表、电流表的读数在 3m 之内，能够看清读数”。设计中不强调、不要求，让生产商随意地去装，甚至有的设计图选的表本身就达不到要求，如有的高、低压开关柜选的是液晶电压表、电流表，字体很小，颜色模糊，让人在近前都很难看清楚，而且显示的又是系统的二次数值，每抄一次表还得蹬在凳子上，去看读数，数值还得换算。给值班人增加了不安全感，因为运行着的高压电气设备，不希望巡视人员在此停留时间太久。

(6) 配电变压器二次母线排（U、V、W、N、PE）没有制作安装详图。由于没有安装详图，施工方（乙方）对此理解不一，往往把 TN-S 系统错接成 IT 系统或 TT 系统、TN-C 系统。

(7) 应强调变电站的金属门必须做接地保护。

(8) 电缆室应有永久排水坑。

三、物业运行维护的技术要求

物业运行维护管理，青春永驻，前景大有可为，它是和人类共存的。人们对物业的期待也是永无止境的。物业管理者需要采用先进技术、先进工艺、总结经验，为人们创造安全、可靠、美丽舒适的生活环境和工作环境。

物业的责任是当家做主的责任。物业管理者应做到（以电气物业管理者为例）以下内容。

(1) 参与建设单位委托设计任务书的制订。

(2) 参与初步设计图的审核和修改。

(3) 提供建筑设备（动能设备）的订货技术要求。

(4) 参与工程的竣工验收。

(5) 处理设备运行隐患，分析设备运行事故原因。

(6) 能签发10/0.4kV供配电系统倒闸操作票和工作票。

(7) 能发现10/0.4kV供配电系统存在的隐患，并提出切实可行的处理意见。

(8) 了解电专业的国家标准规范、行业专业规范、地方规范，以及地方劳动部门、安监部门、供电公司的不成文口头意见和技术要求。

(9) 有能力修改、编制变电站内各项规章制度（要求严肃、周全、简而明）。

(10) 应能读懂如下电气图，并能从图中分析故障原因。

1) 10/0.4kV供配电一次系统图。

2) 10/0.4kV供配电二次控制原理图。

3) 10kV断路器操动机构结构图及原理图。

4) 框架式空气断路器操动机构结构图及其工作原理图。

5) 综合保护继电器接线图及其工作原理图。

6) 可编程序控制器（PLC）的端子接线图及编程语言。

7) 多时段多功能电能表使用说明。

8) 直流电源柜控制原理图。

9) 自来水给水泵控制电路原理图。

10) 消防给水泵控制电路原理图。

11) 稳压泵电气控制原理图。

12) 永久排水泵电气控制原理图。

13) 中央空调系统电气工作原理图。

14) 冷水机组电气控制原理图。

15) Ⅰ、Ⅱ类负荷用户的专用设备电气控制原理图。

16) 自备发电机组工作流程图及电气控制原理图。

17) 不停电装置（UPS）电气原理图。

18) 组织电气设备试验及电气设备试验的接线能力。

19) 提供10/0.4kV供配电系统的初步设计方案及审图能力。

20) 具有提供配电设备订货技术要求的能力。

21）具有和设备生产商技术谈判的能力。

22）具有竣工验收的能力。

四、物业运行维护的技术培养

目前物业管理的状况大部分是看守建筑设备（动能设备），运行管理人员，不负责维修，甚至不负责事故的分析。设备坏了等待设备生产商来保修或来维修。建筑设备（动能设备）只看守不维修没办法总结维修经验，建筑设备（动能设备）是长期运行的设备，了解运行情况、设备性能，只有对其维修才能总结经验，维修经验在物业运行管理中是非常宝贵的，需要长期的总结和积累，甚至几代人的总结、积累。

有了运行、维修经验才可称得上是一名真正的物业管理者，才有能力、有资格判断设备性能的好坏，才有能力、有资格向建设部门、设计部门提供委托设计任务书，才有能力、有资格向设备生产商提出设备订货技术要求，才有把握和设备生产商商谈设备的订货问题。

物业运行管理只看护设备，不进行维修，物业是没有发展前途的，更谈不上经济效益了，因为大部分物业费都花在设备维修上了，而且是有些不合理的维修费。物业管理者只关注运行，不了解维修，管理是被动的，遇到系统运行中发生大的事故，将会束手无策给不出处理意见。物业运行管理者如果具有运行维修经验，处理事故将会手到病除，迎刃而解，甚至有些故障在事故的萌芽中就会被处理。

目前国内物业的管理模式是大部分都是只管运行，不管维修，使设备运行在设备生产商的保修期内，实际上这个时期内设备是不会出问题的。保修期刚过就将使物业管理者处于被动地位。因为这时设备出问题，自己没能力修，只好联系设备生产商，由于交通问题会耽误设备维修时间，当初合同上写的几小时之内到达都是没有用的，因为交通影响维修时间是客观问题，甚至由于其他问题影响的维修时间都会推在交通问题上。因为有些建筑设备（动能设备）是不允许长时间停运的，停运的时间越长，造成的经济损失会越大，这部分经济损失，物业只能自认倒霉。处理一下微型继电器的触点收取 1.8 万元（RMB）维修费，消防联动台更换一块印刷电路板收取 7 万元（RMB），维修费用是元器件费用的上万倍，价格一方说了算，你不修影响你的生产，自己修又不会。更甚者是设备运行还没到寿命期，就建议你更换设备，原因是设备不生产了，改型了。设备改型更换，尽管某一方（设备生产商）得到了利益，但是对生产资料是一种浪费，对另一方（物业）是一种经济损失。

建筑设备（动能设备）保修期过后，物业运行管理很自然地成了被动方，只讲运行管理要想在经济上赢利是困难的，甚至是不可能的。为了维持运行管理，只能增加运行管理的成本，钱只好摊在了客户身上，那物业所追求的服务质量，降低物业成本达到客户满意，只能成了一句空话。

物业运行管理要想解除经济困难，就得自己运行、自己维修，自己维修是最实际的做法，因为运行人员是最了解设备性能的第一人。物业运行管理要想做到既能运行，又能维修，需要长期地进行准备和经验积累。

培养技术力量，要让运行值班人员知道，运行值班不是单纯看护设备，要了解设备的工作原理、设备的性能，使每个运行值班的人，在学习技术上都有一种紧迫感。

招聘本专业的，并且热爱这个专业的（专业热爱大部分是后期培养的）大中专毕业生，培养运行、维修的技术管理人员，首先应放在班组进行1~2年的运行值班工作。

物业运行、维修行业，不同于其他行业，它是既需要技术知识，更需要丰富的维修经验和事业的理想，事业的理想靠一代人是完不成的，需要代代总结经验，进行积累。因此，传帮带的师徒关系，是一种很好的传授技术、积累经验的方法。师徒可以互帮互学，徒弟之间、师傅之间你追我赶是一种很好的激励上进的方法。当然有师徒关系的班组，应该是一个先进的班组，师傅应有上进心、有技术、有知识，待人热情，性情豁达开朗，有社会责任感，有公益心，有事业心，技术上没有私心。

五、 物业运行管理与设备生产商

物业是设备生产商的客户，设备生产商是物业的顾主，人们都把客户当作上帝，没有顾主要挟客户的，然而，在物业只管运行，不管维修，设备坏了必须由设备生产商来修理的年代，却本末倒置。真正了解设备运行情况，了解设备性能的是物业运行管理者，不是设备生产商。路遥知马力，有些设备必须是经过长期运行考验，才能了解它的个性，特别是一些电子产品更是如此。一些名牌产品也是由此而得名的。设备真正的实际运行寿命也是由此而得到的。

设备生产商应认真地收集物业对设备改进的建议，物业应毫无保留地把对设备改进建议告诉给设备生产商，物业也只有又运行、又修理才能总结出好的改进意见。也只有这样，生产出的设备，才能又实用、又节省原材料，同时又经久耐用。

选择设备产品时，应多方了解其他物业单位的使用情况介绍，设备性能、价格情况，再去厂家了解设备生产情况。掌握了这些情况后，再和设备生产商座谈订货问题、技术问题。座谈会商谈应拿出详细的设备使用说明书和工作电路原理图。座谈时应了解如下问题。

（1）厂商所介绍的设备性能、价格情况和我们了解的情况是否一致。

（2）厂商是否愿意把订户所要求的设备使用详细说明书及电路工作原理图随设备一起发给用户。

（3）厂商在商谈中不应强调设备的保修期如何，应看他对自己设备的使用寿命保证期如何。

（4）了解厂家对该设备发展前景的看法，零部件方面是否还准备有哪些改动。

（5）尽量选择易损件为通用零部件的设备，如是专用件，厂商应随设备带2~3件。

（6）设备的工作原理、性能应从多方面了解，不应从厂商的介绍中了解。

（7）厂商应能签订按市场价格供给设备零部件的协议。

（8）用户订货技术要求，厂商应认可，并作为合同附件，双方盖章保存，并受合同约束。

（9）应了解厂商设备的介绍人是否广告式地宣传大于技术介绍，而对用户所提的技术问题支吾过去，甚至不谈，如是这样应让技术人员来谈。

六、 物业维修的管理

过去的维修部门是一个庞大的机构，设有各专业的行政管理人员、技术人员、维修工人，庞大的设备库、材料库、资料室及其管理人员。今天的物业维修，完全不用设立这么庞大的维修机构，天下为仓，设备库、材料库就在全国各地、在设备生产商的设备库里、厂房里、机电门市部里。物业运行、维修单位只要行政管理、技术管理的管理理念适合于设备的运行维修就可以了。

物业运行、维修，自己管理、自己维修，会总结出一套切实可行的维修方法，因为最了解设备性能的是运行值班人员。自己运行、自己维修会使事故处理及时，节省维修等待时间，节省一大笔维修费用。

例如，某单位的一名维修电工，很及时地处理了一次电梯停运事故：某单位一部载满乘客的电梯突然停在了7～8层之间，当维修电工了解到电梯的主回路、控制回路还有电时，立即在机房电气控制柜处，用木棒顶住电梯下行交流接触的衔铁强迫下行交流接触器闭合，让电梯行驶到了首层。事故暂时排除，争取了时间，余下时间再慢慢排查电路板的故障。

自己管理的设备，自己维修有一种责任感，让别人来维修有一种依赖感。

延长设备使用寿命，让设备在系统中，经济合理、安全可靠的运行。任何设备，都不要等待在事故状态下维修，要有计划地进行设备大修或更换，这是物业运行、维修管理者的责任。

第三章

视频监控系统与有线电视设备

第一节 概 述

视频监控系统亦称闭路电视系统（Closed-Circuit Television，CCTV）。根据监控的区域不同，监控系统的大小形式也不同。随着国民经济的发展，社会的进步，各行、各业安全保卫工作显得越来越重要。装于不同场合的摄像机不但记录了每一时间发生的事情，而且起到了一种震慑作用。

闭路电视应用于工矿企业，如生产调度、质量监测，或人眼不便直接观察的场所进行监视（如核反应堆等），该闭路电视系统一般称为工业电视系统。控制中心设在生产调度室或生产值班室。

写字楼、宾馆、酒店、饭店等的摄像机一般装于总的进出入口、每层楼梯处、电梯每层进出入口、电梯轿厢内和重点需要保安的场所。控制中心设在安保中心，值班人员可以随时观察大楼入口、主要通道、客梯轿厢和重点场所的动态。

对于一些特殊保安场所，如银行业务台、自动取款机、银行金库；一级文物展厅及展品库，或机要保密室、档案室，这些场所的闭路电视系统称为保安闭路电视系统，控制中心设在保安值班室。

公共交通场所，如路口、路口转弯处，直通干道每隔百米处，用于观察车辆运行状态。控制中心设在交通管理处。

闭路电视系统一般由摄像机、监视器、控制器、硬盘录像机、云台、视频电缆（同轴电缆或光纤）、控制电缆等组成。闭路电视系统示意图，如图 3-1 所示，摄像机安装在被监视场所，监视器、控制器、录像机安装在中央控制室。摄像机的作用是：它通过摄像管把光信号图像变为电信号，又由视频电缆（同轴电缆）传输给安装在中央控制室的监视器，使之还原为图像。为了调整摄像机的监视范围，将摄像机安装在云台上，可以通过中央控制室的控制器对云台进行遥控，带动摄像机作 270°水平或垂直旋转。

传输通道采用闭路、视频直接传输，视频传输又称基带传输。1km 以内用视频电缆（同轴电缆）传输，1km 以上可以用电缆传输。

摄像机向中央控制室的控制器、监视器传输视频信号，控制器向摄像机和云台传输工作电源。

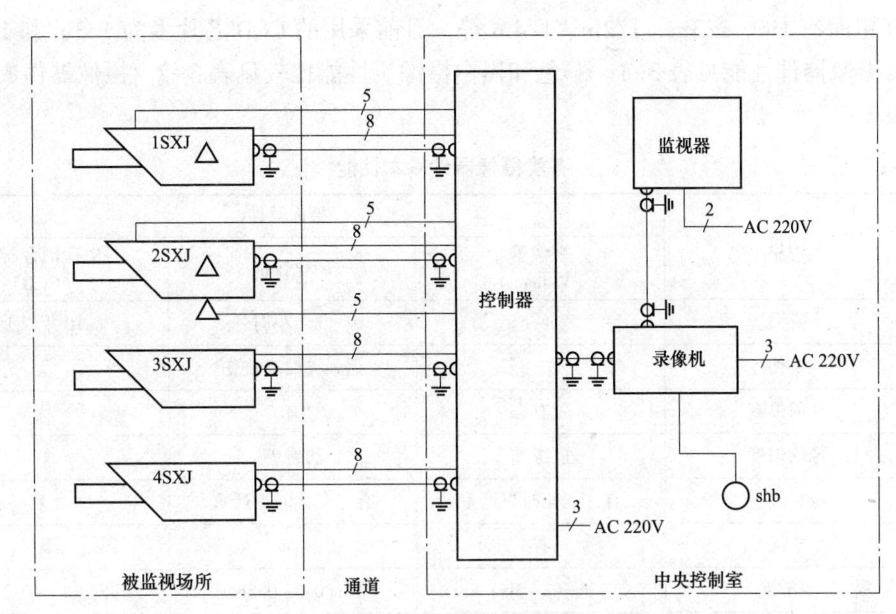

图 3-1　闭路电视系统

1SXJ—变焦式彩色摄像机；2SXJ—变焦式彩色摄像机，且带云台；

5—数字表示控制线根数；例如，“5” 表示 5 根线；—同轴电缆（视频线）；3SXJ、4SXJ—定焦式摄像机

第二节　电视监控系统的设备

一、摄像机

摄像机是装于被监视现场的设备，其功能是把光信号变为电信号，通过传输通道送至中央控制室控制器，然后在监视器上显示出来。

摄像机主要由摄像器件、镜头、聚焦装置、电路板、机壳、机罩、云台等组成。

1. 摄像机按显像颜色划分

（1）彩色摄像机：适用于景物明细的辨别，如明细辨别衣着打扮、景物颜色。

（2）黑白摄像机：适用于光线不足地区及夜间无法安装照明设备的场所，仅在监视景物的位置或移动状态时，可选用黑白摄像机。

（3）昼夜型黑白/彩色两用摄像机：白天或光线充足的条件下，整个摄像机显示的画面均为彩色，当工作环境进入到夜间或光线不足状态时，整个摄像画面由彩色自动转为黑白，从而保证了无论是在什么光线情况下都能显示出清晰的图像。

2. 摄像机按摄像器划分

（1）电真空摄像器件：如 SF25D 型硫化锑摄像管和氧化铅摄像管；碘化锌镉管等。

（2）固态摄像器件：固态摄像器件又可分为电荷耦合器件（Charge-Coupled Device，CCD）、金属化物（MOS）、电荷注入器件（CID）等。

电荷耦合（CCD）器件，体积小、性能较好，价格又适中，故 CCD 摄像机在闭路电视系统中，被广泛应用。

CCD 靶面有 1in、2/3in、1/2in、1/4in 等，目前采用的 CCD 芯片多为 1/3in 和 1/4in。

各类摄像器件性能见表 3-1。彩色和黑白摄像机性能比较见表 3-2。摄像器件成像面积尺寸见表 3-3。

表 3-1　　各类摄像器件基本性能

序号	项目	摄像器件		
		视像管（Vidicon）	碘化锌镉	电荷耦合器件（CCD）
1	寿命		几千小时	10 年以上
2	烧伤		遇强光时会烧伤	无
3	几何失真	有	有	无
4	像均匀度	边缘差	边缘差	好
5	微音效应	有，老化时更严重	有，老化时更严重	无
6	余像	有	有	无
7	灵敏度	低（3~5lx）	高（0.3~0.5lx）	高（0.1~0.31lx）
8	尺寸，重量	大	大	小、超小
9	外磁场影响	有	有	无
10	通电→成像时间	慢，需预约几分钟	慢，需预约几分钟	立即（约 0.5s）
11	耗电	大	大	小
12	分解力	稍好	稍好	有差，有好的
13	拖尾	水平方向有	水平方向有	垂直方向有
14	价格	低	高	较低正在降价

表 3-2　　彩色和黑白摄像机性能比较

序号	项目	摄像机	
		黑白	彩色
1	灵敏度	高	低（约低 10 倍以上）
2	分辨力	高	低（约低 20%）
3	尺寸，重量	小	大
4	图像感觉	只有黑白	有彩色，真实
5	价格	低	高（1 倍以上）

表 3-3　　摄像器件成像面积尺寸

摄像器件	1/3″型	1/2″型	2/3″型	1″型
光导摄像管直径/mm	φ8	φ13	φ17	φ25
有效成像面积/高 mm×宽 mm	3.6×4.8	4.8×6.4	6.6×8.8	9.6×12.8
有效成像面对角线/mm	6	8	11.0	16.0

CCD 黑白摄像机技术数据见表 3-4。红外夜视摄像机技术数据见表 3-5。

表 3-4　　CCD 黑白摄像机技术数据

型号	耗电量/W	摄像器件	同步作用	分解力/TVL	信噪比/dB	最低照度/lx	自动增益/dB	镜头安装	电子快门	外形尺寸/mm×mm×mm	质量/kg	环境温度/℃	其他特性	生产单位
WV-BD900 AC 220V	7	内装像增器（I，I）2/3″CCD，带纤维光板	内：CCIR 外：S 或 VS	420	45	1.5×10^{-3}	—	1″ 特种 C	无	113×95×313	0.295	-10～+45	γ=0.7，1 级自动光补偿 1：10^7	松下
CC1320	5	112″	内：2：1 隔行 外：V_D2：1	380	50	0.4	—	CS	11100	86×68×156	0.52	-20～+50	白切割最长电缆（RG50N）200m	东亚
CC1510	5	113″MOS	外：V_D2：1	230	46	10	—	CS	无	65×55×126	0.48	-10～+50	有翻转功能	东亚
WV-BL600 AC 220V WV-BL602 DC 12V WV-BL604 AC 24V	6	112″ 68/（H） ×582（V）	INT 自动转外 LL E×T：1.0V_{pp}/75Ω 复合视频（VS）	420	48	0.5（F1.4 AG CON）	12	C 或 CS	1/250 /500 /1000	WHD 70×70.5×174 70×71×111	0.88 0.55 0.76	-30～+60	—	松下
CC-1320	5	112″	内：2：1 隔行 外：V_D2：1	380	50	0.4	—	CS	11100	86×68×156	0.52	-20～+50	白切割最长电缆（RG50N）200m	东亚
CC-1510	5	113″MOS	外：V_D2：1	230	46	10	—	CS	无	65×55×126	0.48	-10～+50	有翻转功能	东亚
CC-1350 由 CC-8750/8754 供电	5	1/2″	内：2：1 外：V_D	300	46	4	—	CS 或 C 加接圈	无	86×67×201	0.54	-10～+50	最长电缆：200mm 经 RG-59U 白切割	东亚
CC-1600 AC 220V CC-1640 AC 24V DC 12V	100	2/3″ S/M	—	650	43	5	2/1	C	无	82×86×238	1.6	-10～+50	10000：1 自动电子束控制 自动电子束调焦 自动白切割	东亚

续表

型号	耗电量/W	摄像器件	同步作用	分解力/TVL	信噪比/dB	最低照度/lx	自动增益/dB	镜头安装	电子快门	外形尺寸/mm×mm×mm	质量/kg	环境温度/℃	其他特性	生产单位
CC-1700 AC 220V CC-1740 AC 24V DC 12V	10	2/3″ S/M	S或HD、VD	650	43	3	2/1	C	—	82×86×238	1.6	-10~+50	20000：1 自动电子调焦 自动黑箱位 自动白切割 自动电子束控制	东亚
CC-1800 AC 220V CC-1840 AC 24V DC 12V	10	2/3″ S/M	S或 HD，VD	650	43	0.3	2/1	C	—	82×86×238	1.6	-10~+50	40000~66000：1 自动电子调焦 自动黑箱位 自动白切割 自动聚焦控制 自动电子束控制	东亚
CC-1351 AC 220V	5	1/2″	—	300	46	4	20	CS或C加接圈	无	—	—	—	—	东亚
WV-BL200 AC 200V WV-BL202 DC 12V WV-BL204 AC 24V	4.6 2.2 3.5	112″ 57/H ×580（V）	INT 自动转外 LL EXT：1.0 V_{PP}/75Ω 复合视频（VS）	420	48	0.5（F1.4 AG CON）	—	C或CS	无	70×71×151 70×71×111	0.88 0.55 0.76	-30~60	—	松下
WV-1410 AC 220V WV-1414 AC 24V	9 10	2/3″ M/M 20PE13A	LL 2：1 VBS 无	600	43	5（F1.4）	无	C	无	91×84×212	1.7 1.5	-10~+50	自动光补偿 20000：1 自动电子调焦	松下
WV-1500	9	2/3″ S/M S4097	LL 2：1 VBS	650	44	3（F1.4）	有	C	有	91×84×212	1.7	-18~+60	自动光补偿 自动电子调焦	松下

续表

型号	耗电量/W	摄像器件	同步作用	分解力/TVL	信噪比/dB	最低照度/lx	自动增益/dB	镜头安装	电子快门	外形尺寸/mm×mm×mm	质量/kg	环境温度/℃	其他特性	生产单位
CL300 系列 WV-CL310 AC 220V WV-CL 312 DC 12V WC-CL314 DC 24V	5. 3 0. 32A 4. 8	1/2″ 512（H） ×582（V）	内：2∶1 外：LL VBS HD，VD	330	44	10 （F1. 4）	12	C 或 CS	无	70×71×176 70×71×151 70×71×176	1. 05 0. 67 0. 9	-10~ +50	—	松下
CL500 系列 WV-CL502 AC 220V WV-CL500 DC 12V WC-CL504 AC 24V	8. 5 0. 55A 8. 5	1/2″ 681（H） ×582（V）	内：2∶1 外：LL VBS	410	44	10 （F1. 4）	12	C 或 CS	1/250 1/500 1/1000	70×70. 5×215 70×70. 5×176 70×70. 5×215	1. 19 0. 83 1. 06	-10~ +50	—	松下
CL-700 系列 WV-CL700 AC 200V WV-CL702 DC 12V WV-CL704 AC 24V	0. 5 0. 55A 8. 5	1/2″ 681（H） ×582（V）	内：2∶1 外：LL VBS	410	44	10 （F1. 4）	12	C 或 CS	1/250 1/500 1/1000	70×70. 5×215 70×70. 5×176 70×70. 5×215	1. 19 0. 83 1. 06	-10~ +50	电子变距焦 ON（×2） 电子灵敏度： 自动 2，4，6，10 ×手动 1，2，4， 6，10，16，32×	松下
WC-CD1 WV-CD2	—	1/2″ 512（H） ×582	内：2∶1 外：LL VBS	330	44	15 （F1. 6）	18/ 12	F1. 6 f=7. 5 F1. 8 f=7. 5	无	ϕ17/48 ϕ20/67 138×44×184 （控制器）	0. 02/ 0. 04 0. 95/ 0. 95	-10~ +40	最长电缆：2m	松下
WV-1460 AC 220V WV-1464 AC 24V	9 10	2/3″ M/M S4075	LL 2∶1	600	43	0. 5	—	C	—	91×84×212	1. 65 1. 5	-10~ +50	光控范围 40000~66000∶1 γ= 0. 7 白切割自动电子调焦	松下

续表

型号	耗电量/W	摄像器件	同步作用	分解力/TVL	信噪比/dB	最低照度/lx	自动增益/dB	镜头安装	电子快门	外形尺寸/mm×mm×mm	质量/kg	环境温度/℃	其他特性	生产单位
LDH0660/10 AC 200~240V LDH0670/00 DC 12V	3.8 2.2	2/3″TSL 767（H） ×581（V）	内：2∶1 外：S或L	530 560	50	0.5 （F1.0） 0.3 （F1.0）	14 17	2/3″ 或 1″	无	72×74×153 52×50×128	0.56 0.25	-10~ +50 -5~ +50	$\gamma=0.45$	飞利浦
LDH025/10 LDH0252/20 AC 220~240V	10	112′FT4 604（H） ×576（V）	—	—	40	0.2	27 峰值	C	无	55×52×150	0.7 0.6	-10~ +45	防光晕：32 倍光推镜头： LDH6700/06 LDH6700/12 （6，12mm 自动光圈） LDH0250/10 带6mm自动光圈镜头	飞利浦
LDH0255/00 DC 10~39V AC 24V +10%，-5%	2	113″TL 512（H） ×582（V）	V LL相位可调240°	380	50	1 （F1.0 -6dB）	电子 光圈	CS	无	1×70×45	0.25	0~ +55	范围2~2500（F1.4固定镜头）0.45	飞利浦
LDH0460/02 DC 12V +10%，-5%	165	1/2″FT 604（H） ×576（V）	内：2∶1 外：S	450	—	0.3	自动或外部手控	C	无	46×40×88	0.25	-10~ +50	$\gamma=0.45$或18芯插座连接收电源视频，同步控制信号	飞利浦
LDH0801/20 DC 12V AC 220V	—	1/2″ TEL	内：2∶1 外：LL	460	—	0.9 （F1.0 -6dB）	—	—	—	—	—	—	—	飞利浦
LDH0462/00 DC 12V ±10%，-2% AC 24V ±10%	2	1/2″ET 604（H） ×576（V）	内：2∶1	450	—	0.3	≥30	C	无	54×44×148	0.3	-10~ +50	$\gamma=0.45$	飞利浦

续表

型号	耗电量/W	摄像器件	同步作用	分解力/TVL	信噪比/dB	最低照度/lx	自动增益/dB	镜头安装	电子快门	外形尺寸/mm×mm×mm	质量/kg	环境温度/℃	其他特性	生产单位
LDH0701/10 AC 230V ±5%	6. 5	1/2″IL 752（H） ×582（V）	内：自由 外：LL	564	68	0. 2 （F1. 0 -6dB）	26	C	无	76×86×76	0. 6	-10~ +50	γ=0. 45 白压缩 2 倍	飞 利浦
LDH0701/20 AC 230V ±15% DC 11~15V	5 200mA	2/3″IL 756（H） ×582（V）	内：自由 外：V-Lock LL	560	58	0. 12 （F1. 0 -6dB）	17. 5	C	无	76×86×76	0. 6	-10~ +60	平衡输出 2× $1V_{PP}$ VBS into 150Ω γ=0. 45 自动黑白压缩 5 倍	飞 利浦
LDH064/00 DC 12V	0. 46A	1/2″ 500（H） ×582（V）	内：2∶1 外：CVBS	320	46	5 （F1. 0 -6dB）	9	CS 或 C （取下 接圈）	1/1200	64×80×181	0. 6	—	γ=0. 45	飞 利浦
LDH0647/00 DC 12V AC 12V	280mA 150mA	1/2″ 682（H） ×582（V）	内：2∶1 外：CVBS LL	420	48	3 （F1. 0 -6dB）	20	C 或 CS	1/250 1/500 1/1000	61. 7×64×183. 5	0. 6	-10~ +50	γ=0. 5	飞 利浦
TK880E（L） DC 12V AC 12V	47VA 5. 4	1/2″ 500（H） ×582（V）	内：2∶1 外：（AUTO） VBS BB LL	320	47	10 （F1. 4 AGC -0N）	—	C 或 CS	1/1000	64×62×188	0. 62	-10~ +50	色温调节 室内/自动	JVC
TC552X AC 220V TC 554X AC 24V	3	1/3″ 500（H） ×582（V）	外：LL V	380	48	0. 25 （F1. 4）	30	CS C （带 接圈）	无	64×53×140 64×53×180	0. 5	-20~ +55	光范围 100000∶1 带 F1. 4-360 自动 光圈镜头和 AGC γ=0. 6	RCA

续表

型号	耗电量/W	摄像器件	同步作用	分解力/TVL	信噪比/dB	最低照度/lx	自动增益/dB	镜头安装	电子快门	外形尺寸/mm×mm×mm	质量/kg	环境温度/℃	其他特性	生产单位
TC652EX AC 220V TC 654EX AC 24V TC655ECX DC 12V	3 3 2.5	1/2″ 500（H） ×582（V）	外：LL V S CL	380	50	0.15 （F1.4）	30	C 或 CS	1/50 到 1/1000	64×53×180 64×53×140	0.8	-30~ +55	光范围 10000：1 带 F1.4-360 自动光圈镜头和 AGC γ=0.45 或 0.6	RCA
TC254X AC 220V TC252X4，6 AC 24V TC255ECX3，5 DC 12V	6.5 6 5.5	1/2″ 500（H） ×582（V）	内：晶振 外：LL V S CL	320	50	0.3 （F1.4）	20	C 或 S	1/50 1/120 1/1000	65×65×241 64×53×183	0.6	-20~ +55	光范围 100000：1 带 F1.4-360 自动光圈镜头和 AGC γ=0.45 或 0.6	RCA
TC310 DC 12V	7	2/3″ 768（H） ×493（V）	内：晶振	580	45	0.15 （F1.4）	20	C	无	102×71×178	1.2	-10~ +55	γ=1.0 灰度 10 级	RCA
TC304EX AC220V TC304EX[4] AC24V TC305ECX[3.5] DC12V	7 7 5	2/3″ 753（H） ×581（V）	内：晶振 外：LL VS HD，VD	580	50	0.1 （F1.4）	20	C	无	102×71×178	11.16 1.16 0.8	-20~ +55	γ=0.5~1.0 灰度 10 级 光范围 100000：1 带 F1.4～360 带自动光围镜头 AGC，NO	RCA
TC360EX AC220V	7	2/3″ 753（H） ×581（V）	内：晶振 外：LL VS S HD	580	50	0.1 （F1.4）	20	C	无	176.5×158.8 ×394 （圆箱形）	7.7	-20~ +55	γ=0.5~1.0 灰度 10 级 光范围 1000000：1 带 F1.4～360 带自动光围镜头 AGC，NO	RCA

续表

型号	耗电量/W	摄像器件	同步作用	分解力/TVL	信噪比/dB	最低照度/lx	自动增益/dB	镜头安装	电子快门	外形尺寸/mm×mm×mm	质量/kg	环境温度/℃	其他特性	生产单位
TC404X AC220V~240V TC402X AC24V TC405CX DC12V	10 10 8	ICCD1″ 753（H） ×581（V）	内：晶振 外：LL VS S HD，VD	520	45	2.5× 10^{-4} （F1.4）	20	C	无	102×71×254	1.65 1.65 2.9	-20~ +55	γ=0.5~1.0 灰度 10 级 光范围 1000000：1 带 F1.4 ~ 360 自动光圈镜头 AGC，ON	RCA
TC406X AC220V TC406FX AC24V	10 10	ICCDI″ 753（H） ×581（V）	内：晶振 外：LL VS S HD，VD	520	45	2.5× 10^{-4} （F1.4）	20	C	无	176.5×158.8 ×394 （圆筒形）	7.7	-20~ +55		
TC444X AC220V TC442XS AC24V TC445CX$^{3.5}$ DC12V	12 12 10	I^2CCD1″ 753（H） ×58（V）	内：晶振 外：LL VS S HD，VD	500	42	3×10^{-5} （F1.4）	20	C	无	102×71×305	2.18 2.18 1.8	-20~ +55	γ=0.5~1.0 灰度 10 级 光范围 1.6×10^9 ：1	RCA
TC446X AC220V TC446X AC24V	12 12									176.5×158.8 ×559 （圆筒形）	9.1			
TK1085E DC12V	—	1/2″ILT 681（H） ×582（V）	内：2：1	400	48	7 （F1.4）	—	C 或 S	1/50 1/250 1/500 1/1000	63×67×146	0.51	-10~ +50	—	—

续表

型号	耗电量/W	摄像器件	同步作用	分解力/TVL	信噪比/dB	最低照度/lx	自动增益/dB	镜头安装	电子快门	外形尺寸/mm×mm×mm	质量/kg	环境温度/℃	其他特性	生产单位
TC7014X AC24V TC7012X5 AC24V TC7055X34 DC24V	10	2/3″ M/M 884	LL VBS HD，VD 晶振	700	44	2. 15 (F1. 4)	—	C	无	70×121×219 70×121×219 70×121−184	1. 5 1. 5 0. 9	−18～+45	50000：1 灰度 10 级 γ=0. 4～1. 0 几何失真 1. 5% 自动电子束控制 自动白切割 自动黑箱位	RCA
MTV1000 MTV100DA AC220V AC24V	9	2/3″ 20PE20	内	600	40	10	—	C	—	110×70×225 100×82×225	1. 65 1. 76	−10～+45	10000：1	敏遍
TC7014X AC220V TC7012VX AC24V TC7055CX DC12V	10	2/3″ M/M 4833/U	LL VBS HD，VD S	600	44	0. 172	—	C	—	70×121×219	1. 5 1. 5 0. 9	−18～+60	1000000：1 γ=0. 4～1. 0 灰度 10 级 几何失真 1. 5% 自动电子束控制；白切割自动黑箱位	—
WV−1550 AC220V	9	2/3″ S/M S4102	LL 2：1 VBS	650	44	0. 172	有	C	—	91×84×212	1. 6	−10～+50	40000～66000：1 γ = 0. 7 白切割，自动电子调焦，自动黑箱位，自动电子束调焦	松下益阳 822T
TK−NI0 电 TM−900 专用“9”监视器 DC12V	0. 26A	2/3″	—	500	40	0. 3	—	C	—	—	0. 43	−10～+50	—	JVC

表 3-5　　红外夜视摄像机技术数据

摄像机名称	型号	像素	摄像元件 SONY COLOR CCD		水平清晰度 TV LINS	信噪比/dB	LED 红外灯			电源	
		PAL/HXV（NTSC/HXV）	靶面/in	尺寸/mm×mm			背光补偿	红外波长/m	红外投射/m	电压/V	电流/A
照车牌型/宽动态型，普通彩色枪式，彩色高解低照度枪式，彩色黑枪式，彩色高解低，照度半球式，红外防水，防爆半球式，彩色电梯飞碟型	FD-329H	500×582（510×492）752×582（768×492）512×582（582×492）	1/3，1/4	4.9×3.7	420，480，540，600，650，700	≥48	手动，自动可选	850	25	DC12	110
	FD-370H								40		
	FD-313S								50		
	FD-380S										
	FD-390S										
	FD-325S								100	AC220	
	FD-22X2								50	DC12	
	FD-325S										
	FD-327D 317D								100		
	22X/27X								50		
	FD601S、601H 803H、802S、801、803H										

注 1. 伽马特性 $\gamma=0.45$。

2. 防尘等级 IP68。

3. 白平衡为自动跟踪。

4. 镜头最低照度 0lx/F1.2（LED 开启）。

5. 信号制式 PAL/NTSC 可选。

6. 环境温度-20～+60℃；湿度 RH0%～96%。

7. 电子快门 PAL 1/50s～1/100 000s；GTSC 1/60s～1/100 000s。

3. 镜头

镜头是摄像机中不可缺少的部件，镜头与电荷耦合（CCD）摄像机配合，可以将远距离目标成像在 CCD 的靶面上。镜头相当人眼的晶状体，如果没有晶状体，人的眼睛就会看不到任何物体；摄像机如果没有镜头，那么摄像机所输出的图像就会是白茫茫一片，这和照相机是一样的。以镜头的视场分类内容如下：

1）标准镜头。视角30°左右，在1/2in CCD 摄像中，标准镜头焦距 F 定为 $f=12$mm。在1/3in CCD 摄像中，$f=8$mm。

2）广角镜头。广角镜头为大视角的镜头，为了使摄像机得到广泛的视野，必须采用广角镜头。

广角镜头技术数据见表 3-6。

表 3-6　　广角镜头技术数据

摄像器件靶面/in	形式	相对 F 孔径/mm	焦距 f/mm	画面		最近距离/m	外形尺寸/mm	重量/g
				水平	垂直			
1	B618×	1.8	6.5	98°	77°	0.2	ϕ51×43	160
2/3	C418×	1.8	4.8	95°30′	74°30′	0.2	ϕ48×30	100
1/3~1/2	SA0354	1.4-360	3.5	94.6°	73.5°	0.2	ϕ45×44.7	135
1/2	WW-LA2.8	1.4	2.8	107°17′	88°4′	由摄像机决定	ϕ43×34	65

从表 3-5 可知广角镜头，视角在90°以上，焦距 f 可小于几毫米，可提供比较宽广的视景。

3）远摄镜头。视角在20°以内，焦距 f 可达几米，甚至几十米，该镜头可在远距离的情况下，将摄拍的物体影像放大，但确使观察范围变小。

4）可变焦镜头。可变焦镜头介于标准镜头与广角镜头之间，焦距连续可变（电动变焦），既可将远距离物体放大，又可提供一个宽广的视景，使监视范围增加。

5）针孔式镜头。针孔式镜头为具有细长的圆管形镜头，其端部为直径仅几毫米的针孔，由该针孔进光而得到光像。由于光的入口是极细小的长镜筒，所以可以采取隐蔽的安装形式。

6）棱镜镜头。棱镜镜头为其在前面隐蔽装设棱镜。这种棱镜一般从顶棚或墙面上显露出来，不明情况的人以为这是室内装饰用的水晶玻璃，而不被人们警觉，有一定的隐蔽性，所以常被用来装在隐蔽的摄像机上。

4. 名词与术语

（1）图像尺寸。光学像的尺寸，在使用的摄像机中，是由摄像元器件来决定的。摄像元器件 CCD 芯片的靶面尺寸见表 3-7。

表 3-7　　摄像元器件 CCD 芯片的靶面尺寸

摄像器件规格	1/3″	1/2″	2/3″	1″
光束直径/mm	ϕ8	ϕ13	ϕ17	ϕ25

续表

有效成像面	水平/mm	4.8	6.4	8.8	12.8
	垂直/mm	3.6	4.8	6.6	9.6
	对角线/mm	6	8	11	25.4

从表3-6可知，当镜头的成像尺寸比摄像机靶面尺寸大时，不会影响成像，但成像的视角要比该镜头的标称视角小；但当镜头的成像尺寸比摄像机的靶面尺寸小时，就会影响成像，其成像的画面四周被镜筒遮挡，在画面的四角形成黑角。

(2) 焦距。当镜头聚集在无限远时，从镜头的光心到CCD芯片的距离，叫焦距。焦距决定了摄像机摄取图像的大小。焦距f可由下式估算：

$$f=hD/H \quad 或 \quad f=vD/V$$

式中　D——镜头中心到被摄物的距离，m；

H——被摄物体的水平尺寸，m；

V——被摄物的垂直尺寸，m；

h——靶面成像的水平宽度，mm；

v——靶面成像的高度，mm；

f——焦距，mm。

变焦镜头（手动或电动变焦），能够使镜头焦距在一定范围内变化，因此，可以使被摄取的目标放大或缩小，其光学放大规格有6、10、15、20倍等多种倍率。

(3) 视角。视角亦叫视场角。视场角与镜头的焦距f及摄像机靶面尺寸（水平尺寸和垂直尺寸）的大小有关。镜头的水式视场角θ_H及垂直视场角θ_V可由下式计算：

水平视场角θ_H

$$\theta_H=2\tan^{-1}\frac{d}{2f}\ (°)$$

垂直视场角θ_V

$$\theta_V=2\tan^{-1}\frac{h}{2f}\ (°)$$

式中　d——摄像器件CCD靶面图像水平尺寸，mm；

h——摄像器件CCD靶面图像垂直尺寸，mm；

f——焦距，mm。

由上两式可知，镜头的焦距f越短，则视场角越大；摄像机CCD靶面尺寸h或v越大，其视场角也越大。

视场角太大，则可能造成被监视的主体画面尺寸大小，难以辨认，且画面边缘可能出现畸变；如果视场太小，可能会出现监视死角而漏监。

(4) 景深。景深是指拍摄出的景象中，距镜头最近的清晰点到距镜头最远的清晰点的范围的大小。

影响景深的因素如下。

1) 镜头的焦距f和物距（拍摄距离）不变的情况下，光圈大，景深小，光圈小，景深大。

2）焦距的长短，不同焦距的镜头，用同样光圈对同一距离的目标拍摄，镜头的焦距越长，景深越短；焦距越短，景深越长。

3）物距的远近，在光圈和焦距不变的情况下，景深的大小取决于被探物的距离。物距越远，景深越大；物距越近，景深越小。

（5）CCD像素。像素指的是摄像机的分辨率。它是由摄像机里的光电传感器上的光敏元件数目所决定的，一个光敏元件对应一个像素。因此，像素越大，意味着光敏元件越多，相应的成本就越大。像素是CCD摄像机的主要性能指标，它决定了显示图像的清晰程度，像素越多，图像越清晰。

一般摄像机给出的像素数是水平及垂直方向的像素数，例如，500H×582V；有些摄像机给出了水平方向和垂直方向的乘积，如30万像素。

目前市场上大多以25万和38万像素为分界，38万像素以上的摄像机为高清晰度摄像机。

（6）水平分辨率。分辨率是屏幕图像的精密度，是指显示器所能显示的像素的多少。由于屏幕上的点、线和面都是由像素组成的，显示器可显示的像素越多，画面就越精细，则屏幕区域内显示的信息也就越多，可以把整个图像看成是一个大型的棋盘，而分辨率所表示的是所有经线和纬线（或水平线与垂直线）交叉点的数目。水平分辨率是评估CCD摄像机分辨率的主要性能指标，其单位为线对，即成像后可以分辨的黑白线对的数目。一般黑白摄像机的分辨率为380~600线，彩色摄像机的分辨率为380~480线，其线路越多越清晰。一般监视场合，400线左右黑白摄像机即可满足要求。对于医疗、图像处理等特殊场合，应用600线的摄像即能得清晰的图像。

（7）最小照度。最小照度亦称为成像灵敏度，是CCD对环境光线的敏感程度，也是CCD正常成像时，所需要的最暗光线。照度的单位lx（勒克斯），数值越小，表示需要的光线越少，摄像头越灵敏。

黑白摄像机的灵敏度约在0.02~0.5lx，彩色摄像机的灵敏度在1lx以上。CCD摄像机按照度划分，可分为：

1）普通型：正常工作所需照度1~3lx；

2）月光型：正常工作所需照度0.1lx左右；

3）星光型：正常工作所需要照度0.01lx以下；

4）红外型：采用LED照明，在没有光线情况下，也可以成像。

（8）扫描制式。扫描制式，主要有：PAL制；SECAM制；NTSC制。中国采用PAL制（隔行扫描）。

（9）信噪比。摄像机的图像信号与它产生的噪声信号的比值叫作信噪比。

视频监控系统的信噪比应大于40dB以上。信噪比越高图像的质量越好。目前常用的CCD摄像机的信噪比均大于46dB。

（10）电子快门（Electronic Shutter）。控制摄像曝光时间长短的装置叫作快门。快门控制曝光量；表现运动物体的不同虚实效果。

在CCD摄像机内，电子快门控制摄像机CCD的累积时间。电子快门的时间在1/1 000 000~1/50s之间，摄像机快门有自动和手动，自动时，可根据环境的亮暗自动调节快门时间，得到清晰的图像。手动时，以适合某些特殊场合的需要。当电子快门的速度增加时，则在每个视频允许的时间内，聚集在CCD上的光减少，造成了摄像机灵度降低。然而，较高的快门速度对于观察运动图像会产生一个“停顿动作”效应，这将大大地增加了摄像机的动态分辨率。

（11）自动增益（Automatic Gain Control，AGC）。摄像机的视频信号，必须达到电视传输规定的标准电平，目的是为了在不同的景物照度条件下，输出标准的视频信号，因此，就必须使放大器的增益能够在较大的范围内进行自动调节。这种增益的调节通常都是通过检测视频信号的平均电平而自动完成的，实现该路功能的电路称为自动增益控制电路，简称AGC电路。具有AGC功能的摄像机，低照度时灵敏度会有所提高，但此时的噪声点也会比较明显，这是因为信号和噪声同时被放大的缘故。

（12）自动光圈接口。摄像机的前端装着从被摄体收集光信号的摄像镜头。一般电视摄像机用的镜头的孔径比照相机用的孔径要小，目前普通用的是C安装座和CS安装座接口方式。C和CS安装部位口径均为25.4cm。从镜头安装基准面到焦点（感光元件的表面）的距离（后焦距）C为17.526mm；CS为12.5mm，一般摄像机只适应一种接口方式。特殊的摄像机可适应C和CS两种接口（加调节器或加接圈）。

镜头的安装步骤如下所示：

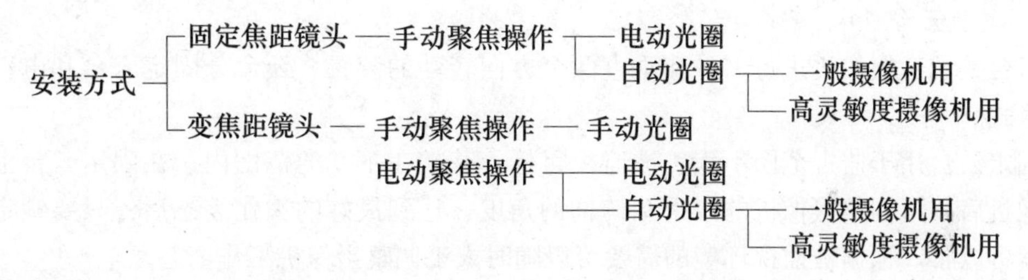

手动光圈镜头适合于亮度不变的应用场合，自动光圈镜头因亮度变更时，光圈亦作自动调整，故适用于亮度变化的场所。

自动光圈有两类：一类称为视频输入型，是将视频信号及电源从摄像机输送至镜头以此来控制光圈；另一类称为DC输入型，是利用摄像机上的直源来直接控制光圈。

（13）同步方式（Sync System）。同步方式主要有以下几种形式。

1）内同步——利用摄像机内部的晶体振荡电路产生同步信号来完成操作。

2）外同步——利用一个外同步信号发生器产生的同步信号送到摄像机的外同步输入端来实现同步。

3）电源同步——亦称为线性锁定或行锁定，是利用摄像机的交流电源来完成垂直推动同步，即摄像机和电源零线同步。

（14）白平衡（White Balance）。白平衡只用于彩色摄像机，其作用是使摄像机图像能精确反映景物状态，有手动和自动白平衡两种方式。

白平衡是一种彩色摄像机功能，无论环境头线如何，让数码彩色摄像机默认“白色”，就是让它能认出白色，而平衡其他颜色在有色光线下的色调。颜色实质上就是对光线的解释，在正常光线下，看起来是白颜色的东西，在较暗的光线下看起来可能就不是白色，荧光灯下的“白”也是“非白”。为此，如果能调整白平衡，则在所得到的图形中，就能正确的以“白”色为基色还原其他颜色。

物体颜色会因被照射的光颜色而发生改变，在不同的光线场合下，拍摄出的图像会有不同的色温。例如以钨丝灯（电灯泡）照明的环境下，拍摄出的图像可能偏黄，一般来说，数码摄像机的感光元件没有办法像人眼一样会自动修正光线的改变。目前大多数数码摄像机均提供白平衡调节功能，一般白平衡有多种模式，以适应不同的场景拍摄，例如，自动白平衡、钨丝灯白平衡、荧光灯白平衡、室内白平衡、手动调节。

（15）背光补偿（Back-Light Compensation）。背光补偿亦称逆光补偿或逆光补正，它可以有效补偿摄像机在逆光环境下，拍摄时画面主体黑暗的缺陷。当引入背光补偿功能时，摄像机仅对整个视场的一个子区域（如以 80~200 行的中心区域）进行检测，通过此区域的平均信号来确定 AGC 电路工作点。由于子区域的平均电平很低，AGC 电路会起作用，使输出视频信号的幅度提高，从而使监控器上的主体画面明朗。此时的背景画面会更加明亮，但与其主体画面的主观亮度差会大大降低，整个视场的可视性得到改善。

（16）电源（Power Supply）。PAL 制式：AC 220V、AC 24V、DC 12V、DC 9V（微型摄像机多属 DC 9V）。

NTSC 制式多用 AC 110V。

（17）视频输出（Video Output）。摄像机的视频输出为 $1V_{P-P}$，75Ω，均采用 BNC 接头。

5. 电动云台

云台是承载摄像机进行水平和垂直两个方向转动的装置。云台分固定云台和电动云台两种形式。

固定云台用于监视范围不太，被监视目标，基本在不变的范围内。在固定云台上安装好摄像机后，可调整摄像机的水平和俯仰的角度，达到最好的工作姿态后，只要锁定调整机构就可以了。根据被监视环境的需要可以随时人工调整摄像机工作姿态。

电动云台适用于大范围目标的扫描跟踪监视，它可以扩大摄像机的监视范围跟踪目标。电动云台一般由两台伺服电动机来实现，这两台电动机一台负责水平方向的转动，另一台负责垂直方向的转动。水平方向的转动角度一般为 350°，垂直方向的转动角度则有±35°、±45°、±75°等几种形式。水平及垂直转动的角度的大小，可通过云台内部限位开关的固定位置来调整。

电动云台在控制信号作用下，云台上的摄像机既能自动扫描监视区载，也可在中控室值机人员的操纵下跟踪被监视对象。

遥控云台控制电路如图 3-2 所示。电动云台水平和垂直转动时，各有一台电动机 M_1 和 M_2 经齿轮减速器带动，两者原理完全相同。

每个直流电动机 M1 或 M2 的励磁绕组（F1、F2）加固定极性的 DC 110V 电压。电动机转子的电枢绕组（S1、S2）所加 DC 110V 电压的极性是由中控室控制器控制的，供给 DC ±110V 直流电压，以达到直流电动机 M1 或 M2 正、反向转动的目的，完成摄像机左右，垂直上下的运动状态。

当齿轮转动到一定角度时，齿轮上的定位挡块就碰上微型限位开关 S1 或 S2、S3、S4，即自行切断引起该方向转动的某一控制电压，电动机 M1 或 M2 停转。这时，将另一极性的控制电压加上，则云台反方向转动，以相同方式在反方向极限角度上自动限位。改变齿轮

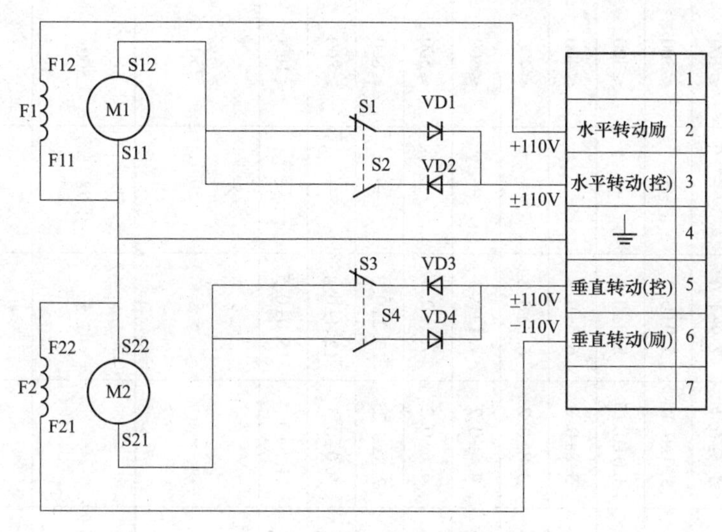

图 3-2　遥控云台控制电路

M1、M2—DC 110V 并励直流伺服电动机；VD1 ~ VD4—晶体二极管 2CP2；F1、F2—M1、M2 的励磁绕组；S11-S12、S21、S22—M1、M2 的电枢绕组

上定位块的位置，即可改变摄像机的转动角度。

轻载云台：最大负重 9. 08kg。

中载云台：最大负重 22. 7kg。

重载云台：最大负重 45kg。

6. 摄像机防护罩

防护罩是摄像机的主要组成部件，用于保护摄像机反镜头不受恶劣天气、有害气体、灰尘等因素的影响以及人为因素的破坏。

二、 传输介质

1. 摄像机视频信号的传输

从摄像机输出的视频信号，频带宽度为 0 ~ 6MHz，幅度为 1V（p-p），特性阻抗 75Ω。常用的视频传输线缆为 75Ω 系列的细同轴电缆，但是不同线径的同轴电缆对视频信号的衰减程度也是不一样的，线缆越粗，衰减越小。同轴电缆系列的技术参数见表 3-8。从表 3-8 中可以看出：电缆的线径越粗则衰减越小，越适合长距离的传播。

当摄像机到控制中心距离≥1000m 时，则应选用光缆。

同轴电缆在大楼内敷设，应穿管埋地或埋墙暗敷设。路由应安全可靠、经济合理、施工维修方便。不应与任何线路穿同一管路，尽管避免与强电线路或其他管道交叉。路由如有强磁场的环境应穿镀锌钢管保护，并做屏蔽接地保护。同轴电缆如有接头应做在接线盒内。

表 3-8 同轴电缆系列的技术参数

型号	特性阻抗/Ω	绝缘电阻/（MΩ · km^{-1}）	电容/（pF · m^{-1}）	衰减常数/（dB · m^{-1}）			内导体数目/直径/mm	绝缘层外径/mm	电缆外径/m	重量/（kg/km）	最大传输距离/m
				30/MHz	200/MHz	300/MHz					
SYV-75-2	75±3	≥10	≤76	≤0. 2200	≤0. 579	≤2. 97	7/0. 08	1. 5±0. 1	2. 9±1. 0	—	≤200
SYV-75-3-1	75±3	≥10	≤76	≤0. 1220	≤0. 308	≤1. 676	1/0. 51	3. 0±0. 15	5. 0±0. 2	—	≤300
SYV-75-3-2	75±3	≥10	≤76	≤0. 1220	≤0. 308	≤1. 676	7/0. 17	3. 0±0. 15	5. 0±0. 2	—	≤300
SYV-75-4-1	75±3	≥10	≤76	≤0. 0706	≤0. 190	≤1. 028	1/0. 64	3. 8±0. 2	6. 3±0. 2	—	≤400
SYV-75-4-2	75±3	≥10	≤76	≤0. 0706	≤0. 190	≤1. 028	7/0. 21	3. 8±0. 2	6. 3±0. 2	—	≤400
SYV-75-5-1	75±3	≥10	≤76	≤0. 0706	≤0. 190	≤1. 028	1/0. 72	4. 6±0. 2	7. 1±0. 3	—	≤500
SYV-75-5-2	75±3	≥10	≤76	≤0. 0706	≤0. 190	≤1. 028	7/0. 26	4. 6±0. 2	7. 1±0. 3	—	≤500
SYV-75-7	75±3	≥10	≤76	≤0. 0510	≤0. 104	≤0. 864	7/0. 4	7. 3±0. 25	10. 2±0. 3	—	≤800
SYV-75-9	75±3	≥10	≤76	≤0. 0369	≤0. 104	≤0. 693	1/1. 37	9. 0±0. 3	12. 4±0. 4	—	≤800
SYV-75-12	75±3	≥10	≤76	≤0. 0344	≤0. 0968	≤0. 659	7/0. 64	11. 5±0. 4	15. 0±0. 5	—	≤1000
				衰减/（dB/km）							
				1MHz	10MHz						
SDV-75-3-4 SIV-75-4	75±3	≥10	≤76	13	42		—	—	5. 8	50	250
SDV-75-5-4 SIV-75-7	75±3	≥10	≤76	8	27		—	—	7. 5	78	500
SDV-75-7-4 SIV-75-9	75±3	≥10	≤76	7	22		—	—	10. 2	140	600
SDV-75-9-4	75±3	≥10	≤76	5	18		—	—	13. 4	230	750

2. 摄像机控制线

（1）摄像机电源线。摄像机电源为 DC12V，应从控制中心直送 AC220V50Hz 电源，在摄像机端再经适配器转换成直流 DC12V。电源线选用铜芯 3 类双绞线 UTP-2×1mm^2，穿管暗敷设和视频电缆走同一路径。在摄像机附近距地面 1.2m 处装暗装接线盒，DC12V 电源适配器装于接线盒内。

（2）带电动云台、电动镜头的摄像装置线缆。带电动云台、电动镜头的摄像机装置，除了视频同轴电缆、电源线外，还要考虑现场解码器控制中心之间的线缆，一般采用 2 芯屏蔽通信电缆（RVVP）或 3 类双绞线，UTP-2×（0.5mm^2）。

解码器控制线可和电源线穿同一管内。解码器可和 DC12V 电源适配器装在同一个接线盒内。

三、控制方式

摄像机的控制方式分直接控制方式、间接控制方式、总线控制方式三种控制方式。采用何种控制方式，取决于所需控制功能、图像质量和经济指标，尽可能做到技术先进，经济合理，便于运行、维修。

（1）直接控制方式。直接控制方式是将电压、电流等控制信号直接输入被控设备，即在切换和控制的信号通过专用电缆接到被控点上。

这种控制方式，没有中间环节，设备简单、费用低，是最基本的控制方式，但控制效果受传输电缆线路压降的影响（允许电压降为±10%），控制距离较近。进行直接控制时，必要的电缆芯数见表 3-9。

表 3-9　　直接控制时控制电缆的芯数

控制项目		芯线数	备注
摄像机电源开关		2	—
摄像管	靶电压	2	—
	电子束电流	2	
	共用线	2	
摄像机罩	防雷器	—	自动控制，有 AC 电源即可
	刮水器	1~2	—
	清洁器	1~2	
电动变焦镜头	变焦	2（1）	（ ）内数字为 DC 电压时的芯数；光圈为 EE 时芯数增加
	光学聚焦	2（1）	
	光圈	2（1）	
	共用线	1（1）	
电动云台	左右转动	2（1）	（ ）内数字为 DC 电压时的芯数
	上下转动	2（1）	
	共用线	1（1）	

注　控制电缆芯线截面积≥1mm^2，长度≤600m。

(2) 间接控制方式。直接控制时，当控制电缆太长，由于电压降问题会使控制失灵，这时可采用中间继电器进行中途间接控制。间接控制是在摄像机近处设置继电器控制箱，从控制器端来控制继电器的动作，用继电器动作触点（动合触点或动断触点）来控制摄像机。

(3) 总线控制方式。总线控制方式是对整个传输单线制组网的控制方式，其系统方框图如图 3-3 所示。

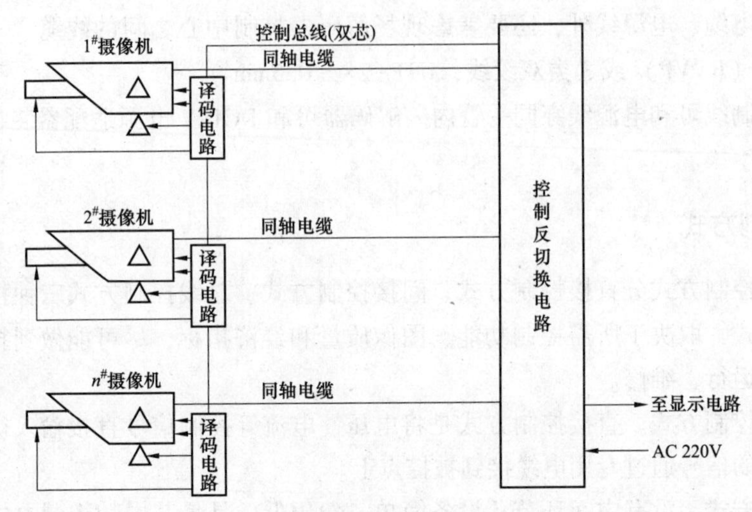

图 3-3 摄像机总线控制系统方框图

译码器（亦叫解码器）是总线控制中不可缺少的器件装置，与中控室的控制器配套使用，译码器装于摄像机附近，控制器对摄像机发出的动作命令，例如，镜头变焦、聚焦、光圈的控制；对云台上、下、左、右自动控制；给摄像机提供电源等，变为数字信号，通过二芯控制总线（简称二总线）传输给译码器，译码器把数字信号译为模拟电压信号或电流信号来控制摄像机的各种动作。

译码器必须与控制器的通信协议一致。

四、监视器

监视器即电视机，是摄像监控系统的主要终端设备。

1. 监视器分类

监视器分类广泛。按颜色分：黑白监视器和彩色监视器；按音频分：带音频和不带音频的监视器；按使用场合分：专用监视器和收/监两用监视器；按显示技术分：显像管式（阴极射线管）CRT（Cathode Ray Tube）监视器、投影仪式监视器、液晶显示（LCD）监视器、等离子（PDP）监视器；按屏幕尺寸：9、14、17、18、20、21、25、29、34、40in 等不同尺寸；按性能和质量的级别分：广播级监视器、专业级监视器、普通级监视器。

广播级监视器性能质量最好，其视频通道频宽可达 10MHz 以下，高分辨率在 800 线以上的显像器件，价格高昂，一般用于电视台。

专业级监视器视频通道频宽一般在 10MHz 以下，分辨率在 600 线左右，用于演示、编导、监控中心。

普通级监控器，分辨率在250~400线，用于图像质量要求不高的监控场所，如大楼走廊、房间、银行柜台、营业大厅等，价格较便宜。

黑白监视器是由黑白显像管显示图像的，它可以显示从纯黑到纯白之间的所有过渡色(灰色)。

彩色监视器包含了黑白监视器的所有功能，与黑白监视器一样分为精密型、标准型和收/监两用型。

液晶监视器（LCD），使用的显示器件是LCD而非CRT，采用的是（TFT）工艺。其自身显示方式为数字方式，但通常都设有两种类型的模拟接口。

(1) 模拟VGA接口，可将计算机输出的模拟信口在其内部经A/D转换为数字显示驱动信号。

(2) 复合视频信号接口，将输入的模拟视频信号，经内部转换后形成数字显示驱动信号。

液晶显示器的像素数是固定的，例如，15in的LCD显示器的像素大都为1024×768，像素间距为0.297 mm。17in的LCD显示器像素为1280×1024。液晶显示器件对刷新率要求不高，因为每个像素的状态“开”或“关”，仅当屏幕上信息变化时，才改变其状态。因此，LCD没有CRT那样感觉到的闪动。LCD视角窄，最佳观看视角是屏幕正面。当在侧面观看LCD显示屏时，图像可能会变暗、彩色可能漂移，有时甚至会看到图像。

2. 电视墙

电视墙由多台监视器（电视机）组合而成，看上去像一面墙，特别是由CRT组成的电视墙给人一种厚重感。在大楼中控室的电视墙的屏幕上，可以纵观大楼全貌，了解人们工作、行动的情况。

3. 监视器的主要技术指标

(1) 清晰度（分辨率）。清晰度是衡量监视器性能质量一个主要技术指标。GB 50198—2011《民用闭路监视系统工程技术规范》的要求是：黑白监视器水平清晰度应≥400线；彩色监视器应≥270线。

(2) 灰度等级。灰度等级是衡量监视器能分辨亮暗层次的一个技术指标，要求≥8级(最高9级)。

(3) 通道频率。通道频率是衡量监视器信号通道频率特性的技术指标，要求监视器的通道频率应≥6MHz。

第三节 有线电视设备

一、模拟电视前端主要设备

模拟电视前端主要设备有卫星电视接收机、电视调制器、频道变换器、频道处理器、宽带混合器、频道放大器、导频信号发生器、光发射机、光放大器、光分路器及需要传输自办节目的设备等。

光发射机主要是将前端送来的高频信号变为光信号，以使在光纤中传输。光发射机分为1310mm和1550mm光发射机两种。1310光发射机是把射频电视信号直接加在激光二极管上进行光强度调制的，称为内调制（亦称直接调制）光发射机；1550mm波长光发射机是把射频电视信号加在外调制器上进行光强度调制，则称为外调制光发射机。

两种光发射极电路结构和工作原理基本相同，只是调制方式不同。光发射机以射模块为核心，配上外围电路构成了光发射机。

二、数字电视前端设备

数字电视的前端比模拟电视前端包括的设备广泛，主要由卫星数字电视接收机、视频服务器、编解码器、复用器、QAM调制器、各种管理服务器以及网络控制设备等组成。

MPEG-2编码器的作用是将各种信号源的A/V信号进行MPEG-2编码，例如将摄像机、录像机、演播室、卫星接收设备、光盘读出设备等信号源输出的数字信号或模拟信号转换成符合MPEG-2标准的数字压缩信号，即使是数字信号源也要进行格式转换。

三、无源器件

有线电系统的元器件分有源器件和无源器件。无源器件属不需要单独供电的器件，例如混合器、分支器、分配器、系统输出接口（终端用户盒）、滤波器、均衡器、衰减器和各种插接件等。

无源器件在有线电视系统中，用量大，使用分布广泛，其品种、规格也多，但对其有共同的要求。

（1）插入损耗应小。插入损耗是指电路中的各种无源器件的输入电平与输出电平之差。差值大，则损耗大，说明该器件不宜使用。插入损耗大的主要原因是有线电系统中使用的无源件数量过多，而且又是串联使用，如每个器件的插入损耗是0.5dB，则串联的总损耗加起来就很大。用放大器补偿这些损耗不但浪费资金，而且使系统信噪比、交互调指标变差，使有效传输距离缩短。

（2）频率特性。频率特性应好，使用平带内，如平坦度差，大量使用的情况下，叠加起来会加剧频率特性变坏，则造成输出电平差异大，容易产生交调、互调失真。

（3）反射性能。反射性能要好说明系统阻抗匹配好，能减少重影干扰。

（4）相互距离度。相互距离度要大，则各输出口之间相互干扰小。在邻频传统系统中相互隔离度应在30dB以上。

（5）可靠性、安全性、电磁屏蔽性。无源器件的外壳一般采用金属压铸型，外壳应做屏蔽接地。

1. 混合器

有线电视系统中，两个或两个以上的输入信号混合在一起，馈送到一根电缆的设备称为混合器。

混合器按电路结构分滤波器式、宽带传输线变压器式两种。

（1）滤波器式混合器由若干个LC带通滤波器并联组成，其带通滤波器的个数要与混合器的频道数一致。其优点是插入损耗小，抗干扰性强。

（2）宽带传输线变压器式混合器。宽带传输线变压器式混合器是由分配器和定向耦合器反接运用。由于是功率混合方式，故对频率没有选择性，则克服了滤波器式混合器的缺点，进行任意频道的混合时不需要调整。

混合器按输入信号的路数多少，可分为二混合器、三混合器。

选用混合器，应注意事项：

1）混合器输入端的频道或频段应与相连接的输入端频道或频段相适应。对于频道型混合器要求带内平坦度和带外衰减满足指示要求。

2）小系统不宜采用混合器，应直接采用多波段放大器。

3）混合器中的元件主要是电容和电感，因此，不应随意更换。

混合器主要技术数据见表 3-10。

表 3-10　　混合器主要技术数据

<table>
<tr><th colspan="2" rowspan="3">项目</th><th colspan="4">技术参数</th></tr>
<tr><th colspan="4">输入通道类型</th></tr>
<tr><th>频道（TV）</th><th>频段（FM）</th><th>频段（TV）</th><th>宽带变压器</th></tr>
<tr><td colspan="2">输入损耗/dB</td><td colspan="3">≤4</td><td>—</td></tr>
<tr><td colspan="2">带内平坦度/dB</td><td>±1</td><td>±2</td><td colspan="2">±2（各频道内频响±1）</td></tr>
<tr><td colspan="2">带外衰减/dB</td><td colspan="2">≥20</td><td colspan="2">—</td></tr>
<tr><td colspan="2">相互隔离/dB</td><td colspan="2">—</td><td colspan="2">≥20</td></tr>
<tr><td rowspan="2">反射损耗/dB</td><td>VHF</td><td>≥10</td><td colspan="3">≥10</td></tr>
<tr><td>UHF</td><td>≥7.6</td><td colspan="3">—</td></tr>
</table>

2. 分配器

分配器是把一路信号等分为若干路信号的无源器件。分配器有一个输入口（IN-INPUT），若干个输出口（OUT）。常用的分配器有二分配器、三分配器、四分配器。分配器的符号如图 3-4 所示。

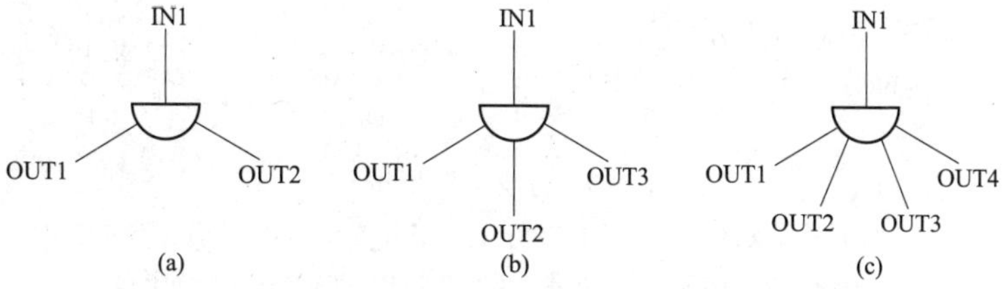

IN1　OUT1　OUT2
(a)
IN1　OUT1　OUT2　OUT3
(b)
IN1　OUT1　OUT2　OUT3　OUT4
(c)

图 3-4　分配器符号

（a）二分配器；（b）三分配器；（c）四分配器

IN1—输入；OUT1～OUT4—输出

分配器主要技术参数见表 3-11。

表 3-11 分配器主要技术参数

项目		技术参数			
		二分配器	三分配器	四分配器	六分配器
分配损耗/dB	VF-5~65MHz	≤4.2	≤6.3	≤8	≤10.5
	VF-65~550MHz	≤3.7	≤5.8	≤7.5	≤10.5
	VHF-550~750MHz	≤4.0	≤6.5	≤8.0	≤11
	UHF-750~1000MHz	≤4.5	≤7.0	≤8.5	≤11
相关隔离/dB	VF-5~65MHz	≥22			
	VF-65~550MHz	≥25			
	VHF-550~750MHz	≥22			
	UHF-750~1000MHF	≥22			
反射损耗/dB	VF-5~65MHz	≥14			
	VF-65~550MHz	≥16			
	VHF-550~750MHz	≥14			
	UHF-750~1000MHz	≥14			
屏蔽衰减/dB		≥100			

注 VF—视频（Video Frequency，VF）；VHF—高频（Very-high Frequency，VHF）；UHF—超高频（Ultra-high Frequency，UHF）。

分配器可反向使用，作为不同频道信号的混合器，反向使用时相互隔离度应在 30dB 以上。

3. 分支器

分支器不同于分配器，分支器不是把信号分成相等的几路输出，而是从信号中分出一小部分能量送到支路上或用户。分支器通常串接在分支线上，由一个主回输入端（IN）、一个主路输出端（OUT）及若干个分支端（BR 或 TAP1…TAPn）构成。

分支器的图形符号如图 3-5 所示。

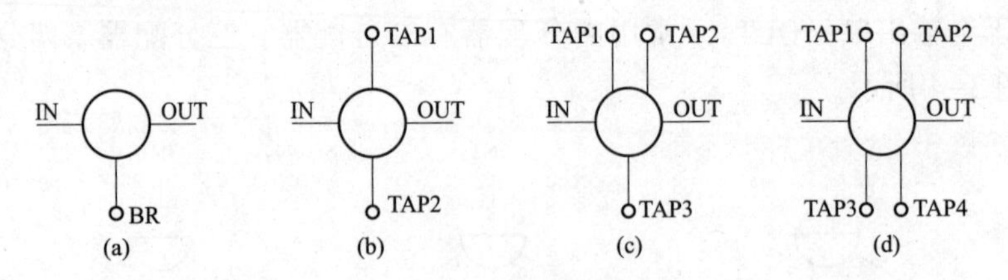

图 3-5 分支器图形符号

（a）一分支器；（b）二分支器；（c）三分支器；（d）四分支器

IN—输入端；OUT—主输出端；BR 或 TAP1~TAP4—分支输出端

分支器的性能如下：

1）主输入端（IN）加入信号时，主路输出端（OUT）和支路输出端（BR 或 TAP）才有信号输出。

2）分支器中信号传输具有方向性，只能由主路输入端向分支路输出端传输信号，而不能反向传输信号，因而，分支器又称为定向耦合器。

3）主输出加入反向干扰信号，则支路输出端不产生影响。

4）支路输出端加入反向干扰信号，则主路输出端不产生影响。

5）分支器有分支损耗、插入损耗。分支损耗是主回路输入电平与支路输出电平之差。插入损耗是主回路输入电平与主回路输出电平之差。分支损耗越大，则插入损耗越小，反之则否。另外，分支路数多，插入损耗大，分支路数少，插入损耗小。

6）反向隔离是指分支输出端与主输出端之间的损耗，分支输出端的信号电平与主输出端信号电平之差。差值越大，则表示分支器抗干扰能力越强。

7）相互隔离表示分支器分支输出端之间的损耗，即某一分支器的电平信号与同一分支器其他分支输出端信号电平之差。分支相互隔离越大，则各分支相互影响越小。

8）阻抗和反射损耗。反射损耗表示阻抗的匹配程度。反射损耗越大越好。分支器的输入、输出阻抗为75Ω。

分支器的主要技术指标见表3-12。

表3-12　　分支器的主要技术指标

<table>
<tr><th colspan="2" rowspan="2">项目</th><th colspan="7">技术指标</th></tr>
<tr><th colspan="2">一分支器</th><th colspan="2">二分支器</th><th colspan="2">三分支器</th><th>四分支器</th></tr>
<tr><td rowspan="2">分支损耗/dB</td><td>标准值</td><td>8</td><td>10</td><td>10</td><td>12</td><td>12</td><td>16</td><td>16</td></tr>
<tr><td>允许偏差</td><td colspan="7">±1.5</td></tr>
<tr><td rowspan="4">插入损耗/dB</td><td>VF-5~65MHz</td><td>≤2.5</td><td>≤2.2</td><td>≤3.3</td><td>≤2.5</td><td>≤3.2</td><td>≤1.8</td><td>≤2.5</td></tr>
<tr><td>VF-65~550MHz</td><td>≤2.0</td><td>≤1.8</td><td>≤3.3</td><td>≤2.5</td><td>≤3.5</td><td>≤2.0</td><td>≤2.5</td></tr>
<tr><td>VHF-550~750MHz</td><td>≤2.2</td><td>≤2.0</td><td>≤3.7</td><td>≤2.9</td><td>≤3.5</td><td>≤2.0</td><td>≤2.8</td></tr>
<tr><td>UHF-750~1000MHz</td><td>≤2.5</td><td>≤2.2</td><td>≤3.7</td><td>≤2.9</td><td>≤3.8</td><td>≤2.5</td><td>≤3.0</td></tr>
<tr><td rowspan="4">反向隔离/dB</td><td>VF-5~65MHz</td><td>≥20</td><td rowspan="3">≥22</td><td colspan="2" rowspan="2">≥22</td><td>≥25</td><td>≥29</td><td rowspan="2">≥30</td></tr>
<tr><td>VF-65~550MHz</td><td rowspan="2">≥22</td><td rowspan="2">≥23</td><td rowspan="2">≥27</td></tr>
<tr><td>VHF-550~750MHz</td><td colspan="2" rowspan="2">≥20</td><td>≥26</td></tr>
<tr><td>UHF-750~1000MHz</td><td colspan="2">≥20</td><td>≥21</td><td>≥25</td><td>≥24</td></tr>
<tr><td rowspan="4">相互隔离/dB</td><td>VF-5~65MHz</td><td colspan="2">—</td><td colspan="5">≥22</td></tr>
<tr><td>VF-65~550MHz</td><td colspan="2">—</td><td colspan="2">≥30</td><td colspan="2">≥28</td><td>≥30</td></tr>
<tr><td>VHF-550~750MHz</td><td colspan="2">—</td><td colspan="5">≥25</td></tr>
<tr><td>UHF-750~1000MHz</td><td colspan="2">—</td><td colspan="5">≥25</td></tr>
<tr><td rowspan="4">反射损耗/dB</td><td>VF-5~65MHz</td><td colspan="7">≥14</td></tr>
<tr><td>VF-65~550MHz</td><td colspan="7">≥16</td></tr>
<tr><td>VHF-550~750MHz</td><td colspan="7"></td></tr>
<tr><td>UHF-750~1000MHz</td><td colspan="7">≥14</td></tr>
<tr><td>屏蔽衰减/dB</td><td colspan="8">≥100</td></tr>
</table>

第四章

楼宇设备控制系统

第一节 空调控制系统

一、中央空调系统技术参数

中央空调系统技术参数见表 4-1。

表 4-1 中央空调系统技术参数

名　　称	技术数据
冷凝器进水温度/℃	15～35
冷凝器出水温度/℃	29～46
冷凝器冷却水温度/℃	8～14
制冷剂 R12 的排出压力/MPa	0.7～1.05
制冷剂 R12 的吸入压力/MPa	0.18～0.33
冷却盘管入口空气温度/℃	24～32
空气经冷却盘管后的温度降/℃	7～14
冷却盘管出口空气温度/℃	10～21
每冷吨制冷量的空气循环量/(m^3/h)	500～1000
舒适性降温的室内温度/℃	25～30
每冷吨制冷量的冷凝器耗水量/(m^3/hk)	0.7～1.1
冷水器进水温度/℃	10～18
冷水器出水温度/℃	4～10

注　表中数据仅作为修理和故障判断时的参考。

二、DDC 对中央空调器常风量系统的监控

中央空调器空气处理机附近装有分散控制单元（Direct Digital Control，DDC）直接数字控制器（亦叫现场数字控制器）。DDC 受楼宇控制中心控制（简称中控室）。一旦所有控制中心系统的工作程序控制软件编制完成，并传送到 DDC 以后，便可脱离控制中心系统而独立运行，提高了整个系统的可靠性，并使系统更加灵活。

1. 中央空调器全新风送风机的监控

中央空调器全新风送风机 DDC 监控示意图如图 4-1 所示。

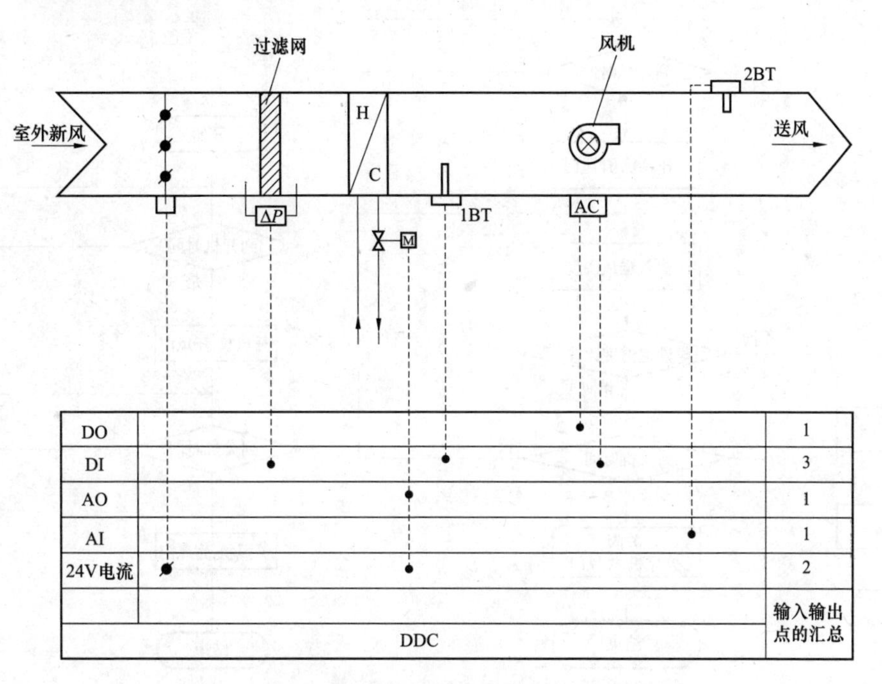

图 4-1 中央空调器全新风送风机 DDC 监控示意图

AI—模拟量输入接口；AO—模拟量输出接口；DI—开关量输入接口；DO—开关量输出接口；DDC—直接数字控制器；AC—风机控制装置；M—伺服电动机；H/C—热水/冷水盘管；Δ*P*—过滤器前、后的压差；1BT、2BT—温度变换器

中央空调器全新风送风工作流程图如图 4-2 所示。

新风风机工作流程图如图 4-3 所示。

2. 排风风机的监控

排风风机 DDC 监控示意图如图 4-4 所示。

排风风机工作流程图如图 4-5 所示。

3. 二通阀双管制系统

中央空调器的 DDC 具有以下监控功能。

（1）就地起停控制。

（2）程序起停控制。

（3）运行状态。

（4）故障报警。

（5）运行时间累计。

（6）送风温度显示。

（7）回风温度显示。

（8）过滤器报警。

（9）烟感报警。

（10）冷冻水阀模拟控制。

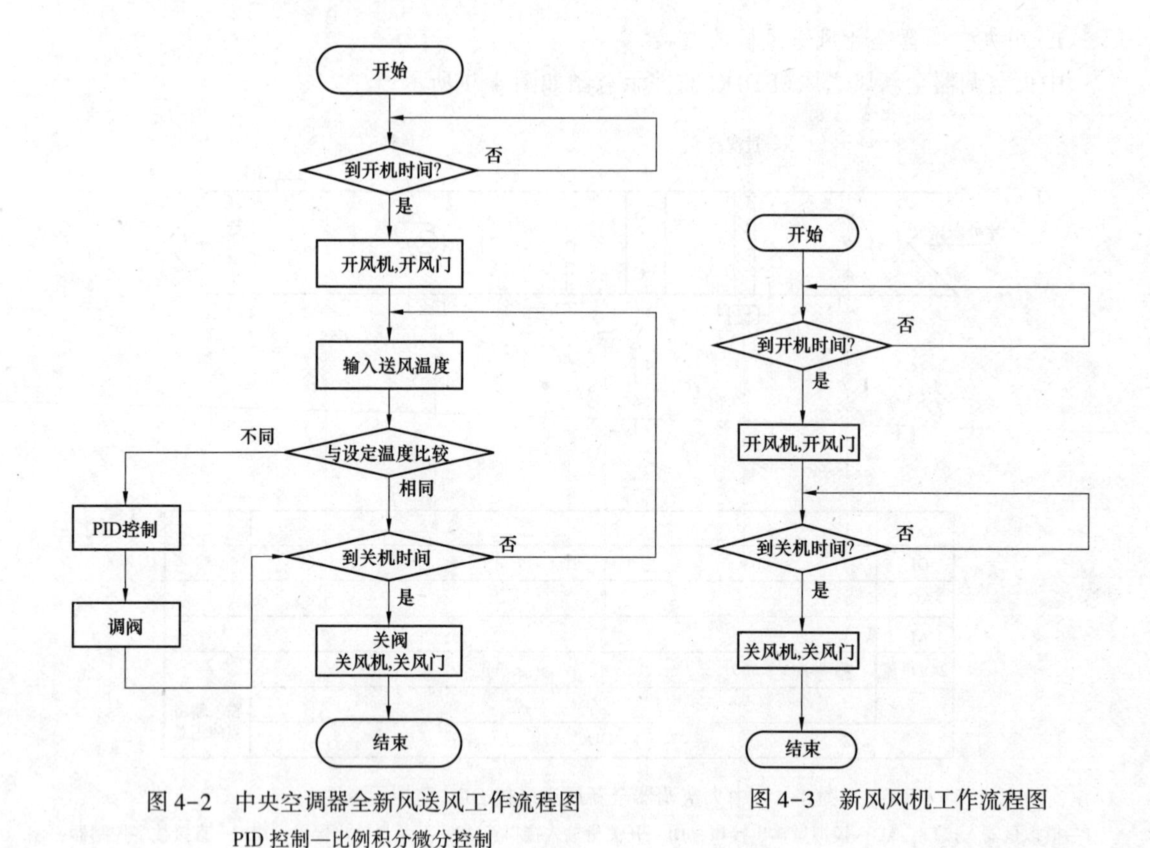

图 4-2 中央空调器全新风送风工作流程图

PID 控制—比例积分微分控制

图 4-3 新风风机工作流程图

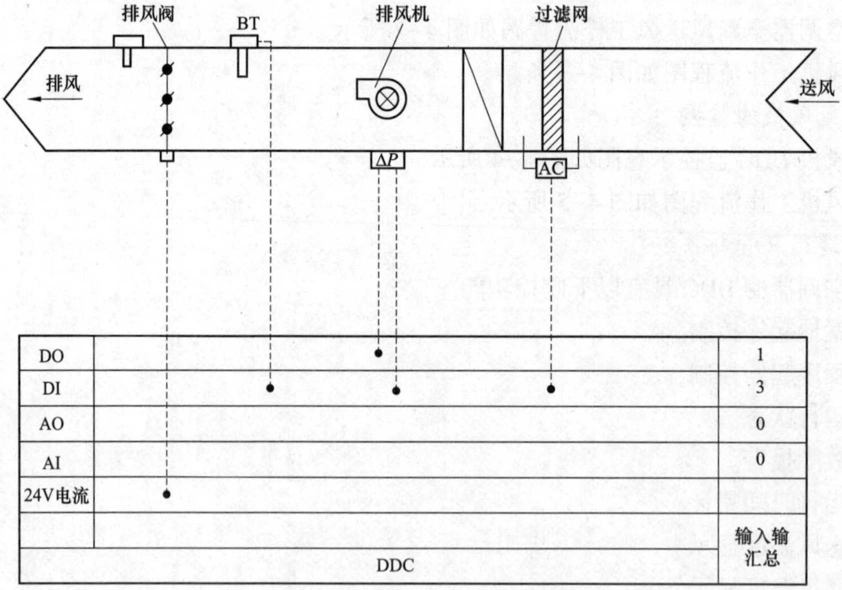

排风阀 BT 排风机 过滤网

排风 送风

ΔP AC

DO		1
DI		3
AO		0
AI		0
24V电流		
DDC		输入输汇总

图 4-4 排风风机 DDC 监控示意图

DO—开关量输出接口；DI—开关量输入接口；AO—模拟量输出接口；AI—模拟量输入接口；

AC—排风机控制装置；DDC—直接数字控制器；ΔP—过滤网前后的压差；BT—温度变换器

(11) 冷冻水阀开度模拟显示。

(12) 冷冻水送水温度显示。

(13) 冷冻水回水温度显示。

(14) 温度设定点调整。

(15) 空间温度显示。

(16) 表冷器温度显示。

中央空调系统常风量空调器 DDC 监控示意图（二通阀双管制系统）如图 4-6 所示。

中央空调系统常风量空调器 DDC 监控示意图（二通阀双管制加湿系统）如图 4-7 所示。

中央空调系统常风量空调器 DDC 监控示意图（三通阀双管制加湿系统）如图 4-8 所示。

中央空调系统常风量空调器 DDC 监控示意图（三通阀四管制加湿系统）如图 4-9 所示。

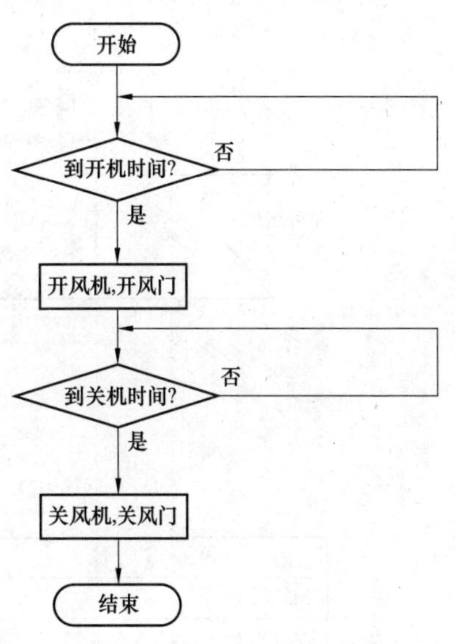

图 4-5　排风风机工作流程图

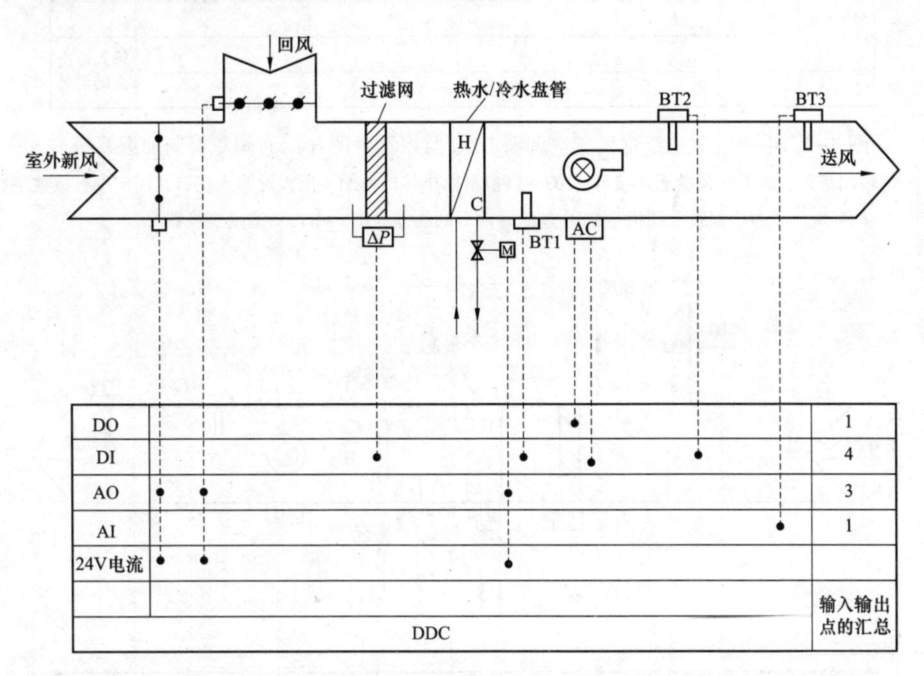

图 4-6　中央空调系统常风量空调器 DDC 监控示意图（二通阀双管制系统）

DO—开关量输出接口；DI—开关量输入接口；AO—模拟量输出接口；AI—模拟量输入接口；DDC—直接数字控制器；M—伺服电动机；AC—风机控制装置；H/C—热水/冷水盘管；ΔP—过滤器前后的压差；BT1～BT3—温度变换器

三、DDC 对中央空调器变风量送风系统的监控

1. 二通阀双管制系统

中央空调器变风量送风系统的监控示意图（二通阀双管制系统），如图 4-10 所示。

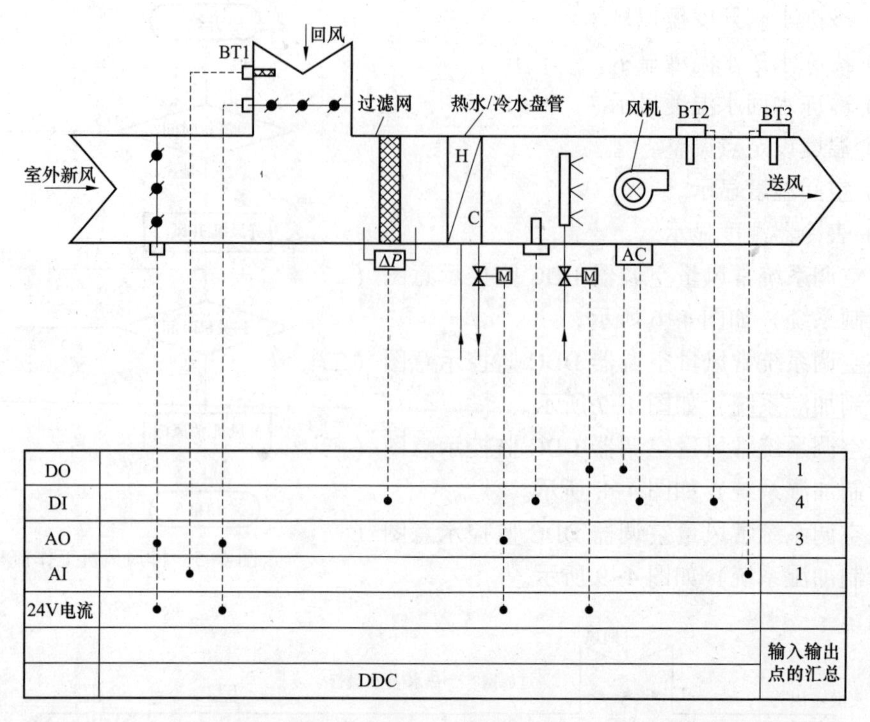

图 4-7　中央空调系统常风量空调器 DDC 监控示意图（二通阀双管制加湿系统）

DO—开关量输出接口；DI—开关量输入接口；AO—模拟量输出接口；AI—模拟量输入接口；DDC—直接数字控制器；M—伺服电动机；ΔP—过滤器前后的压差；BT1～BT3—温度变换器

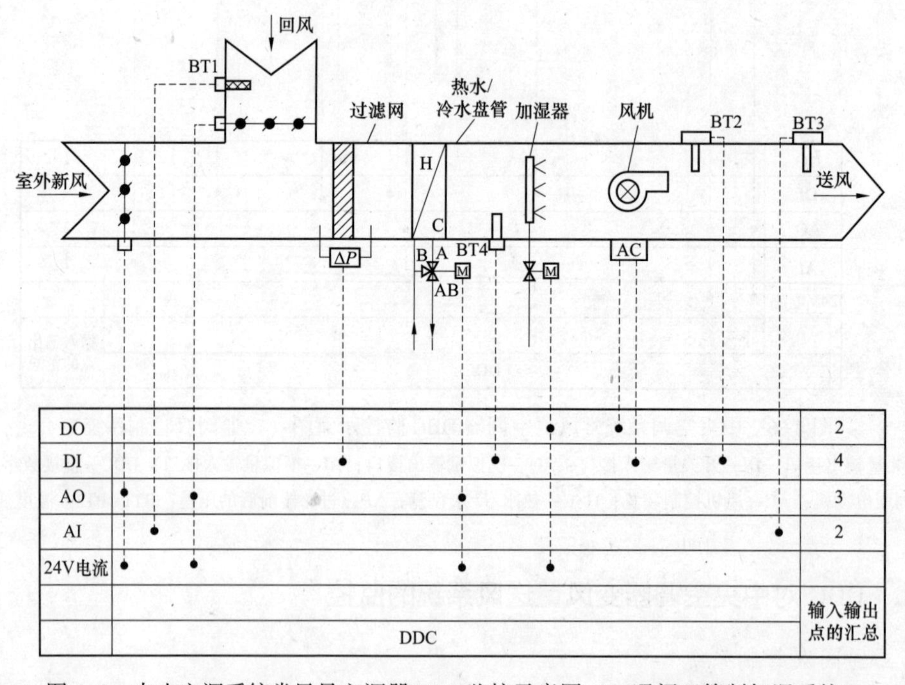

图 4-8　中央空调系统常风量空调器 DDC 监控示意图（三通阀双管制加湿系统）

DO—开关量输出接口；DI—开关量输入接口；AO—模拟量输出接口；AI—模拟量输入接口；AC—风机控制装置；DDC—直接数字控制器；M—伺服电动机；ΔP—过滤器前后的压差；BT1～BT4—温度变换器；A、B、AB—三通阀导向

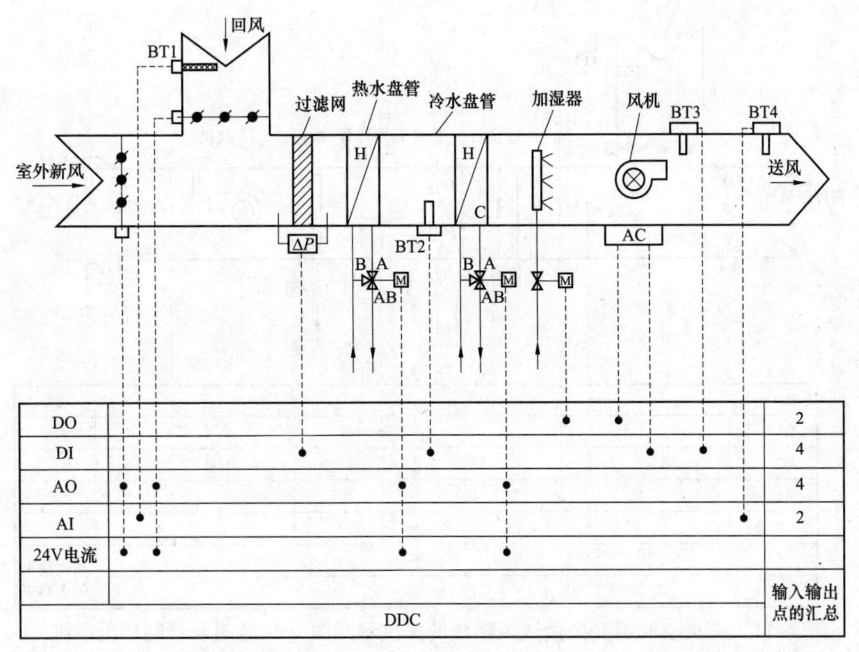

图 4-9 中央空调系统常风量空调器 DDC 监控示意图（三通阀四管制加湿系统）

DO—开关量输出接口；DI—开关量输入接口；AO—模拟量输出接口；AI—模拟量输入接口；AC—风机控制装置；ΔP—过滤器前后的压差；A、B、AB—三通阀导向；M—伺服电动机；BT1～BT4—温度变换器

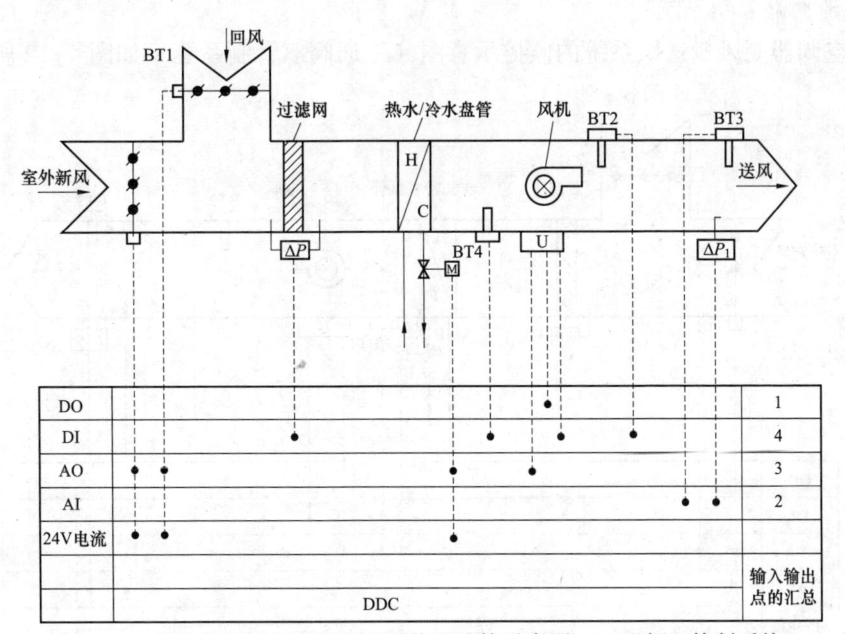

图 4-10 中央空调器变风量送风系统的监控示意图（二通阀双管制系统）

DO—开关量输出接口；DI—开关量输入接口；AO—模拟量输出接口；AI—模拟量输入接口；U—送风机变频调速装置；DDC—直接数字控制器；ΔP—过滤器前后的压差；M—伺服电动机；ΔP_1—风量监控器；BT1～BT4—温度变换器

2. 二通阀双管制加湿系统

中央空调器变风量送风系统的监控示意图（二通阀双管制加湿系统）如图 4-11 所示。

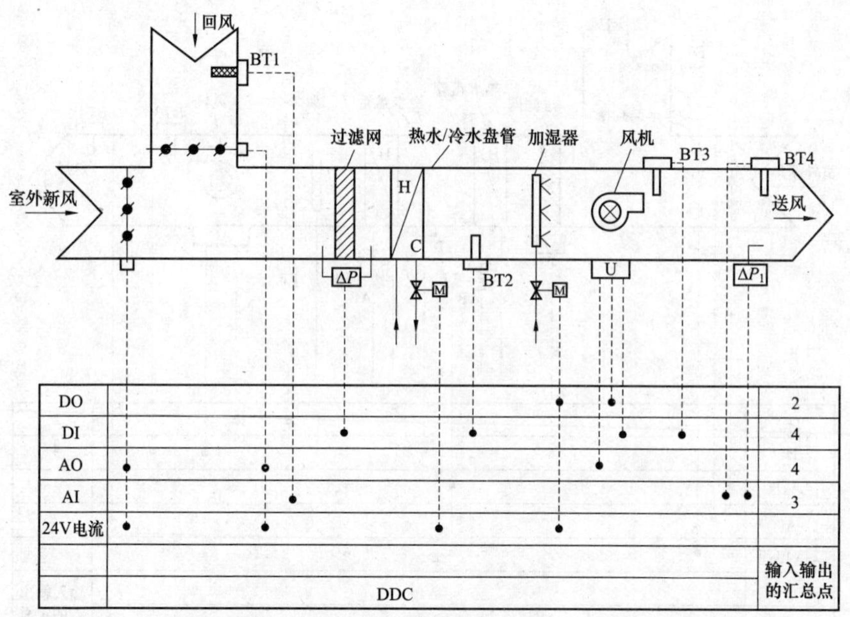

图 4-11　中央空调器变风量送风系统的监控示意图（二通阀双管制加湿系统）

DO—开关量输出接口；DI—开关量输入接口；AO—模拟量输出接口；AI—模拟量输入接口；U—风机变频调速装置；DDC—直接数字控制器；ΔP—过滤器前后的压差；ΔP_1—风量监视器；M—伺服电动机；BT1～BT4—温度变换器

3. 三通阀双管制系统

中央空调器变风量送风系统的监控示意图（三通阀双管制系统）如图 4-12 所示。

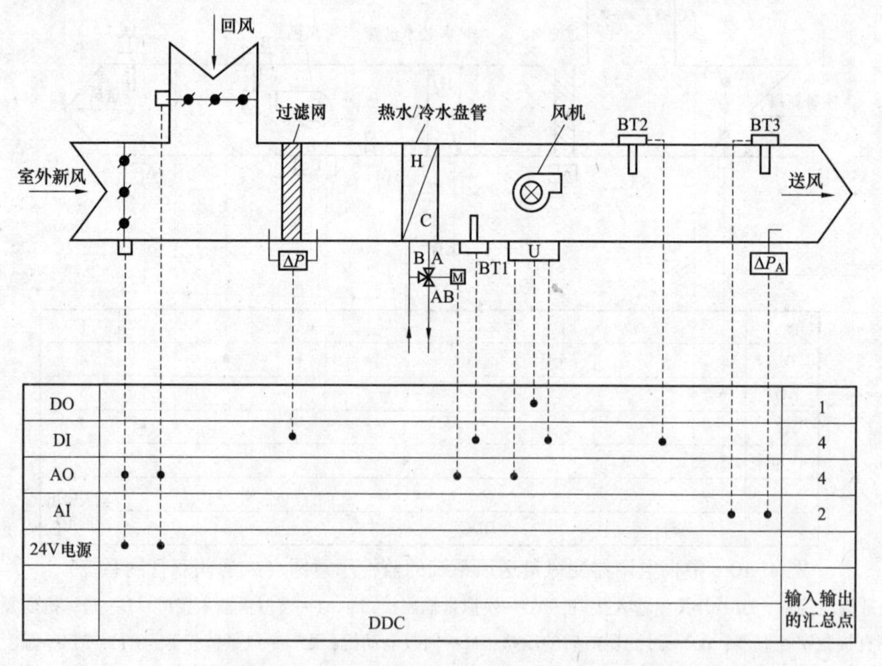

图 4-12　中央空调器变风量送风系统的监控示意图（三通阀双管制系统）

DO—开关量输出接口；DI—开关量输入接口；AO—模拟量输出接口；AI—模拟量输入接口；DDC—直接数字控制器；U—风机变频调速装置；A、B、AB—三通阀导向；M—伺服电动机；BT1～BT3—温度变换器；ΔP—过滤器前后的压差；ΔP_A—风量监视器

4. 三通阀双管制加湿系统

中央空调器变风量送风系统的监控示意图（三通阀双管制加湿系统），如图 4-13 所示。

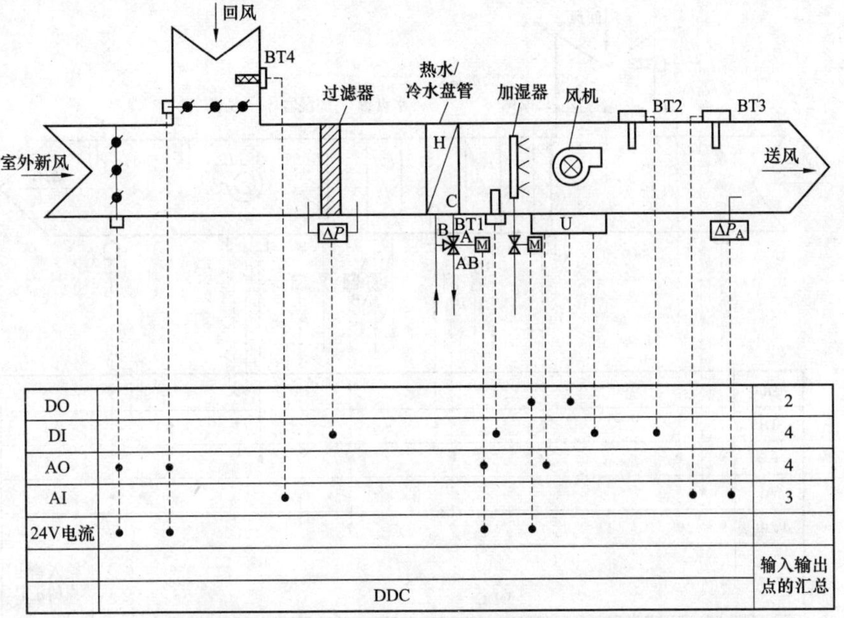

图 4-13　中央空调器变风量送风系统的监控示意图（三通阀双管制加湿系统）

DO—开关量输出接口；DI—开关量输入接口；AO—模拟量输出接口；AI—模拟量输入接口；DDC—直接数字控制器；U—风机变频调速装置；M—伺服电动机；A、B、AB—三通阀导向；BT1～BT4—温度变换器；ΔP—过滤器前后的压差；ΔP_A—风量监视器

5. 三通阀四管制系统

中央空调器变风量送风机的监控示意图（三通阀四管制系统）如图 4-14 所示。

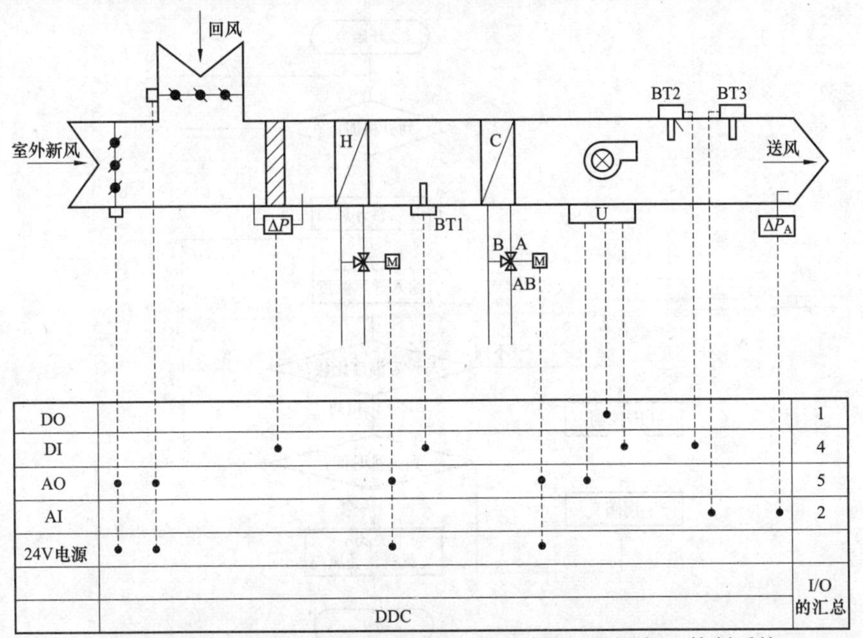

图 4-14　中央空调器变风量送风机的监控示意图（三通阀四管制系统）

DO—开关量输出接口；DI—开关量输入接口；AO—模拟量输出接口；AI—模拟量输入接口；DDC—直接（现场）数字控制器；H/C—热水/冷水盘管；M—伺服电动机；ΔP—过滤器前后的压差风量控制；U—风机变频调速装置；ΔP_A—风量监视器；BT1～BT3—温度变换器

6. 三通阀四管制加湿系统

中央空调器变风量送风机的监控示意图（三通阀四管制加湿系统）如图 4–15 所示。

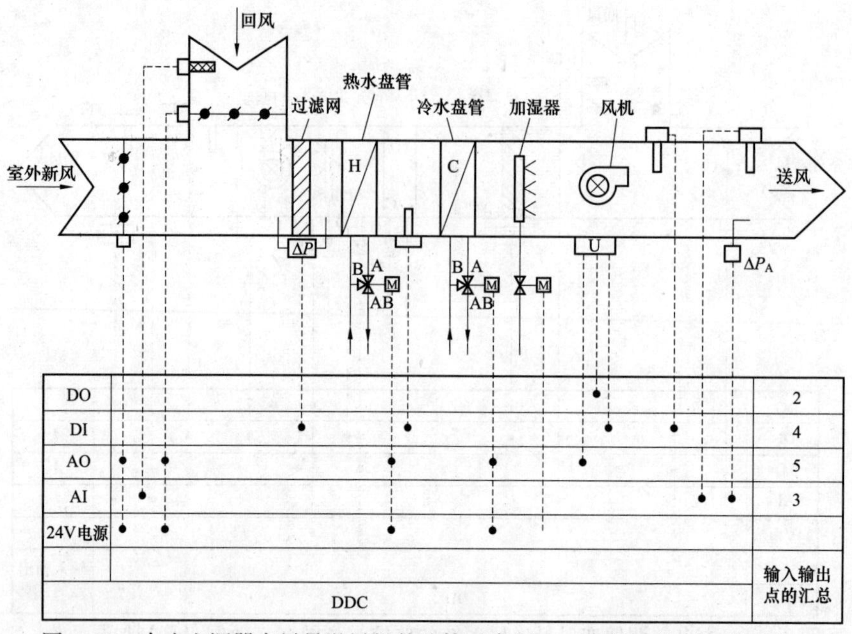

图 4–15　中央空调器变风量送风机的监控示意图（三通阀四管制加湿系统）

DO—开关量输出接口；DI—开关量输入接口；AO—模拟量输出接口；AI—模拟量输入接口；M—伺服电动机；DDC—直接数字控制器；ΔP—过滤器前后的压差；ΔP_A—风量监视器；U—风机变频装置；A、B、AB—三通阀导向

7. 变风量送风机工作流程

中央空调器变风量送风机工作流程图如图 4–16 所示。

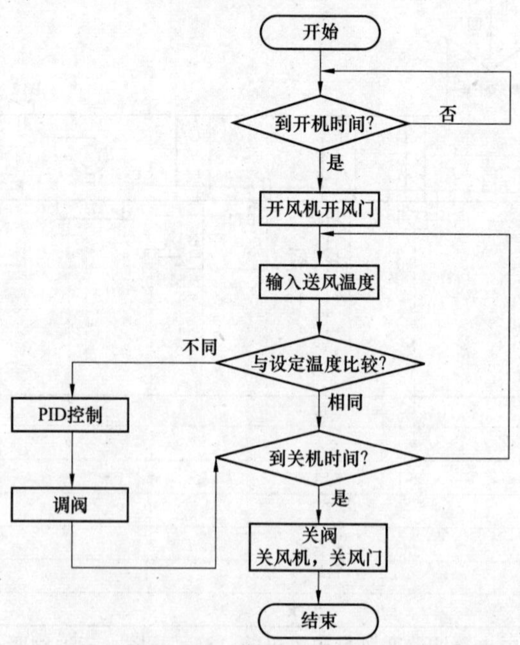

图 4–16　中央空调器变风量送风机工作流程图

PID 控制—比例积分微分控制

四、 常风量送风机的电气控制

常风量送风机的电气控制图如图 4-17 所示。

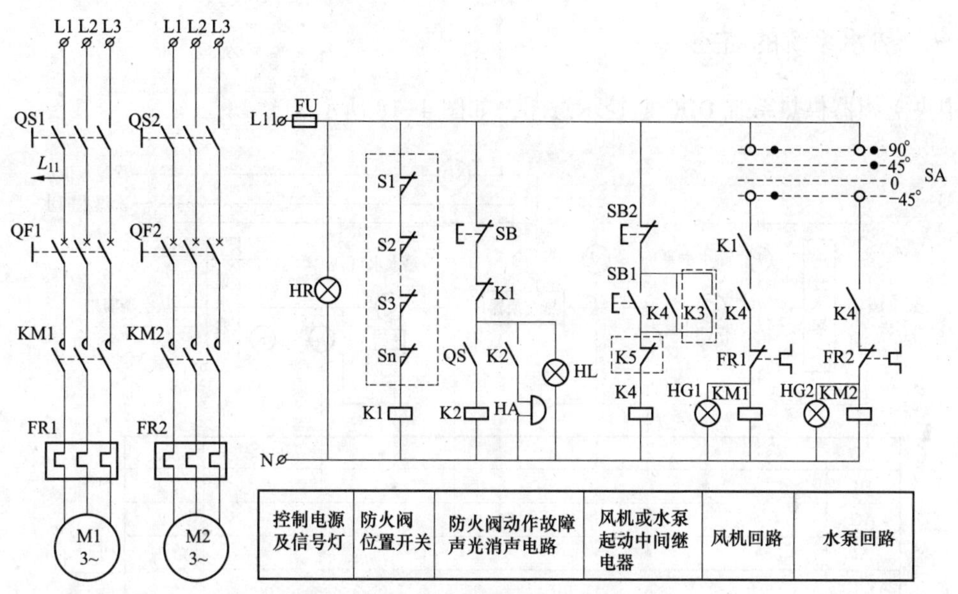

图 4-17 常风量送风机的电气控制图

QS1、QS2—三相刀开关；QF1、QF2—空气断路器；KM1、KM2—交流接触器；FR1、FR2—热继电器；M1—送风机电动机；M2—喷淋泵电动机；FU—控制回路熔断器；HR—控制电源信号灯；HL—防火阀动作信号灯；HG1—送风机运行信号灯；HG2—喷淋泵电动机运行信号灯；HA—防火阀动作报警器；K1—防火阀动作中间继电器；K2—防火阀动作报警复位中间继电器；K3—远方起动送风机 AC 24V 微型中间继电器；K4—起动送风机和喷淋水泵中间继电器；QS—声光报警电路控制开关；SB—声光报警消声按钮；SB1—就地起动送风机和喷淋泵按钮；SB2—就地停风机和水泵按钮

常风量送风机的电气控制图如图 4-17 所示。图中 SA 为转换开关，当 SA 置于 0 时，为停机状态。当 SA 置于 45°时，为喷淋泵单机运行。当 SA 置于-45°时，为 M1 送风机单机运行。当 SA 置于 90°时，按下起动按钮 SB1，中间继电器 K4 吸合，其动合点 K4 闭合自锁，另两个动合点闭合，使 KM1、KM2 得电，使送风机 M1、喷淋泵 M2 同时运行。信号灯 HG1、HG2 亮指示运行。

图 4-17 中，S1 ~ S*n* 为防火阀的微动开关，其动断触点（常闭点）与中间继电器 K1 的线圈串联。

当发生火灾时，送风或回风温度升高（一般 70℃左右），使防火阀的熔片熔断，阀门关阀，装设在防火阀上的微动开关 S1 ~ S*n* 动作，发生火警信号，同时，送风机 M1 停止运行，防止火势蔓延。当微动开关 S1 ~ S*n* 其中某一个或全部动断点断开时，中间继电器 K1 失电，动合点断开送风机停止。K1 动断点闭合，中间继电器 K2 得电吸合，HA 铃响，HL 灯亮，发生声光报警。

当按下复位按钮，HA 铃响停止，如果事故没有消除，报警信号灯 HL 继续亮，等待事故的处理。

K3、K5 为 AC 24V 微型中间继电器，由远方 DDC 自动起停送风机和喷淋泵。

第二节 冷、热水监控系统

一、热水系统的监控

中央空调器供热系统 DDC 监控示意图，如图 4-18 所示。

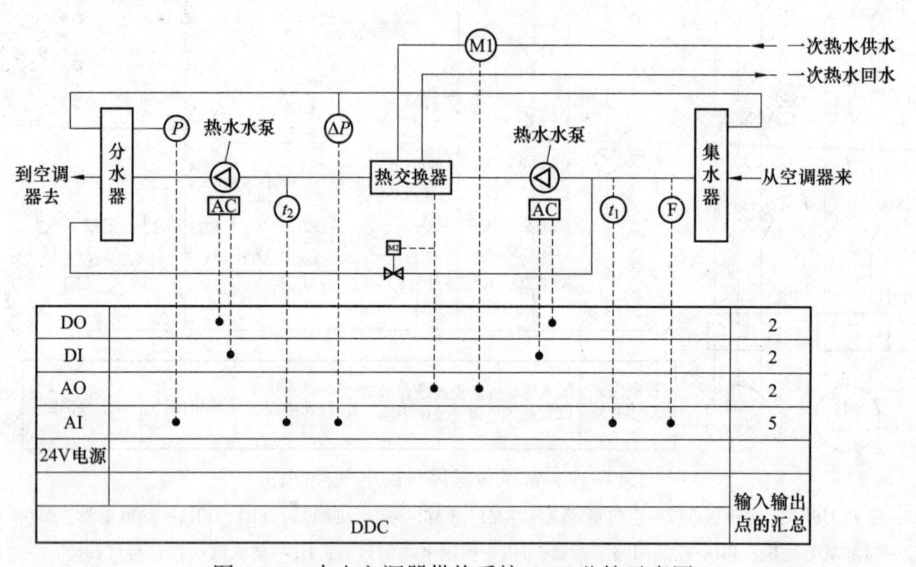

图 4-18 中央空调器供热系统 DDC 监控示意图

t_1—二次热水回水温度（℃）；t_2—二次热水给水温度；ΔP—二次热水给、回水压差（MPa）；P—分水器压力；F—水流控制器

在图 4-18 中，分散控制单元 DDC 根据二次热水回水温度 t_1、二次热水给水温度 t_2、二次热水给回水压差 ΔP、供给空调器二次热水的总量、分水器压力 P 等参数，通过 DDC 的 PID 计算后，控制一次热水供水阀的开度；根据 ΔP、P 调节二次热水供、回水旁通阀 M2 的开度，并对该系统的工作压力，起到监视、控制作用。当分水器压力 P 超限报警时，程序控制二次热水泵停止工作，且打开二次热水供、回水旁通阀，以达到泄压作用。

二、冷水系统的监控

冷水系统 DDC 监控示意图如图 4-19 所示。

图 4-19 冷水系统 DDC 监视示意图中，程序供冷系统起、停顺序如下。

开机至运行：

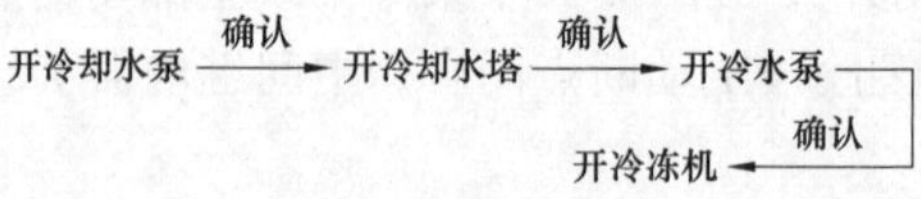

开冷却水泵 —确认→ 开冷却水塔 —确认→ 开冷水泵 —确认→ 开冷冻机

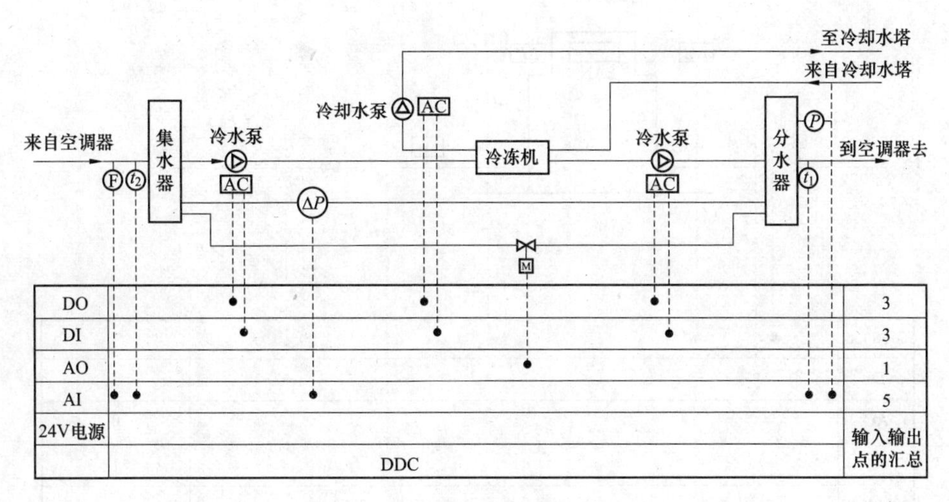

图 4-19　冷水系统 DDC 监控示意图

DO—开关量输出接口；DI—开关量输入接口；AO—模拟量输出接口；AI—模拟量输入接口；DDC—分散控制单元直接数字控制器；F—水流控制器；t_1—冷水供水温度；t_2—冷水回水温度；M—电动调节阀；AC—冷水泵、冷却水泵电气控制装置；ΔP—分、集水器压力差；P—分水器压力

程序中，开冷却水塔是指开水路阀门、冷却塔风机。

分散控制单元DDC，即就地程序控制系统。DDC 根据 t_1、t_2、ΔP、Q、P 进行 PID 运算调节旁通阀，以维持该系统中各单元工作压力平衡，并对该系统的压力起到监视、控制作用。当分水器压力 P 超限报警时，程序控制停机，同时，打开冷水供、回水阀，以达到泄压的作用。当冷水负荷 Q 发生变化时，则分散控制单元 DDC 根据现场情况，对冷冻机的开启台数进行控制。冷量的计算如下

$$C=rQK\ (t_2-t_1)$$

式中　C——冷量，W；

r——系统热损系数；

K——水的比热容，J/(kg · K)；

t_1——冷水供水温度，℃；

t_2——冷水回水温度，℃；

Q——供应空调器组冷水总量，m^3/h。

三、冷却水系统的监控

冷却水塔 DDC 监控示意图如图 4-20 所示。冷却水塔工作流程图如图 4-21 所示。

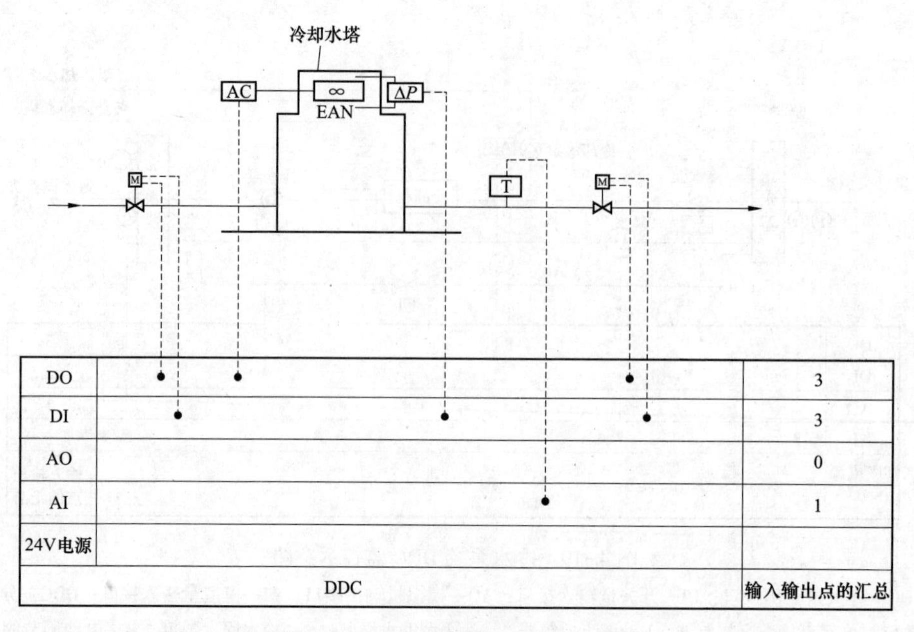

图 4-20 冷却水塔 DDC 监控示意图

DO—开关量输出接口；DI—开关量输入接口；AO—模拟量输出接口；AI—模拟量输入接口；DDC—分散控制单元直接数字控制器；ΔP—风压差；AC—风机控制装置；T—水温传感器；M—电动阀门

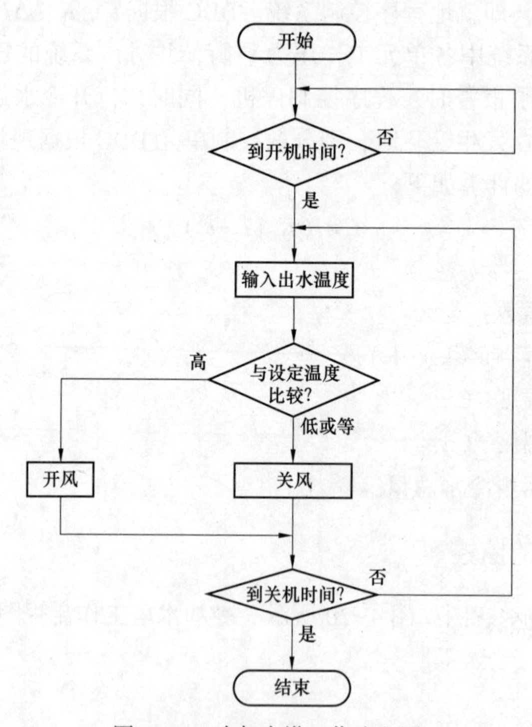

图 4-21 冷却水塔工作流程图

第三节　给、排水监控系统

一、给水系统的监控

典型水箱 DDC 监控示意图如图 4-22 所示。

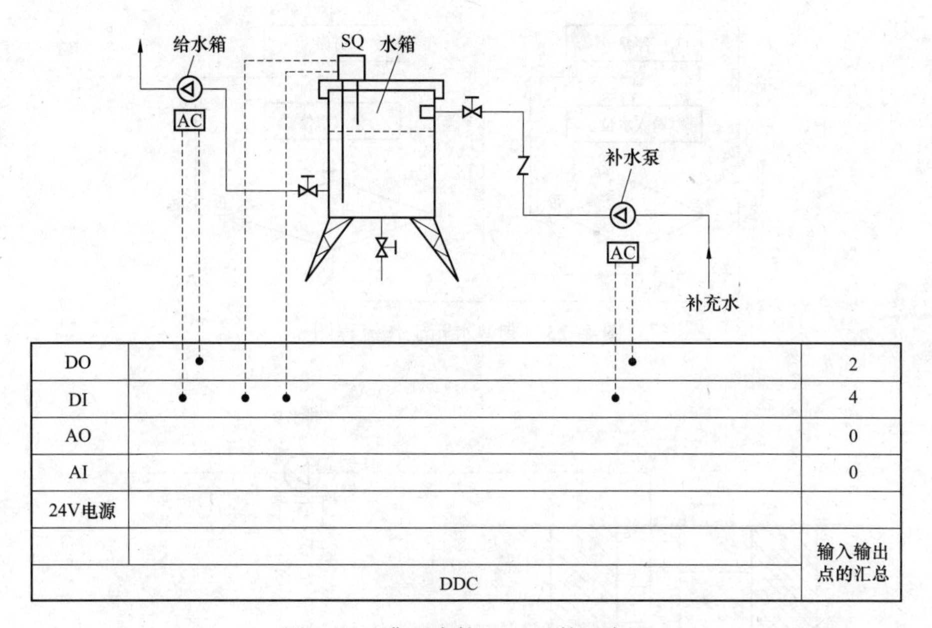

图 4-22　典型水箱 DDC 监控示意图

DO—开关量输出接口；DI—开关量输入接口；AO—模拟量输出接口；AI—模拟量输入接口；DDC—直接数字控制器；SQ—水位传感器；AC—给水泵、补水泵电气控制装置

典型水箱主要用途如下。

(1) 生活用水。

(2) 消防用水。

(3) 冷水机、中央空调系统补水。

典型水箱监控采用分散控制单元直接数字控制器 DDC，根据水箱水位，控制补水泵的起、停。当水箱水位降到低水位时，起动补水泵，直至水箱水位达到高水位，补水泵自动停止；反之水箱水位降到低水位时，补水泵自动起动。

典型水箱工作流程图如图 4-23 所示。

二、排水系统的监控

污水排水系统的 DDC 监视示意图如图 4-24 所示。

污水排水泵工作流程图如图 4-25 所示。

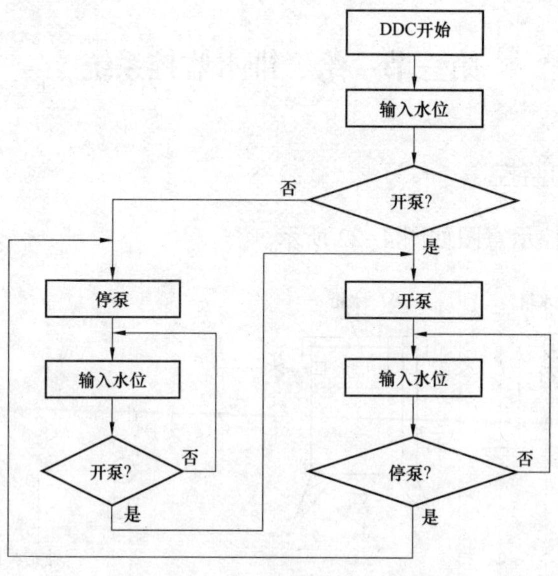

图 4-23　典型水箱工作流程图

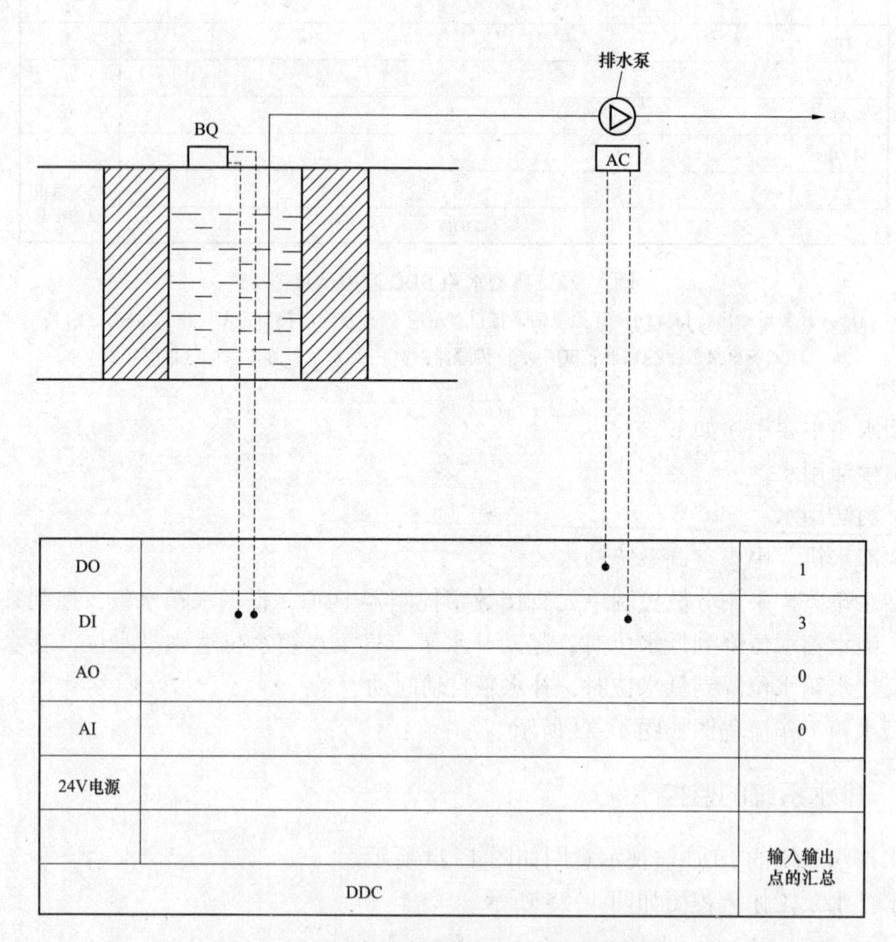

图 4-24　污水排水系统的 DDC 监视示意图

DO—开关量输出接口；DI—开关量输入接口；AO—模拟量输入接口；AI—模拟量输入接口；
DDC—分散控制单元直接数字控制器；BQ—液位传感器；AC—排水泵电气控制装置

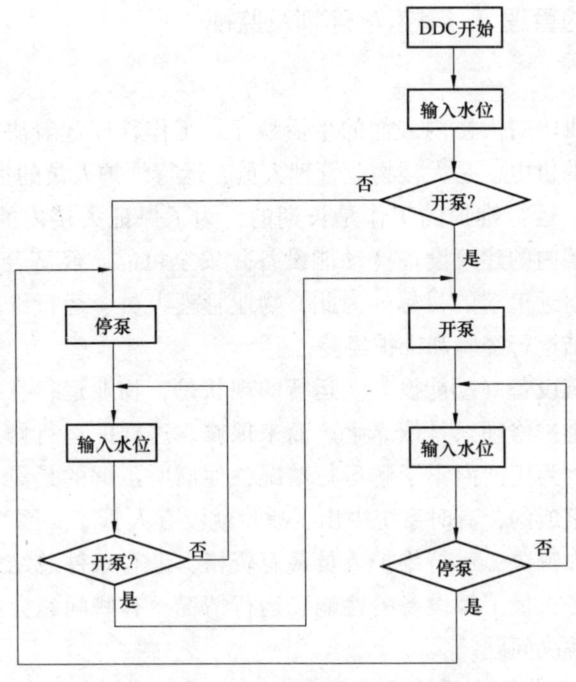

图 4-25　污水排水泵工作流程图

第四节　10/0.4kV 变配电室的自控与监视

一、概述

城市楼宇大厦的 10kV 供电电源，一般都在二路或二路以上，并且能够互相替代，例如：10kV 正常运行时，201 开关（电源开关）供电给 4 号母线，202 开关（电源开关）供电给 5 号母线、4 号母线和 5 号母线分列运行。当 4 号母线或 5 号母线因故停电时，可以把 245 开关（母联开关）合上，245 开关可以是手动合闸或自动合闸，无论是手动合闸还是自动合闸，合闸的原则是：先拉开停电侧的电源开关（201 或 202），再合上 245 母联开关。

0.4/0.23kV 电源也是由两段母线供电，401 开关（电源开关）供电给 4 号母线，402 开关（电源开关）供电给 5 号母线，正常运行时，4 号母线和 5 号母线分列运行。当 4 号母线或 5 号母线因故停电时，可以把停电母线的电源开关（401 或 402 开关）拉开，然后合上 445 开关（母联开关），445 开关可以是手动操作，也可以是自动操作，一般是自动操作手动复位或自动复位。

445 母联开关自投操作装置，可以是 PLC（可编程序控制器），也可以是用继电器组成的程序电路，但无论采用哪种操作方法，都应遵守如下操作原则。

（1）当 401（或 402）电源没电时，电路功能应能做到，首先确认 401（或 402）确实没电，再确认 402（或 401）确实有电，验证确切后，自动断开 401（或 402）开关。

（2）当 401（或 402）开关断开后，445（母联开关）自动合闸。

二、变配电室的管理、自控、连锁及监视

1. 管理

大楼变配电室的供电对大楼内人们的生活秩序、工作秩序起着决定性的作用。对大楼安全可靠、经济合理的供电，是大楼物业管理人员、运行维护人员的责任。

大楼的物业管理、运行维护的工作是长期的，为了保证大楼内的环境冬季温暖如春，夏季凉爽宜人，让大楼内的建筑设备（动能设备）安全可靠、经济合理的运行，是物业管理者、运行维护人员永远追求的目标。为此，物业管理人员、运行维护人员就得努力学习技术，及时长期地总结运行经验和维护经验。

目前，大楼内建筑设备（动能设备）运行的现状是，物业运行、维护人员不去维护修理。只是看管设备，维护修理只是依靠生产商来保修。这样的运行修理模式，要想降低物业成本是很困难的，因为生产商不了解运行情况，他们所了解的是设备的生产技术，运行系统中是由多家设备组成的，有时系统中出了故障就没有人管了。因为系统中出现的问题，往往用运行经验才能去解决。运行维护人员最有资格、最有条件总结运行经验，因为运行维护者日夜守护着设备，最了解设备的性能和运行情况，有些问题会不用花一分钱就处理了，并且能够及时地解决问题。

二路及以上的10kV供配电系统应由两名电工值班，一名为领班。系统的倒闸操作票，应由领班根据上级电话命令或电气工作票签发。进行倒闸操作时，应由两人进行，技术全面者，唱票，另一人执行操作。操作前两人应先在供电系统模型板上进行模拟操作，两人在模型板上对操作票核对无误后，再到现场进行实际操作，唱票人手持操作票每读出一个开关号就是一道命令，操作人是执行者。例如，唱票人读出，拉开401开关，操作人重复读，拉开401开关，唱票人默不作声，操作人即可把401开关拉开。开关拉开后，唱票人可用笔在操作票的401开关栏画上“√”以示该项已经完成。并且唱票人、执行人应根据运行经验、开关板板面，电压表、电流表、信号灯、电压显示装置显示情况及现场观察确认该开关拉开后，再进行下一项的操作。唱票人唱票后，操作人认为下的命令有疑问，可以拒绝操作。

变配电室在控制、管理中属于分散控制单元，为了保证安全可靠、经济合理的供电，它设置有自己的人员昼夜值班系统，自动倒闸操作系统，设备联锁系统，设备短路、过载、接地等保护系统，电能、有功功率、无功功率、功率因数、电压、电流、变压器温度、开关合闸、分闸、跳闸等监视系统。这些都不受楼宇控制中心的控制。楼宇控制中心（即中控室）为了大楼建筑设备（动能设备）安全可靠、经济合理的运行，只对变配电室供电系统的电压、电流、有功功率、无功功率、变压器温度等进行监视。

2. 自控

大楼变配电室10/0.4kV供配电系统图如图4-26所示。

10kV高压侧4号母线和5号母线有并列运行和分列运行，并列运动时，201开关、202开关应装设方向继电器。目前国内大部分地区10kV 4号、5号母线为分列运行。母联开关为手动操作，操作的原则是：先停后送，即先拉开201开关（或202开关），再合上245开关。

0.4/0.23kV 低压 4 号母线、5 号母线为分列运行，当 4 号（或 5 号）因故停电时，母联开关 445 自动合闸，4 号、5 号母线可以互代。445 开关自动合闸的原则：401、402 开关均在合闸状态，445 开关不合闸；401 或 402 开关短路或过载跳闸时，445 开关不动作。

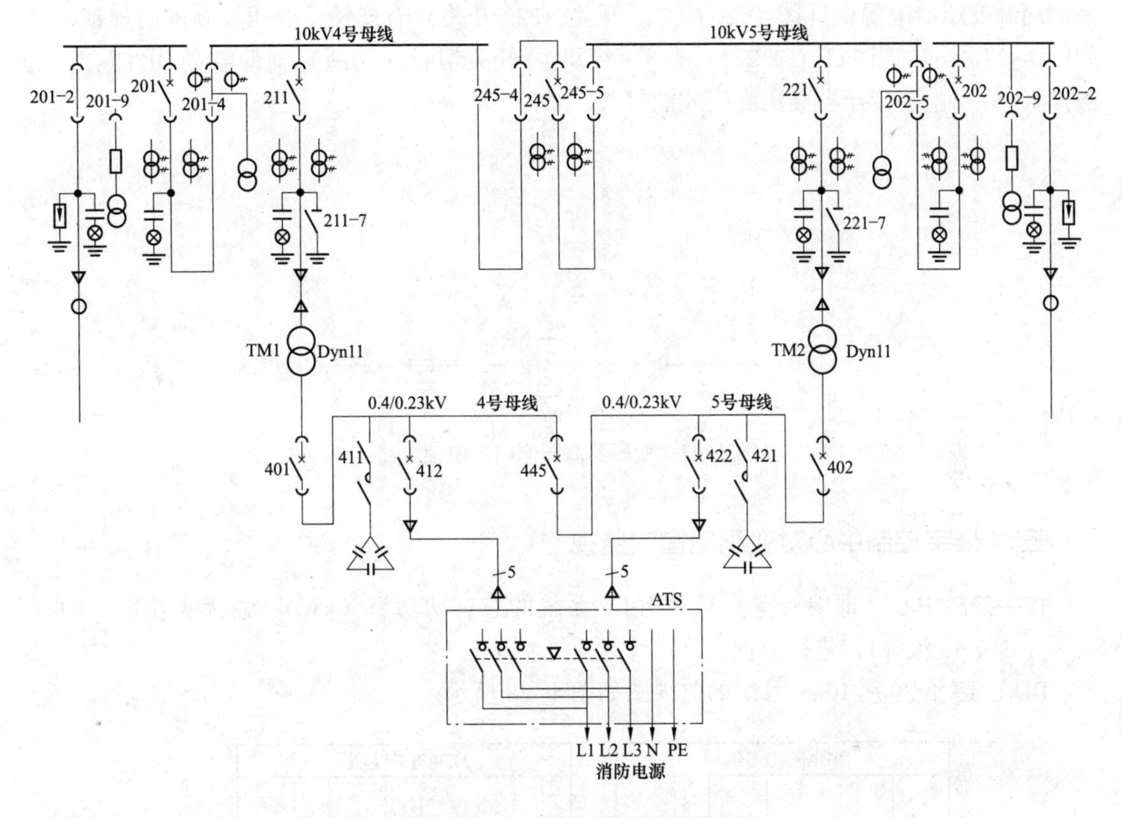

图 4-26　10/0.4kV 供配电系统图

201-2、202-2—10kV 电源侧隔离手车；201-9、202-9—电压互感器柜手车；201、202—10kV 电源开关柜手车；201-4、201-5—计量柜手车；211、221—馈电柜手车；245-4—母联开关 4 号母线侧隔离柜手车；245-5—母联开关 5 号母线侧隔离柜手车；245—母联开关；TM1、TM2—10/0.4kV 配电变压器；Dyn11—表示变压器一次绕组为△接线，二次绕组为 Y 接线，中性线 N 引出，一、二次相位差为 30°；401、402—0.4kV 母线电源开关；411、412、421、422—0.4kV 母线上的馈电开关；ATS—电源自动切换开关

ATS 为消防用电“自动切换电源”，装于消防电源馈电线路的末端。如图 4-26 中 412、422 电源线路的末端。正常运行时 412、422 开关均合闸供电，但在 ATS 内部只有一路供给消防电源，另一路作为备用电源。当运行路因故停电时，则开关自动断开，备用路自动投入，供给消防电源。

3. 连锁保护电路

（1）10kV 4 号母线。201-2、201-9、201-4 柜与 201 柜有连锁关系，当 201-2、201-9、201-4 其中有一柜的手车在拉出状态，则 201 开关合不上闸。如果在运行状态，其中有一柜拉出，则 201 开关立刻跳闸。

（2）10kV 5 号母线。202-2、202-9、202-5 柜与 202 柜有连锁关系，当 202-2、202-9、202-5 其中有一柜的手车在拉出状态，则 202 开关合不上闸。如果在运行状态，其中有一柜拉出，则 202 开关立刻跳闸。

（3）变压器（TM1、TM2）高压侧门连锁。环氧树脂干式变压器，一般都有金属外壳。变压器低压侧、高压侧均有门。高压侧门装有电磁锁，电磁锁本身失电锁门，得电开门。高侧门和变压器电源柜（图 4-26 中 211 开关、221 开关）有连锁，变压器高侧门连锁电路如图 4-27 所示，当 211（或 221）开关断开时，开关切断（动断）辅助触点 QF 闭合，电磁锁 KL 才得电，变压器高压侧门才能打开。

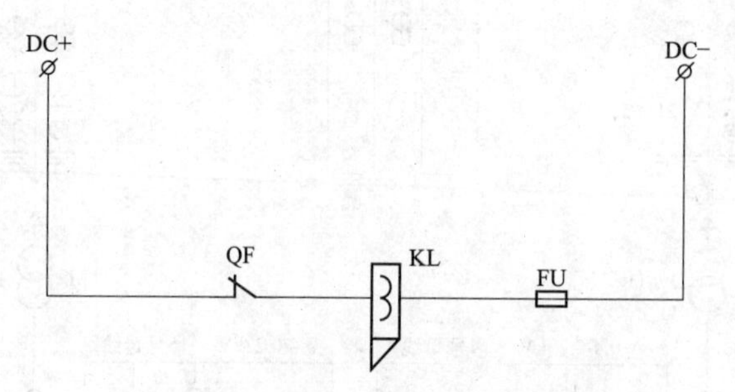

图 4-27　变压器高压侧门电磁锁电路

三、楼宇控制中心对变配电室的监视

楼宇控制中心（即中控室）只对 10kV 系统的总有功功率（kW）、总无无功率、10kV 电压（U）、电流（I）进行监视。

DDC 对变配电室 10kV 系统的监视图如图 4-28 所示。

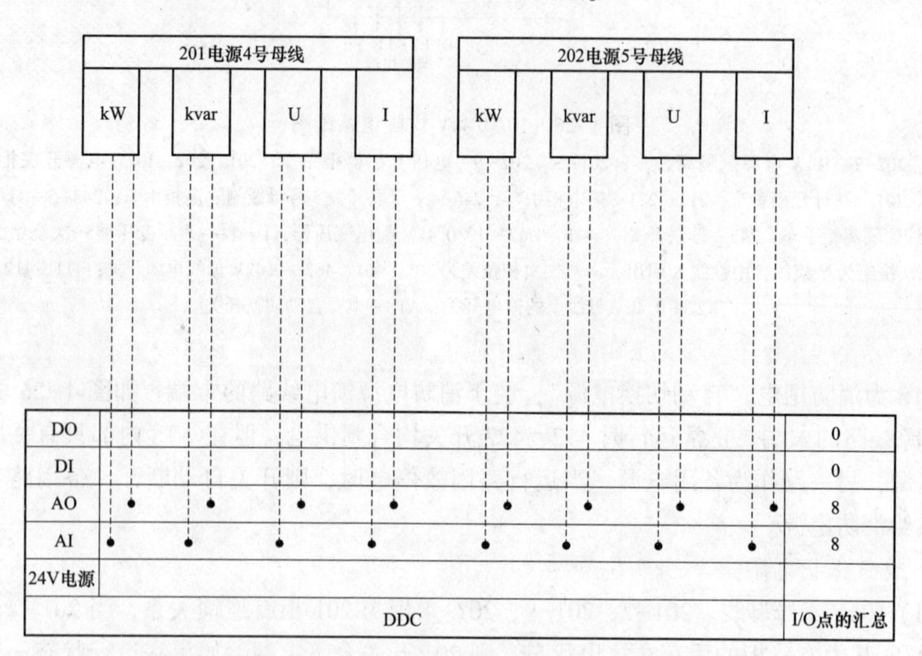

图 4-28　DDC 对变配电室 10kV 系统的监视图

第五节 控制系统的执行单元

一、AVF-5000系列电动调节阀

1. 概述

AVF-5000系列电动调节阀被广泛应用于空调、制冷、采暖自动控制系统，同时，也适用于化工、石油、冶金、电力、轻工等行业的生产过程自动控制系统。

AVF-5000系列电动调节阀适用于冷水、热水、蒸汽及其他非腐蚀性介质；低温型调节阀适用于乙二醇等低温介质，主要用于冷库的温度控制系统。

调节阀执行机构的伺服电动机：功耗低、噪声小、动作精确。

组合浮动弹簧：有恒定的密封力，过载保护可靠。

控制信号：模拟量输入0~10V；开关量（数字量）。

填料函密封：可靠无渗漏。

管道连接：标准法兰，安装方便。

阀门通径：DN 20~DN 250。

平衡阀结构：适用于允许压差高、蒸汽介质。

低温型调节阀：适用于乙二醇等低温介质。

AVF-5000系列电动调节阀外观图，如图4-29所示。

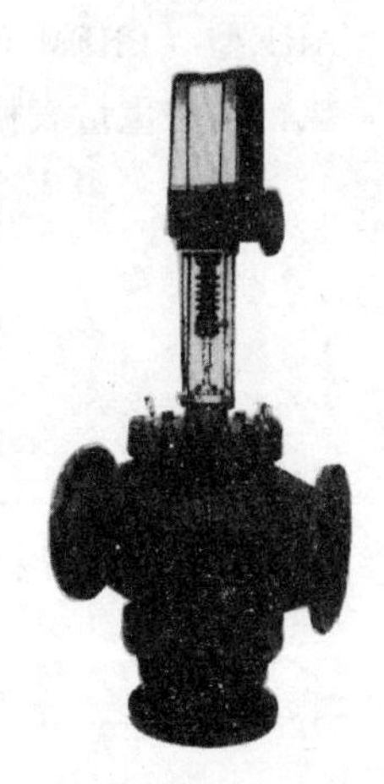

图4-29 AVF-5000系列电动调节阀外观图

2. 技术数据

AVF-5000系列电动调节阀型号含义说明如下。

阀门形式——2：二通；6：平衡；8：三通合流；9：三通分流。

公称通径——DN 20/25/32/40/50/65/80/100/125/150/200/250/300 代号 02/03/04/05/06/07/08/09/10/11/12/13/14。

电源电压——6：AC 24V；7：AC 220V。

控制信号——0：开关量（数字量）；2：0~10V；3：4~20mA。

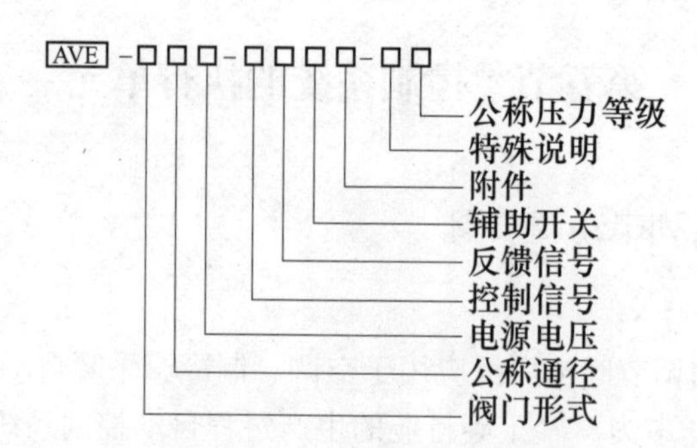

反馈信号——0：无；1：0Ω~20kΩ；3：4~20mA；5：0Ω~135Ω；6：0Ω~1kΩ。

辅助开关——0：无；1：带辅助开关。

附件——无附件不标注；W：低温型；S：室外防护罩；C：波纹管；K：高温型；K1：高温1型；K2：高温11型；K3：高温111型。

特殊说明——P：阀体材质为不锈钢；M：手动；无特殊说明不标注。

公称压力等级——1.6MPa 不标注；公称压力等级以10倍 MPa 数值表示，例如，25＝2.5MPa。

通径 DN 20~DN 150 的电动调节阀配置 RA-3000 系列电动执行机构电动执行器。通径 DN 200~DN 250 的调节阀，配制（AR1 ARMATUEN）PREM10 系列电动执行机构电动执行器。

RA-3000 系列电动执行机构内部示意图如图 4-30 所示。

AR1 型（PREM10 系列）执行机构内部示意图如图 4-31 所示。

执行机构重量表见表 4-2。

图 4-30　RA-3000 系列电动执行机构内部示意图

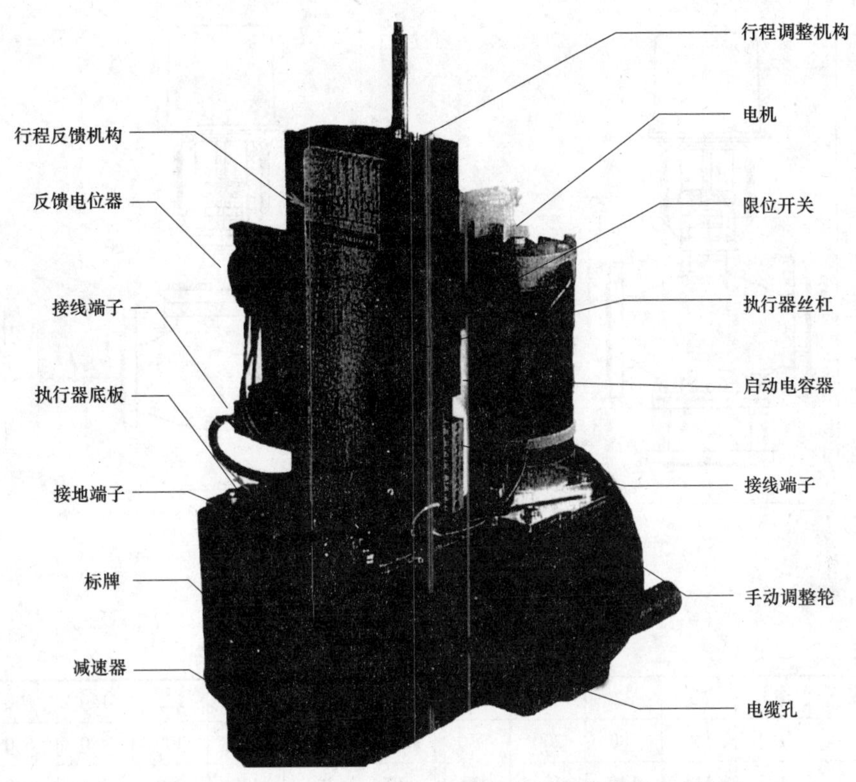

图 4-31　AR1 型（PREM10 系列）执行机构内部示意图

表 4-2　执行机构重量表

公称通径 DN/mm	AVF-5200……系列		AVF-5600……系列		AVF-5800……系列		AVF-5900……系列	
	净重/kg	毛重/kg	净重/kg	毛重/kg	净重/kg	毛重/kg	净重/kg	毛重/kg
DN20	11	17	11	17	12	18	13	19
DN25	12	18	12	18	13	19	15	21
DN32	15	21	15	21	16	22	18	24
DN40	16	22	17	23	19	25	21	27
DN50	19	26	20	27	22	28	25	32
DN65	29	37	28	36	30	38	37	44
DN80	32	39	33	40	36	43	45	52
DN100	38	48	39	49	45	54	52	62
DN125	55	67	55	67	92	104	91	103
DN150	84	98	87	101	118	132	116	130
DN200	—	—	177	205	222	255	222	255
DN250	—	—	425	485	393	452	393	452

执行机构外形尺寸如图 4-32 所示。

执行机构外形尺寸见表 4-3。

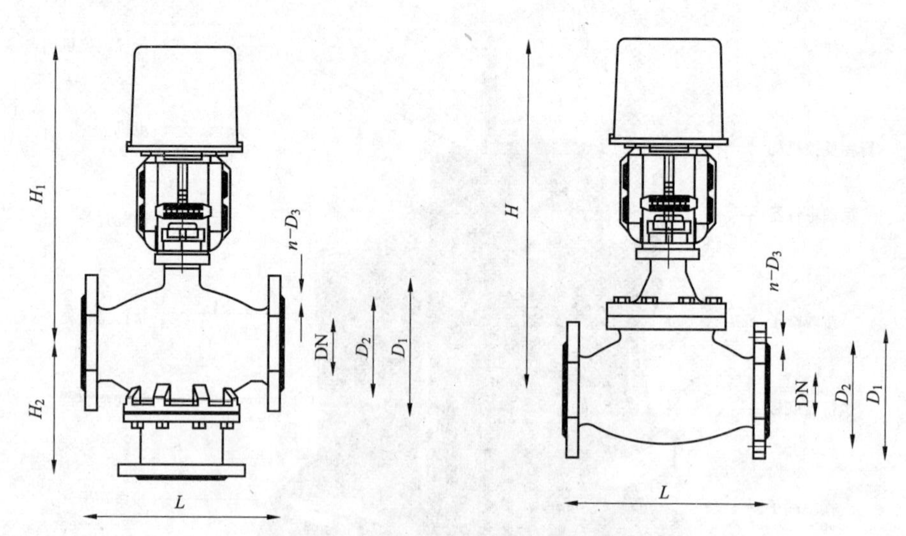

图 4-32 执行机构外形尺寸图

外形尺寸：单位 mm

表 4-3 执行机构外形尺寸表

通径 DN/mm	20	25	32	40	50	65	80	100	125	150	200	250
L	150	160	180	200	230	290	310	350	400	480	600	730
D_1	105	115	140	150	165	185	200	220	250	285	340	405
D_2	75	85	100	110	125	145	160	180	210	240	295	355
D_3	14	14	18	18	18	18	18	18	18	22	22	26
n	4	4	4	4	4	4	8	8	8	8	12	12
H_2	105	110	130	140	150	190	200	210	280	325	390	480
AVF-5200……/5600……系列二通调节阀												
H	465	465	475	475	480	520	520	520	580	615	1055	1110
AVF-5800……/5900……系列三通调节阀												
H_1	450	450	460	470	480	499	509	488	497	517	1013	1111
AVF-5000……K 系列高温型电动调节阀												
H	586	587	597	597	601	641	641	641	700	735		
H_1	—	569	578	591	599	545/588	560/598	570/608	617/617	637/637		
AVF-5000……K1 系列高温Ⅰ型调节阀												
H/H_1	582	582	592	622	627	667	667	667	727	767		
AVF-5000……K2 系列高温Ⅱ型调节阀												
H/H_1	702	702	712	742	747	787	787	787	847	887		
AVF-5000……K3 系列高温Ⅲ型调节阀												
H/H_1	757	757	777	777	787							

电动执行机构技术数据见表 4-4。

表 4-4　　**电动执行机构技术数据**

执行器型式	基本型	反馈型	电子定位型	
电源电压/V	AC 24；AC 220V			
控制信号	开关量		DC 0~10V	DC 4~20mA
输入阻抗/kΩ			20	470
反馈输出	限位开关	0~1kΩ，2kΩ，135Ω DC 0~10V DC 4~20mA	DC 0~10V DC 4~20mA	
功率损耗/W（Max）	16		18	
	110（DN 200~DN 250）			
电动机型式	永磁同步可逆电机			
限位开关触点容量	AC 250V 5A			
环境/℃ RH%	-10~60　≤90　不结露		-10~50　≤90　不结露	
防护等级	DN 150 以下 IP54；DN 200 以上 IP65			

调节阀基本技术数据见表 4-5。

表 4-5　　**调节阀基本技术数据**

公称压力/MPa	PN1.6		
阀体材质	铸铁、铸钢、铸不锈钢		
阀芯、阀座材质	不锈钢		
泄漏量/%	二通阀<0.01	平衡阀<0.5	三通阀<0.1
流量特性	等百分比		直线
介质	水、蒸汽、乙二醇……		
介质温度/℃	普通型 2~180；高温型 2~220；高温Ⅰ型 2~280； 高温Ⅱ型 2-380；高温Ⅲ型 2-500；低温型 -20~180		

最大允许压差技术数据见表 4-6。

表 4-6　　**最大允许压差技术数据**

公称通径 DN/mm	20	25	32	40	50	65	80	100	125	150	200	250
流量系数	6.3	10	16	25	40	63	100	160	250	400	630	1000
全行程时间/s	90					110~190					210	110
允许压差 ΔP（MPa）*												
AVF-5200 AVF-5800/5900	1.6	1.6	1.6	1.2	0.75	0.40	0.48	0.30	0.18	0.12	0.30	0.2
	1.6	1.6	1.6	1.0	0.6	0.30	0.40	0.20	0.10	0.05	0.20	0.15
AVF-5600	1.6											

* 该表所列允许压差值上表示介质为水、下表示介质为蒸汽时的标定值。

电子定位器 EPOS 的电动机执行机构信号的调节如图 4-33 所示，安装电子定位器 EPOS 的电动执行机构，可以接受控制系统输出的 0~10V 或 4~20mA 直流信号，按其比例控制阀门开度。在电子定位器 EPOS 上，正反作用方式、起始点（0~100%）、工作范围 20%~100%均可调，可以按控制要求实现分程控制。

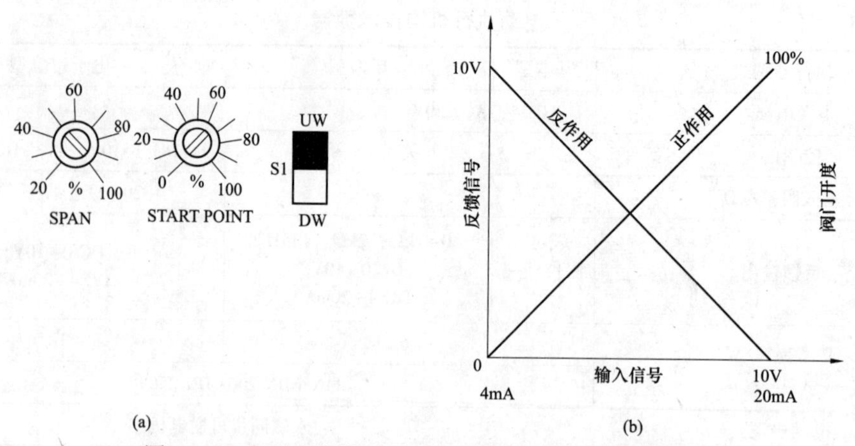

图 4-33 电子定位器 EPOS 的电动执行机构信号的调节

(a) 信号的调节；(b) 信号调节的关系曲线

S1—正反作用开关；START—起始点 0~100%；SPAN—工作范围 20%~100%；

DW—正作用，信号增加时阀杆向上运行；UW—反作用，信号增加时阀杆向下运行

3. AVF-5000 系列电动调节阀的接线

电动调节阀的电动执行器接受来自调节单元的 0~10V 或 4~20mA 的直流电压信号或电流信号，并将其转换成相应的角位移或直行程位移，去操纵调节机构，即阀门的阀杆向上或向下，使阀门开大或关小，以实现自动调节的目的。

电动执行器还可以通过电动操作器实现调节系统的自动操作和手动操作的相互切换。当操作器的切换开关切向“手动”位置时，由正、反操作按钮直按控制电动机的电源，以实现执行器输出轴的正转和反转，进行遥控手动操作。

基本型/反馈型电动执行器接线图如图 4-34 所示。

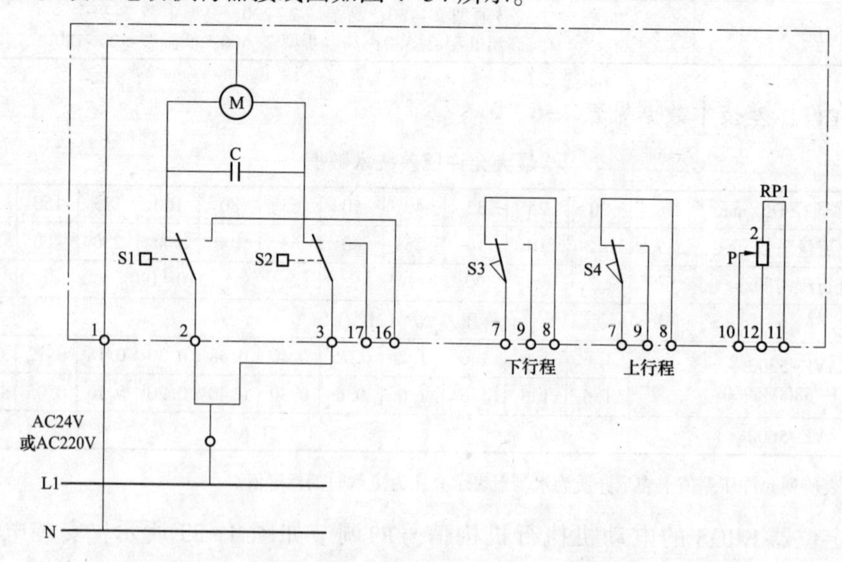

图 4-34 基本型/反馈型电动执行器接线图

M—执行器电动机；C—电容器，M 的启动电容器及改变 M 的转向；S3、S4—限位开关；RP1—反馈电阻，即滑动变阻器；1-2 输入电源时，阀杆向下，10-12 反馈号减少，10-11 反馈信号增加；1-3 输入电源时，阀杆向上，10-12 反馈信号增加，10-11 反馈信号减少

适用于 AVF-5□□□-□01□；AVF-5□□□-□06□电动执行器。

模拟量反馈型电动执行器接线图如图 4-35 所示。

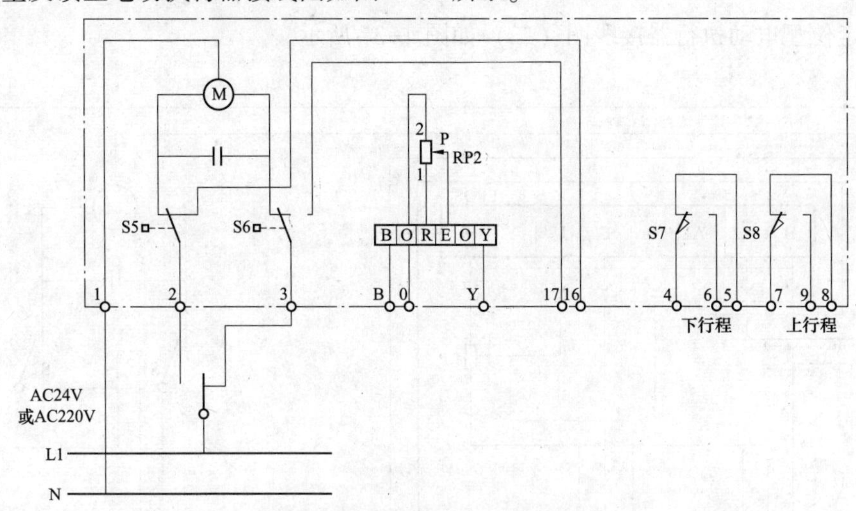

图 4-35　模拟量反馈型电动执行器接线图

M—执行器电动机；M 的启动电容器及改变 M 的转向；S7、S8—限位开关；

RP2—反馈电阻，即滑动变阻器；B-O—AC 24V，O-Y—输出 DC 0~10V，DC 4~20mA；

1-2 输入电源时，阀杆向下，反馈信号减少；1-3 输入电源时，阀杆向上，反馈信号增加

本图适用于 AVF-5□□□-602□和 AVF-5□□□-603□电动执行器。

电子定位型电动执行器接线图（一）如图 4-36 所示。

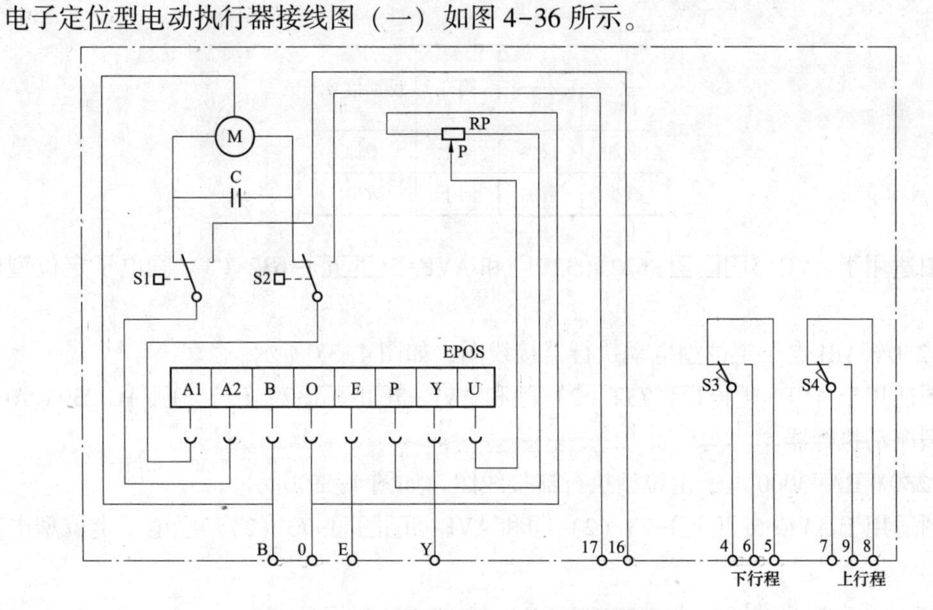

图 4-36　电子定位型电动执行器接线图（一）

M—执行器电动机；C—电容器，M 的启动电容器及改变 M 的转向；S3、S4—限位开关；RP—反馈电阻，即滑动变阻器；B-O—AC 24V；O-Y—输出 DC 0~10V，DC 4~20mA

控制信号		阀杆	反馈信号
DW	UW		
增加	减少	向上	增加
减少	增加	向下	减少

本图适用于 AVF-5□□□-622（3）□和 AVF-5□□□-632（3）□型电子定位型电动执行器。

电子定位型电动执行器接线图（二）如图 4-37 所示。

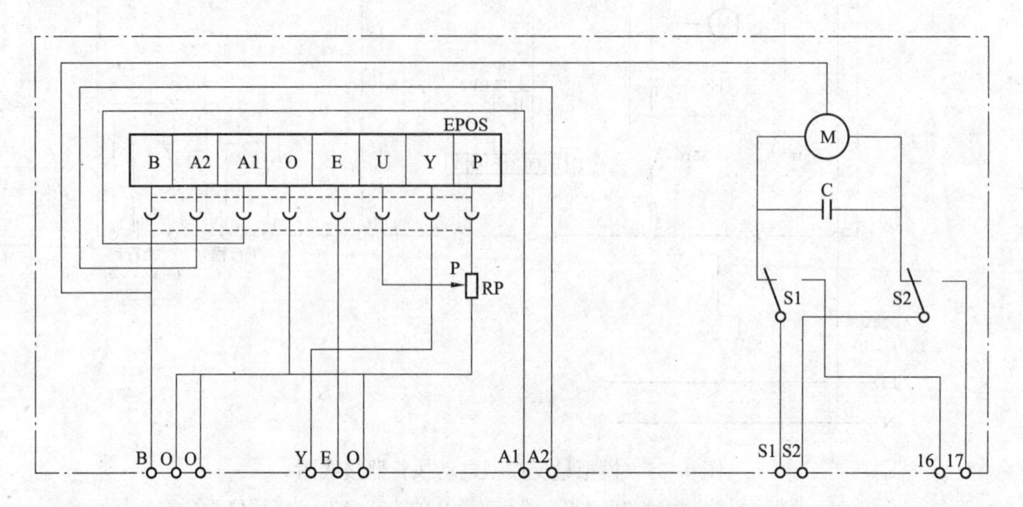

图 4-37 电子定位型电动执行器接线图（二）

M—执行器电动机；C—电容器，M 的启动电容器及改变 M 的转向；S1、S2—限位开关；RP—反馈电阻，即滑动变阻器；EPOS—电路板插口；B-O—输入电源 AC 24V；E-O—输入信号 DC 0~10V，DC 4~20mA；O-Y—输出信号 DC 0~10V；DC 4~20mA

控制信号		阀杆	反馈信号
DW	UW		
增加	减少	向上	增加
减少	增加	向下	减少

本图适用于 AVF-5□□□-622（3）□和 AVF-5□□□-632（3）□电子定位型电动执行器。

AC 230V ARI 电子定位型电动执行器接线图，如图 4-38 所示。

本图适用于 AVF-5□□□-732（2）□和 AVF-5□□□-73（2）3□ AC 230V ARI 电子定位型电动执行器。

AC 230V RA-3000 电子定位型执行器接线图，如图 4-39 所示。

本图适用于 AVF-5□□□-73（2）□和 AVF-5□□□-73（2）3□电子定位型电动执行器。

4. 电动调节阀安装注意事项

(1) 本产品属非防爆产品，安装时应避开危险气体环境。

(2) 本产品为室内安装。满足使用环境条件下可室外安装，但应避免雨水等液体的淋、溅和阳光直射。

(3) 安装前清洗管道，阀门入口侧应安装过滤器及排放阀，以便去除砂砾、锈垢等杂质。

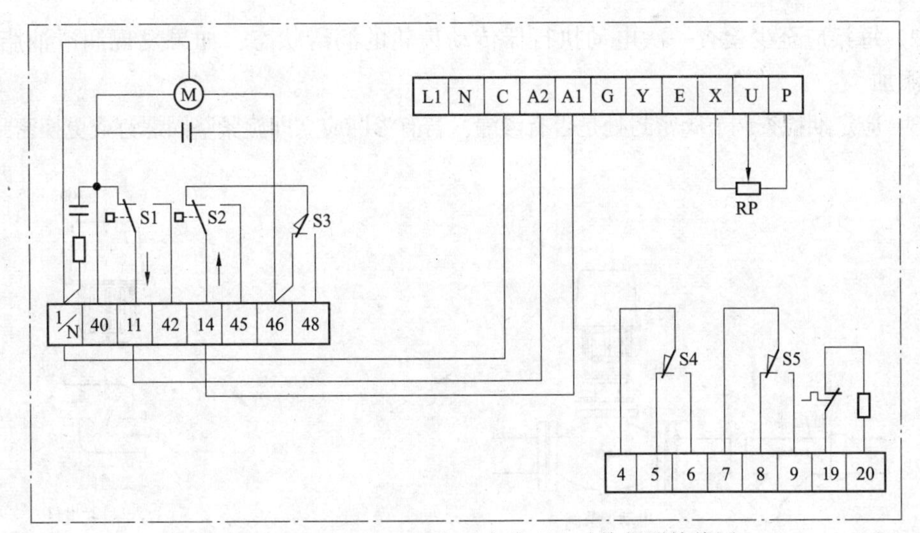

图 4-38　AC 230V ARI 电子定位型电动执行器接线图

M—执行器电动机；C—电容器，M 的启动电容器及改变 M 的转向；S3、S4、S5—限位开关；RP—反馈电阻，即滑动变阻器；L1-N—输入电源 AC 220V 50Hz；G-E—控制信号输入；G-Y—反馈信号输出

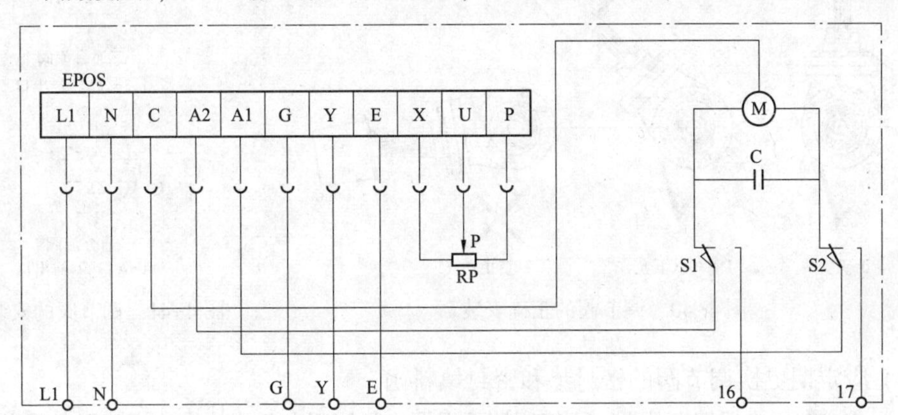

图 4-39　AC 230V RA-3000 电子定位型执行器接线图

M—执行器电动机；C—电容器，M 的启动电容器及改变 M 的转向；S1、S2—限位开关；RP—反馈电阻，即滑动电阻器；EPOS—电路板插口；L1-N—电源 AC 220V；G-E—控制信号输入 DC 4~20mA；G-Y—反馈信号输出 DC 4~20mA；G—控制与反馈信号公共端

（4）优先考虑垂直安装，特殊场合（DN80 以下）可倾斜安装。正确的安装如图 4-40 所示。

（5）阀体法兰与管道连接应保持自然同轴，避免产生剪应力，连接螺栓均匀锁紧，如图 4-40 所示。

（6）预留空间，以便安装及拆卸维修，如图 4-41 所示。

（7）安装时，注意阀体上箭头方向与介质流向一致。

（8）重要场合需增加旁路管线，以备发生故障或检修时，切换至手动操作。

（9）阀体部分需要同管道一样进行保温处理，尤其是应用于高温介质时，更应该加强保温。否则，因环境温度过高，影响电动执行器的正常工作。电动执行器不能保温。

（10）电动执行器不能浸水，接线必须符合现场施工规范。

（11）在通电之前，应检查电动执行器所要求的电源电压，以免损坏电机。在检修时，必须关断电源。

（12）每年应至少检查一次电动执行器传动齿轮的润滑状态，如果发现润滑油脂干结，应立即添加。

（13）应定期检查调节阀密封处是否有渗漏，若有渗漏应立即旋紧坚固螺钉或更换密封件。

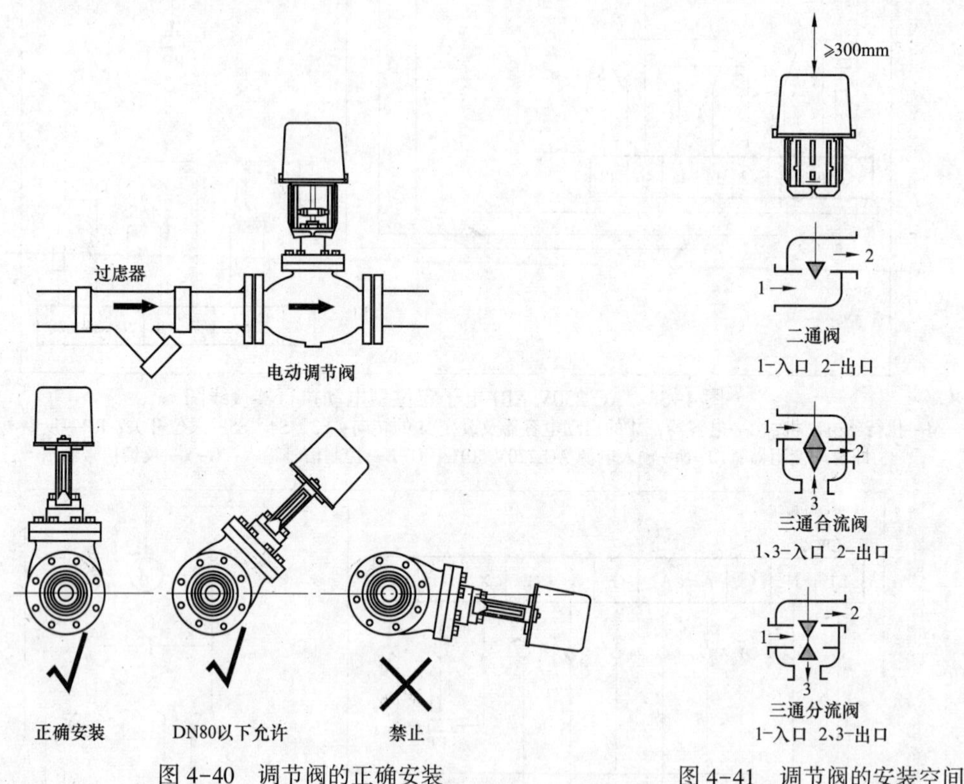

图 4-40 调节阀的正确安装　　图 4-41 调节阀的安装空间

（14）应定期更换调节阀的密封垫和密封填料函。

（15）应定期更换反馈电位器。更换周期可根据实际使用中调节动作的频繁程序适当调整。

电动调节阀易损件见表 4-7。

表 4-7　电动调节阀易损件

部件名称	易损件名称		易损件型号	数量	更换周期/年
执行器	反馈电位器	135Ω	ABW1-135	1	2
		2kΩ	ABW1-2K	1	2
		1kΩ	3850A-282-102B	1	2
调节阀	通用锂基润滑油		ZL-3	若干	1
	橡胶石棉密封垫		XB350	1套	2
	密封填补函		W 或 VG	1套	3

5. 电动调节阀故障处理

（1）电动调节阀不动作。

原因：①电源是否接入，与电动调节阀所需的电源是否一致；②控制信号是否正确；③限位开关位置不正确；④电子定位器受潮损坏。

处理：①参考说明书，检查接线是否正确；②测量电源和控制信号；③手动调整限位开关位置；④更换电子定位器。

(2) 调节阀电动机转动，而调节阀不动作。

原因：减速箱传动齿轮或轴套磨损。

处理：更换减速箱。

(3) 电动机抖动而电动调节阀不动作。

原因：阀位已到极限位置，限位开关位置与触动极距离大，电动机堵转不能停止。

处理：重新调整限位开关。

(4) 电动调节阀动作与控制信号不一致或在某点上下动作和单向动作。

原因：①开关量控制电动调节阀接线不正确；②模拟量控制电动调节阀接线共地与系统不一致；③接入控制信号与模拟量控制电动调节阀不一致，输入控制信号是否正确；④电子定位器调整不正确；⑤反馈电位器损坏。

处理：①1 端子为公共端，将 2、3 端子接线调换；②调换 24V 电源接线，检查电源、控制信号与系统共地；③按照系统要求，检查输入信号接入与电动调节阀型号是否一致；④重新调整；⑤更换反馈电位器。

(5) 阀杆处密封填料渗漏。

原因：①填料压盖松动；②填料函损坏。

处理：①旋紧填料压盖；②更换填料函。

(6) 泄漏量大或不能关闭。

原因：①管道内有异物焊碴等，阀芯阀座被卡住；②阀芯阀座被异物划伤变形；③介质压力较高，执行器推力不够。常出现用于调节蒸汽或高温高压介质。

处理：①将电动阀开到最大，用管道内介质冲刷；泄漏量仍然较大，须维修或更换阀体。在阀前安装过滤器；②安装减压阀，降低介质压力；更换大推力的执行器或平衡式阀门。

(7) 阀体与阀盖之间渗漏。

原因：①紧固螺钉松动；②密封垫损坏。

处理：①均衡紧固螺钉；②更换密封垫。

(8) 阀体内介质流动响声异常。

原因：①电动调节阀安装方向与介质流向不一致；②介质压力和温度较高。

处理：①重新检查安装状况，安装方向与介质流向应一致；②在不影响系统正常工作情况下，降低介质压力和温度。

(9) 电动三通分流阀不能关到底。

原因：阀体旁通端法兰直接安装其他设备，例如蝶阀，阀板打开影响三通阀芯动作。

处理：其他设备安装与阀体旁道端法兰之间应当有一定距离，避免影响三通阀芯的动作。

二、 回转型阀门电动执行器

1. 概述

回转型阀门电动执行器为压铸铝合金外壳，外表精细流畅，并能减少电磁干扰，外观如图 4-42 所示。

回转型阀门电动执行器有开关型、无源触点型、比例型、智能调节型等功能。

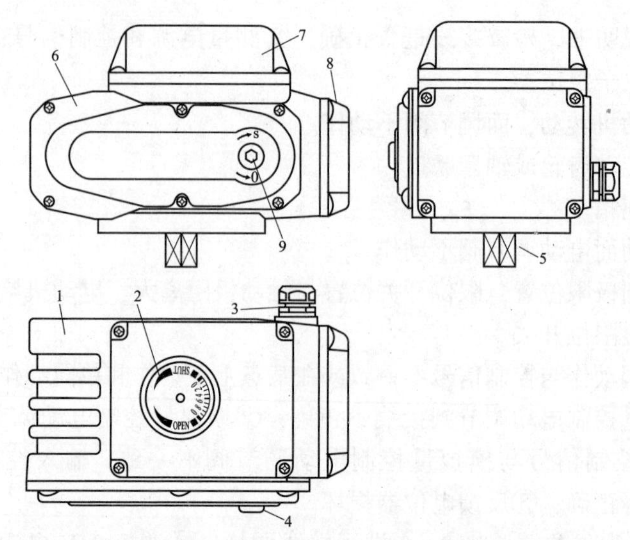

图 4-42　回转型阀门电动执行器外观图

1—箱体；2—开度计；3—电缆夹头；4—手动部橡胶塞；5—输出轴；6—减速盖；7—电气盒；8—接线盖；9—手动操作处

免点检、免加油、防锈防水、任意角度安装。

保护环节有电气限位、机械限位、过热保护、过载保护、除湿保护。

速度有 5s、8s、15s、30s、50s、100s 等。

自动化控制环节有高度集成智能模块，数字设定、数字整定、自诊断高度精确，无须定位器，自动控制一机多能。

电动机 H 级绝缘、耐压 AC 1500V/1min。

根据型号不同采用的电源有交流单相、三相、直流等多种形式。

回转型阀门电动执行器外形尺寸如图 4-43 所示。

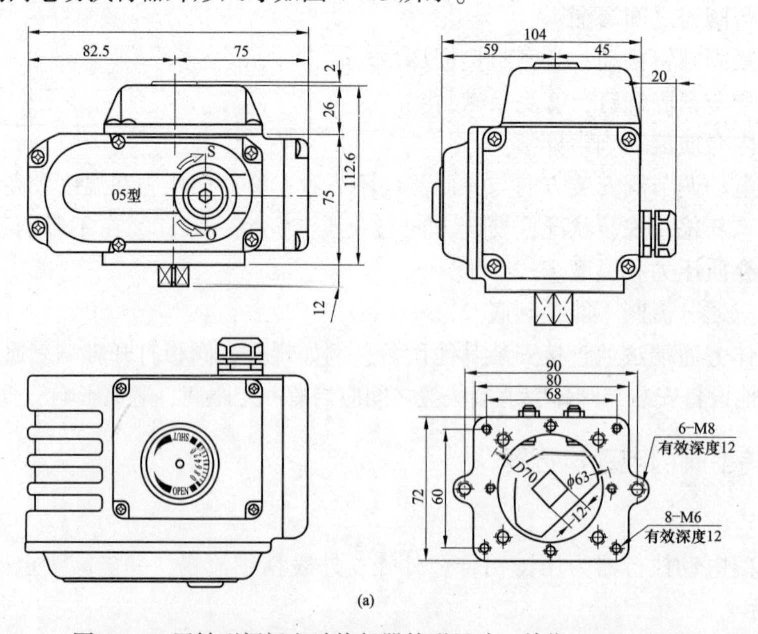

图 4-43　回转型阀门电动执行器外形尺寸　单位：mm（一）

（a）05 型

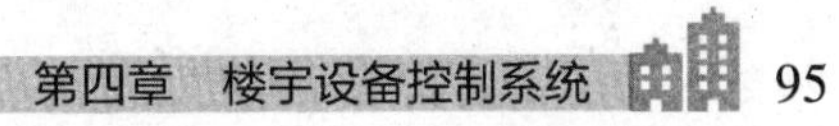

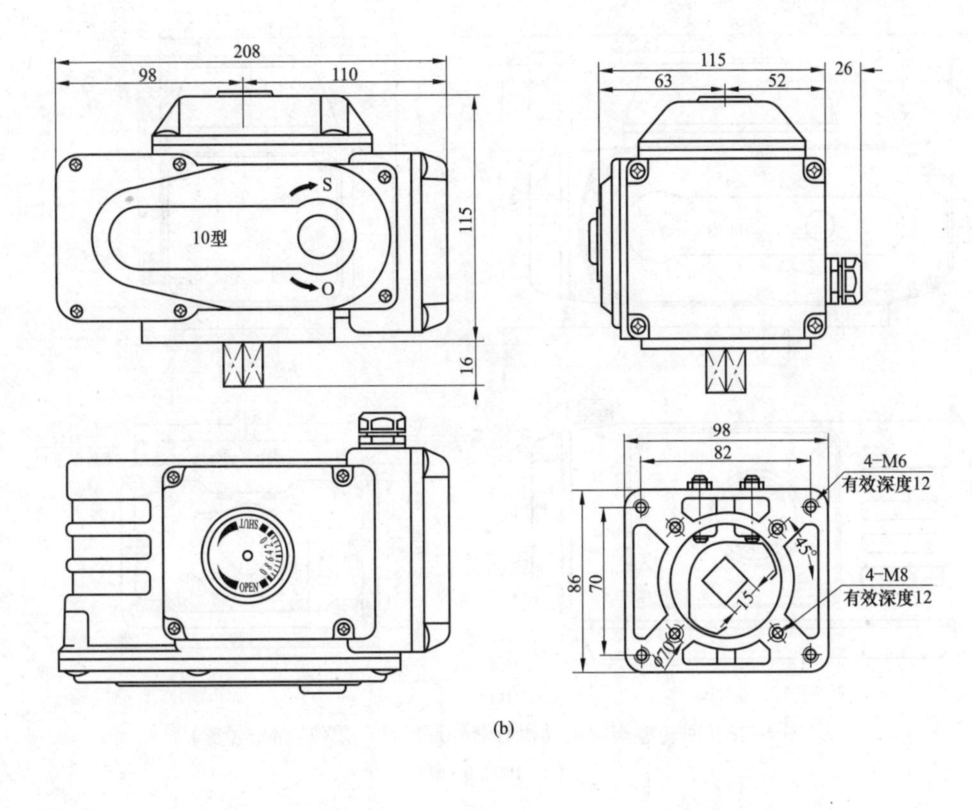

(b)

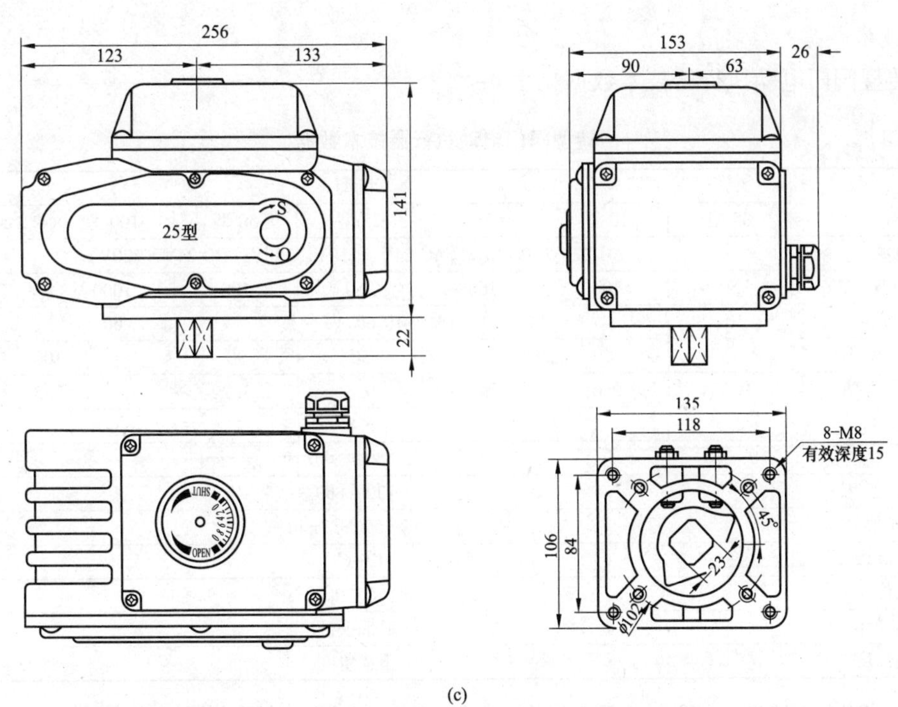

(c)

图 4-43　回转型阀门电动执行器外形尺寸　单位：mm（二）

（b）10/16 型；（c）25/50 型

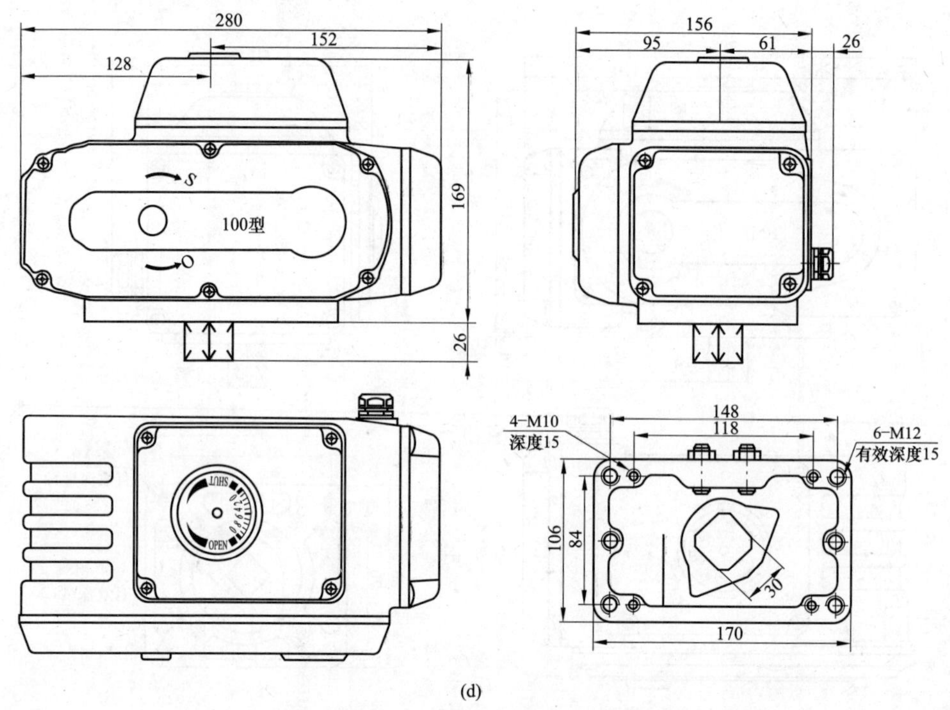

(d)

图 4-43　回转型阀门电动执行器外形尺寸　单位：mm（三）

（d）100/200 型

2. 技术数据

回转型阀门电动执行器技术数据见表 4-8。

表 4-8　回转型阀门电动执行器技术数据

项目	机型						
	05 型	10 型	16 型	25 型	50 型	100 型	200 型
电源	AC 220V 50/60Hz（AC 24V、110V、380V，DC 24V、220V）						
力矩/（N·M）	50	100	160	250	500	1000	2000
时间/s	5、10、30	5、15、30、60				60	100
电机/（W/H）	15	23		50	90	100	
工作电流/A	0.25	0.6	0.7	0.8	1.2	1.3	
重量/kg	2.5	3.7		6.8			
转动角度/(°)	0~360	0~90					
环境温度/℃	−30~+60						
耐压值	AC 1500V/1min						
防护等级	IP-67						
限位	电气、机械						
手动操作	附带手柄						
安装角度	任意角度						

注　1. 电压为 AC 220V 50/60Hz，如需 AC 24V、110V、380V，DC 24V、220V 订货时，应做说明。

2. 时间是指从 0°~90°行程所需要的时间。

3. 转动角度是行程的角度可调范围。

4. 可选装：加热除湿器；过扭矩保护；4~20mA、0~10V、1~5V 智能调节型电动执行器。

3. 回转型阀门电动执行器的接线

开关型电动执行器接线图如图 4-44 所示。

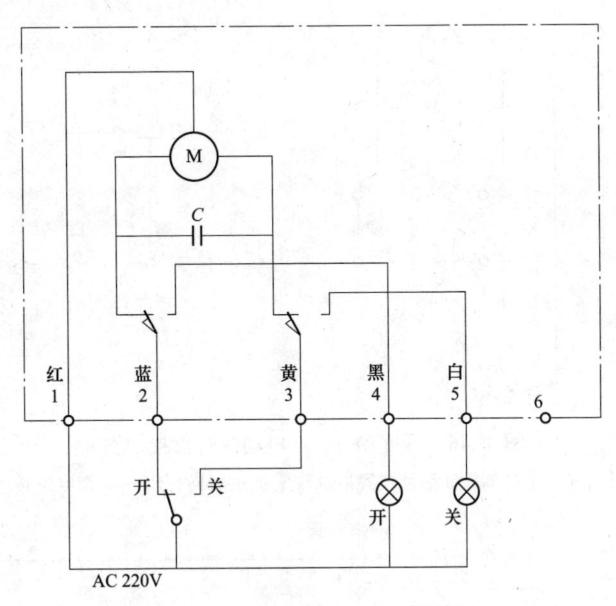

图 4-44　开关型电动执行器接线图

无源触点型（S）电动执行器接线图如图 4-45 所示。

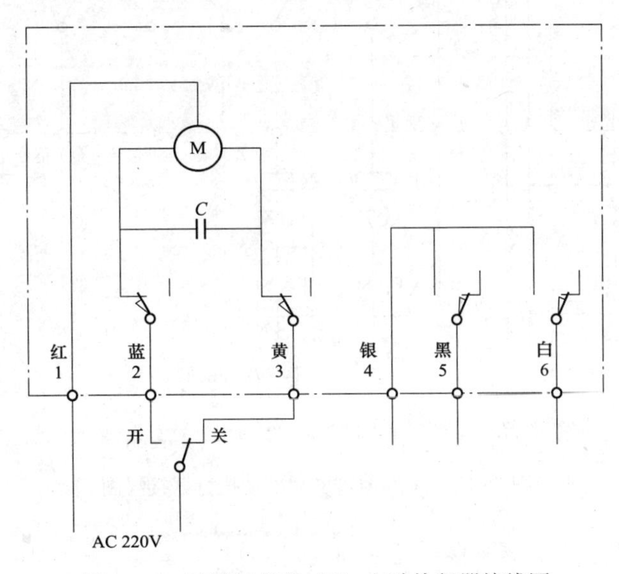

图 4-45　无源触点型（S）电动执行器接线图

M—执行器电动机；C—电容器，M 启动电容器及改变 M 的转向；4—公共端；5—全开信号；6—全关信号

开度型（R）电动执行器接线图如图 4-46 所示。

三相 AC 380V 电动执行器接线图如图 4-47 所示。

直流电源电动执行器接线图如图 4-48 所示。

调节型（Z）电动执行器接线图如图 4-49 所示。

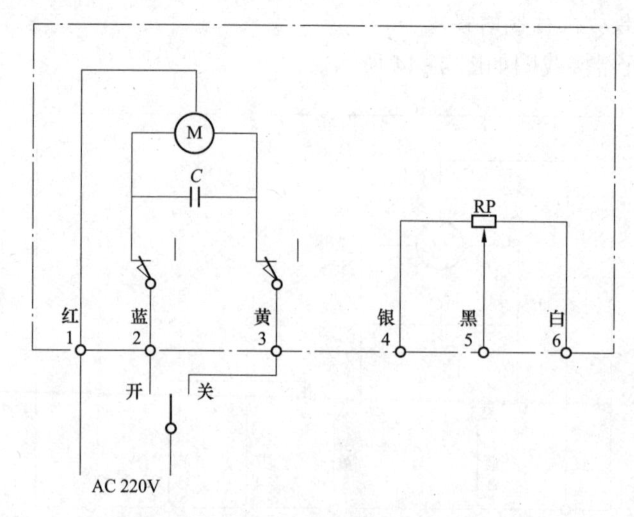

图 4-46　开度型（R）电动执行器接线图

M—执行器电动机；C—电容器，M 启动电容器及改变 M 的转向；RP—反馈电位器，即滑动变阻器

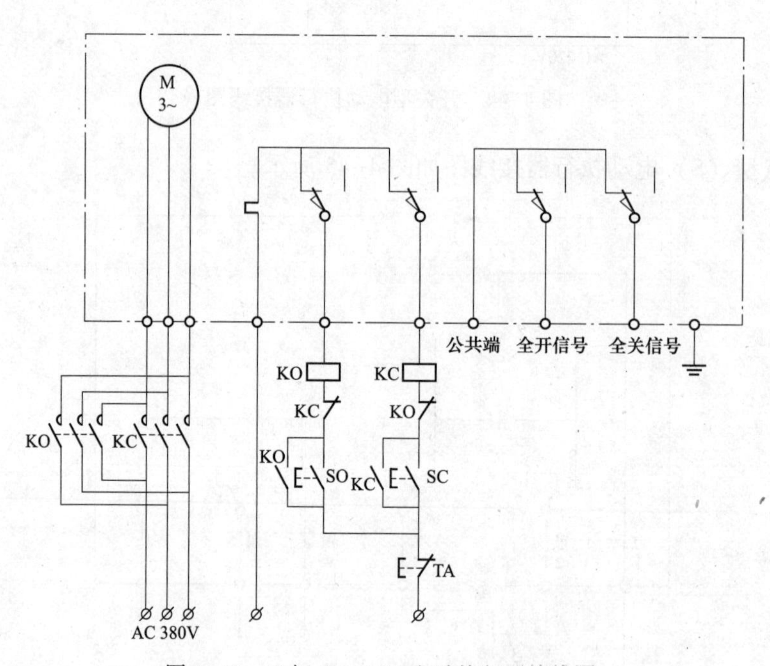

图 4-47　三相 AC 380V 电动执行器接线图

4. 回转型阀门电动执行器安装注意事项

（1）安装场所可以是室内、室外、地下。

1）本产品属非防爆产品，故不能安装在有爆炸性气体的室内。

2）安装在水雾飞溅的场合时，请加防护罩，以免造成渗水而损坏机器。

3）室内安装还应该预留进线、手动操作所需空间。

4）室外安装请加防护罩，减少阳光直射，避免机体内元器件加速老化。

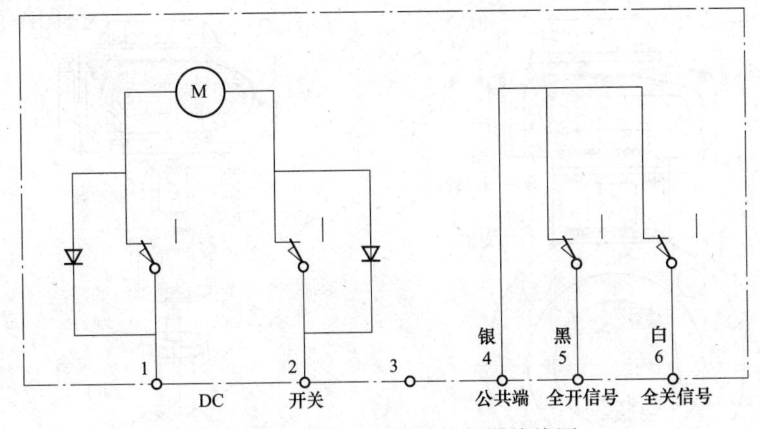

图 4-48　直流电源电动执行器接线图

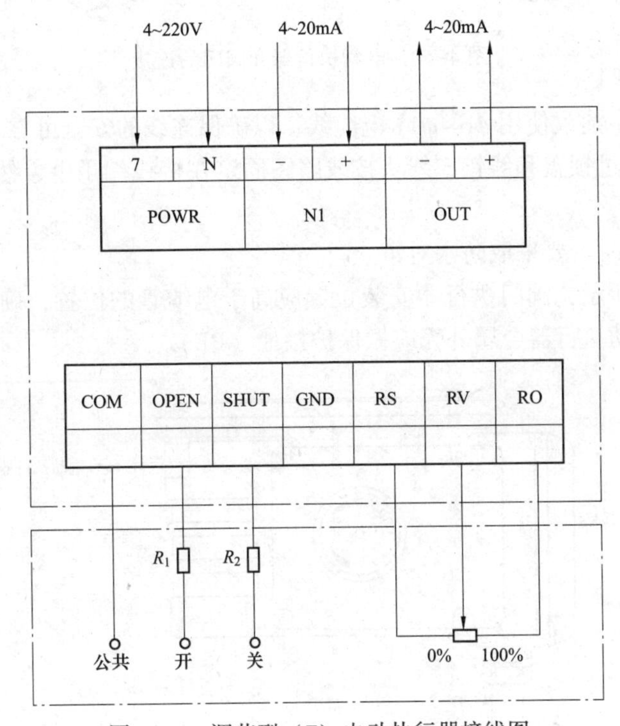

图 4-49　调节型（Z）电动执行器接线图

（2）连接阀门。手动转动阀门，确定阀门正常后将其转动至全关位置。

1）用螺钉将支架轻轻固定在阀门上。

2）将联轴器套在阀杆上。

3）确定执行器状态为全关位置后将其输出轴插入固定于阀杆的联轴器中。

4）用螺钉将执行器固定在支架上（因机械装置不可避免的间隙，偶尔出现螺丝孔位对不齐情况属正常状况，我们只需用手动摇杆稍加转动执行器便可解决此类问题）。

5）拧紧各部件螺钉，安装完毕。

6）电动执行器和阀门的连接如图 4-50 所示。

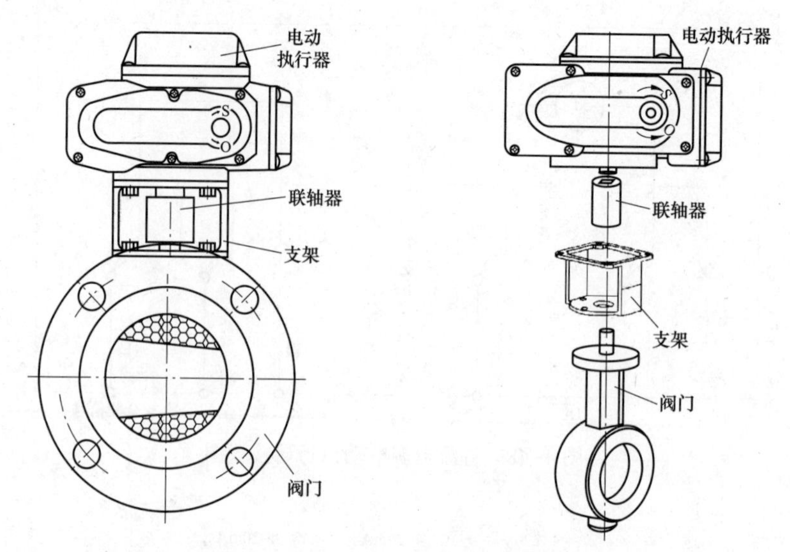

图 4-50 电动执行器和阀门的连接

（3）导线连接。建议使用 $\phi6\sim\phi11$ 电缆线，以确保连线的安全可靠。

1）将电缆线通过锁盖和线锁，线头按线路图固定在接线端子上，然后锁紧线锁盖从而固定电缆。

2）使用电缆管时，要采取防水对策。

3）如图 4-51 所示，阀门执行器安装位置应高于电缆管的位置，确保水珠不会沿电缆流入执行器中，电动执行器金属外壳应做保护接地（PE）。

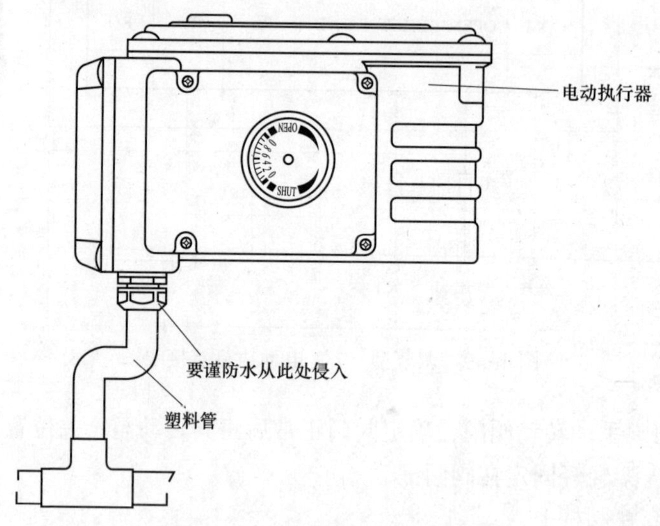

图 4-51 电动执行器的导线连接

（4）接通电源。请按产品铭牌或线路图所标示的电压确定输入电压，产品输入电压如下：

AC 220×（1±10%）V 50/60Hz

AC 380×（1±10%）V

AC 110×(1±10%)V 50/60Hz

DC 24V～DC 220V

单相 AC 220V、110V、DC 24V～DC 220V，可以选用熔断器或微型空气断路器做短路保护。

三相 AC 380V 电源不应选用保险丝，应选用三相微型空气断路器做短路保护。

熔丝的额定电流应选为电动执行器正常工作电流的 1.5～2.5 倍；微型空气断路器的额定电流应选为电动执行器正常工作电流的 2～3 倍。

（5）角度的调整。

1）电气限位的调整。松开限位凸轮的顶丝，使其轻轻转动，从而调整凸轮角度来改变微动开关的制动位置。确定位置后，紧固凸轮的顶丝，调整完毕。

05 型、10 型、16 型的限位凸轮和微动开关的布局图如图 4-52 所示。

25 型、50 型、100 型、200 型的限位凸轮和微动开关的布局图如图 4-53 所示。

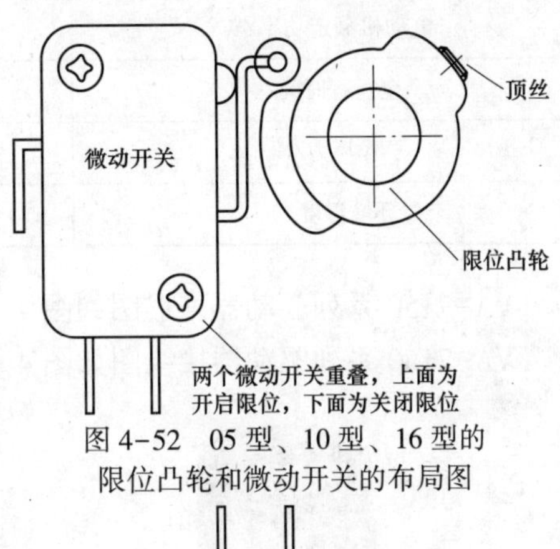

图 4-52　05 型、10 型、16 型的限位凸轮和微动开关的布局图

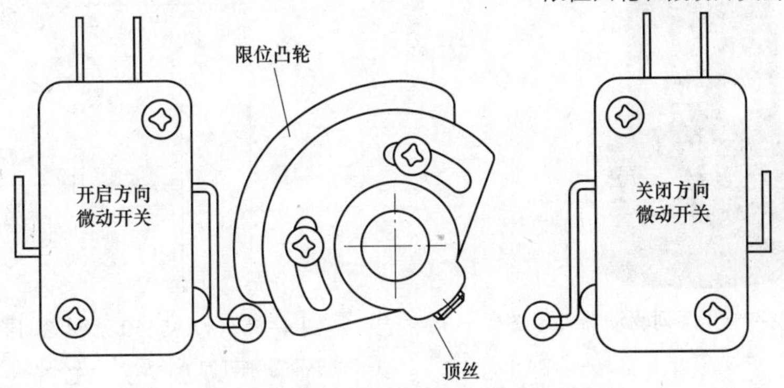

图 4-53　25 型、50 型、100 型、200 型的限位凸轮和微动开关的布局图

2）机械限位的调整。用手柄使执行器转至全开位置，松开锁紧螺母，旋转顶丝使其与机械挡块接触后再反向旋转 180°并锁紧螺母。

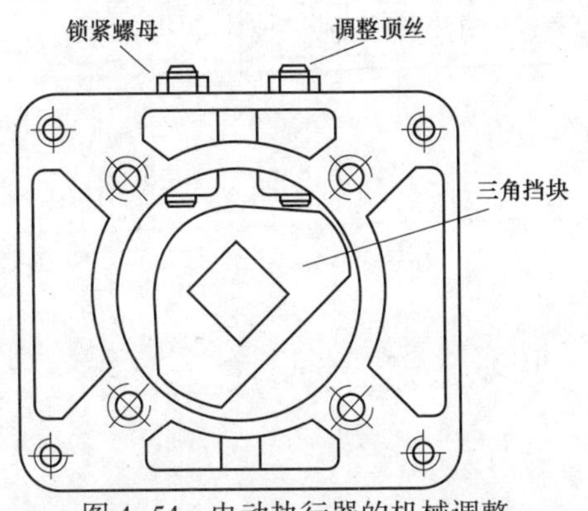

图 4-54　电动执行器的机械调整

全闭位置的机械挡块调整采取以上相同方法。电动执行器的机械调整如图 4-54 所示。

三、VA-7150 系列驱动器

VA-7150 系列驱动器是由一可逆转同步电动机运作的，电动机通过转动鼓与外轴所产生的磁性对位作用，能在停顿的情况下产生稳定的扭力。这不能逆转的对位作用，由于产生于直线和转动的动作间，因此当电动机没有电流通过时能稳定地停在任何一点之上。电动机之所以顺时针转动或逆时针转动，完全依据驱动器的比例式控制器所发出的信号。

VA-7150 系列驱动器技术数据见表 4-9。

表 4-9　　VA-7150 系列驱动器技术数据

控制	可逆，比例式控制
电动机类型	同步磁性耦合
电动机额定电压/V	AC 24　50/60Hz
电动机额定功率/W	2.7，5.5
全行程时间/s	100mm 行程约为 100
作用力/N	650
环境温度/℃	-5~55，存储：-20~65

VA-7150 系列驱动器外形图如图 4-55 所示。

VA-7150 系列驱动器接线图如图 4-56 所示。

图 4-55　VA-7150 系列驱动器外形图

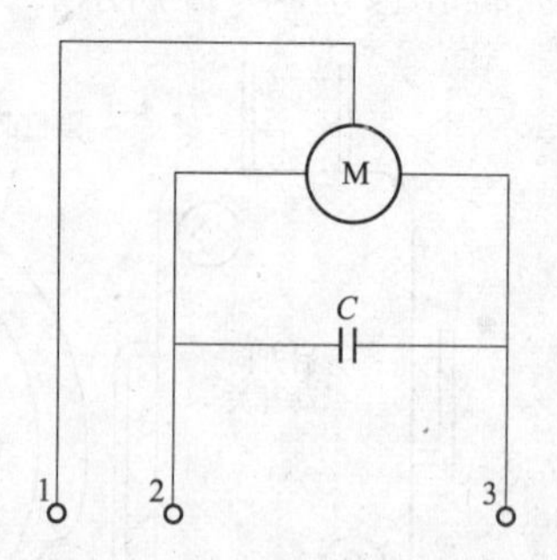

图 4-56　VA-7150 系列驱动器接线图

1-2—驱动器轴杆向下伸展；1-3—驱动器轴杆向上缩回

四、VB-3000 系列螺纹铸铜电动阀门

VB-3000 系列螺纹铸铜阀门配以电子驱动控制装置后，能调节蒸汽或冷、热水的流量，广泛用于中央空调、采暖、水处理、工业加工行业等系统的流体控制。技术数据如下。

（1）介质：热冷水、50%乙二醇、蒸汽。

（2）介质温度：2 ~120℃。

（3）公称压力 P_N：1600kPa。

（4）流量特性：等百分比或线性。

（5）渗漏量：KV 值为 0.5%。

VB-3000 系列螺纹铸铜电动阀门技术数据见表 4-10。

表 4-10　　VB-3000 系列螺纹铸铜电动阀门技术数据

常规阀型号	高温阀型号	口径/mm	形式	流量系数/kV	最大压差/MPa		阀杆行程/mm
					VA-31xx	VA-32xx	
VB-3200-25	VB-3200-25V	25	2 通	8	1.0	1.4	15
VB-3200-32	VB-3200-32V	32		16	0.75	1.1	19
VB-3200-40	VB-3200-40V	40		25	0.5	0.8	19
VB-3200-50	VB-3200-50V	50		40	0.3	0.5	22
VB-3200-65	VB-3200-65V	65		63	0.2	0.35	22
VB-3300-25	VB-3300-25V	25	3 通	8	1.0	1.4	15
VB-3300-32	VB-3300-32V	32		16	0.75	1.1	19
VB-3300-40	VB-3300-40V	40		25	0.5	0.8	19
VB-3300-50	VB-3300-50V	50		40	0.3	0.5	22
VB-3300-65	VB-3300-65V	65		63	0.2	0.35	22

VB-3000 系列螺纹铸铜电动阀门外形图，如图 4-57 所示。

主要材料如下。

(1) 阀体、阀座：黄铜。

(2) 阀瓣：不锈钢。

(3) 阀盖：黄铜。

(4) 阀杆：不锈钢。

(5) 填料：聚四氟乙烯。

(6) 执行器。

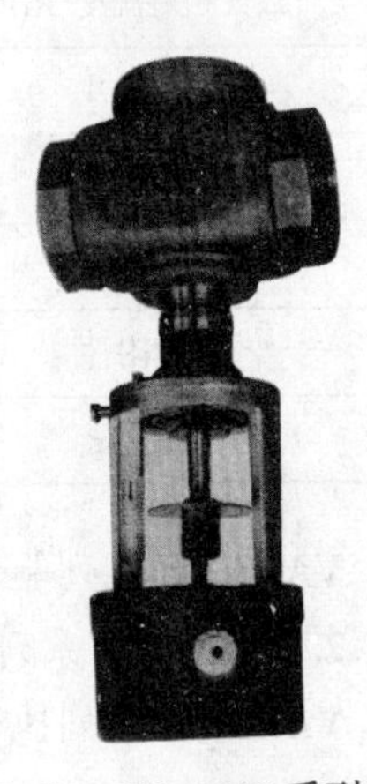

图 4-57　VB-3000 系列螺纹铸铜电动阀门外形图

五、VA-3000 系列驱动器

1. 技术数据

VA-3000 系列驱动器是一种电子机械产品，与 VB-3000 系列阀门配用。亦可通过不同的连接器与其他阀门配用。适用于 15mm、17mm 或 19mm、22mm 的行程。对于递增式反馈型或比例式控制型所用的行程由一跳线进行选择。

比例式 0~10V 或 4~20mA 直流控制更可跳线选择正转式或逆转式运行。

VA-3000 系列驱动器技术数据见表 4-11。

表 4-11　　VA-3000 系列驱动器技术数据

型号	VA-3100	VA-3200
控制	可逆的，递增控制	比例式控制正转或逆转
电子线路	—	电源：AC 24V±15% 可选择输入信号的范围： DC 0~10V　DC 4~20mA 输入阻抗：100kΩ
电动机类型	双向同步，附有磁性离合器	

续表

型号	VA-3100	VA-3200
电动机额定容量/W	AC 24V 50/60Hz 5.5	
电路所需功率	—	2VA
正常情况下的扭力/N	VA-3100 系列为 1200	
所用材料	齿轮：不锈钢，黄铜	
	减速器下板：镀锌钢	
	支架：压铸铝合金	
	外壳：阻燃 ABS 工程材料	
全行程时间/s	VA-31xx 系列时：当频率为 50Hz，每毫米需 4.6；当频率为 60Hz，每毫米需 3.8 VA-3xx 系列时：当频率为 50Hz，每毫米需 7.77；当频率为 60Hz，每毫米需 6.45	
室温限制	运作：-5～+55℃ 储存：-20～+65℃	
最大相对湿度/RH	不结露	90%不结露
电子卡片	—	用截面为 1.5mm^2 电线接末端部分
厂方校定	—	22mm 行程，信号丢失时位置：上
附件	锁紧螺母、刻度标尺、刻度指示器	
选配附件	手动轮-M，各程终点断电开关-K	
净重/kg	1.1	1.1

VA-3000 系列驱动器外形图如图 4-58 所示。

2. VA-3000 系列驱动器接线

VA-3100 系列执行器接线图如图 4-59 所示。

图 4-58 VA-3000 系列驱动器外形图

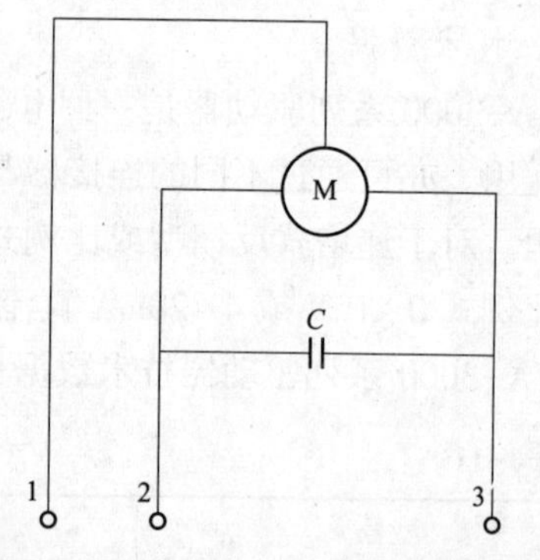

图 4-59 VA-3100 系列执行器接线图

1-2—驱动器轴杆向下伸展；1-3—驱动器轴杆向上缩回

VA-3200 驱动器接线图如图 4-60 所示。

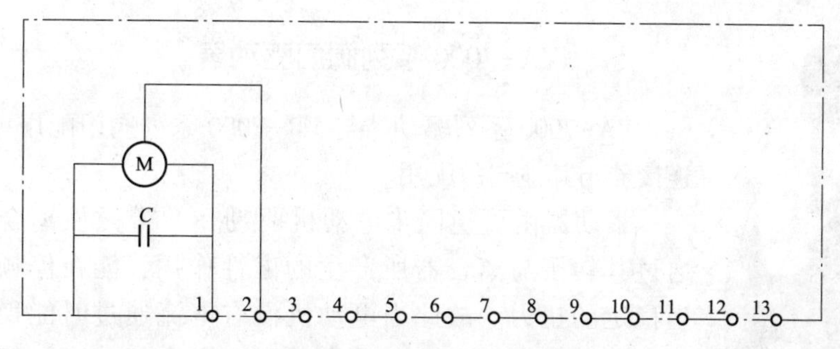

图 4-60　VA-3200 驱动器接线图

M—电动机；C—电容器，M 启动电容器及改变 M 的转向；4-5—AC 24V；6-7—DC 4~20mA；8-9—DC 0~10V；10-11—反馈信号 DC 0~10V；12-13—反馈信号 DC 4~20mA；6、8、10、12—公共端

六、VB-3000 系列铸铁电动阀门

VB-3000 系列阀门采用铸铁材料铸造，不锈钢阀芯及不锈钢阀杆，采用法兰连接，口径为 DN25~50；VB-3000 系列铸铁阀门与 VA-7150 系列驱动器配套或与 VA-3000 系列驱动器配套使用，可根据控制器的要求调节水或蒸汽的流量，应用于加热、通风及空调系统。

技术数据如下。

（1）流体介质：热水、冷冻水、蒸汽。

（2）流体温度限制：2~140℃（15psi/100kPa 的饱和蒸汽）。

（3）阀体额定压力：120℃最大 1.6MPa，170℃最大 1.4MPa。

（4）最大建议运行压降：200kPa。

（5）流量特性：等百分比。

（6）环境温度：2~65℃。

VB-3000 系列法兰铸铁电动阀门技术数据见表 4-12。

表 4-12　VB-3000 系列法兰铸铁电动阀门技术数据

阀体型号	口径/mm	形式	最大压差/MPa		渗漏量 KV 值	阀杆行程/mm
			配 VA-7150	配 VA-7200		
VB-3000-25	25	二通	1.0	1.4	10	15
VB-3000-32	32		0.75	1.1	16	19
VB-3000-40	40		0.5	0.8	25	
VB-3000-50	50		0.3	0.5	40	22
VB-3000-65	65		0.2	0.35	64	
VB-3000-25	25	三通	1.0	1.4	10	15
VB-3000-32	32		0.75	1.1	16	19
VB-3000-40	40		0.5	0.8	25	
VB-3000-50	50		0.3	0.5	40	22
VB-3000-65	65		0.2	0.35	63	

VB-3000 系列铸铁电动阀门外观图如图 4-61 所示。

图 4-61 VB-3000 系列铸铁电动阀门外观图

七、VA-7000 系列阀门驱动器

VA-7000 系列驱动器与 VB-7000 系列阀门配用可通过不同的连接器与其他阀门配用。

驱动器由可逆同步电动机驱动，并带磁性离合器。电动机通过其转子与离合器所产生的磁性作用，能在停顿的情况下产生稳定的扭力。故此当电动机没有电流通过时能稳定地停顿在任何一点，当阀门全开或全关时磁离合器分离，停止调节。驱动器的递增式或比例式控制器所发信号能使电动机顺时转动或逆时转动。

VA7200 能接受与反馈 0~10V 或 4~20mA 控制信号，提供比例式控制。

VA-7000 系列阀门驱动器外观图如图 4-62 所示。

VA-7100 系列执行器接线图如图 4-63 所示。

图 4-62 VA-7000 系列阀门驱动器外观图

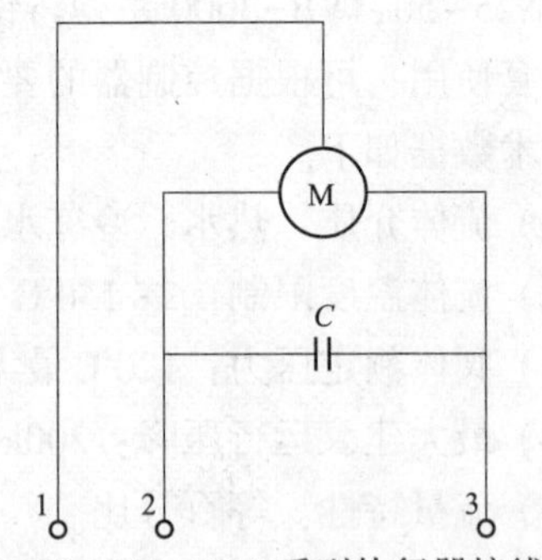

图 4-63 VA-7100 系列执行器接线图

1-2—驱动器轴杆向下伸展；1-3—驱动器轴杆向上缩回

VA-7200 驱动器接线图如图 4-64 所示。

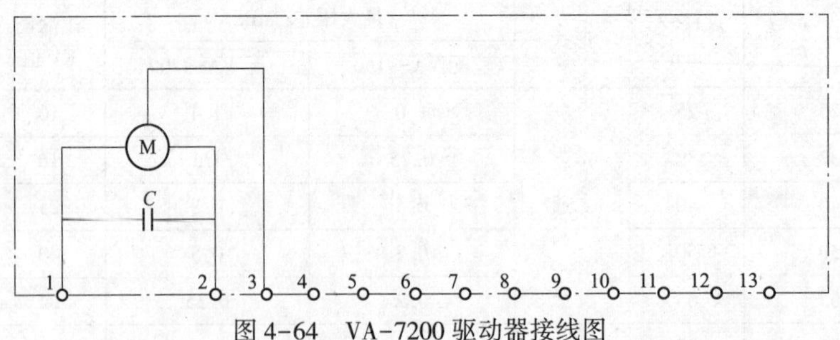

图 4-64 VA-7200 驱动器接线图

4-5—AC 24V；6-7—DC 4~20mA；8-9—DC 0~10V；10-11—反馈信号 DC 0~10V；

12-13—反馈信号 DC 4~20mA；8，10，12—公共端

八、VB-7000 系列法兰铸铁电动阀门

介质：热冷水、50%乙二醇、蒸汽。

介质温度：2 ~120℃。

公称压力：1600kPa。

流量特性：等百分比或线性。

渗漏量：KV 值为 1%。

(1) 阀体、阀座：灰铸铁 H200。

(2) 阀瓣：不锈钢。

(3) 阀杆：不锈钢。

(4) 执行器。

VB-7000 系列法兰铸铁电动阀门技术数据见表 4-13。

表 4-13　　VB-7000 系列法兰铸铁电动阀门技术数据

<table>
<tr><th>常规阀型号</th><th>口径/mm</th><th>形式</th><th>L/mm</th><th>H/mm</th><th>D/mm</th><th>b/mm</th><th>a/mm</th><th>f/mm</th><th>法兰孔数</th><th>质量/kg</th><th>行程/mm</th></tr>
<tr><td>VB-7200</td><td>65</td><td rowspan="6">2 通</td><td>250</td><td>148</td><td>185</td><td rowspan="3">20</td><td>145</td><td rowspan="4">18</td><td>4</td><td>23</td><td rowspan="6">42</td></tr>
<tr><td>VB-7200</td><td>80</td><td>300</td><td>185</td><td>200</td><td>160</td><td rowspan="4">8</td><td>31</td></tr>
<tr><td>VB-7200</td><td>100</td><td>350</td><td>206</td><td>220</td><td>180</td><td>39</td></tr>
<tr><td>VB-7200</td><td>125</td><td>365</td><td>227</td><td>250</td><td rowspan="2">22</td><td>210</td><td>66. 5</td></tr>
<tr><td>VB-7200</td><td>150</td><td>415</td><td>272</td><td>285</td><td>240</td><td rowspan="2">22</td><td>87</td></tr>
<tr><td>VB-7200</td><td>200</td><td>510</td><td>279</td><td>340</td><td>30</td><td>295</td><td>12</td><td>90</td></tr>
<tr><td>VB-7300</td><td>65</td><td rowspan="6">3 通</td><td>255</td><td>158</td><td>185</td><td rowspan="3">20</td><td>145</td><td rowspan="4">18</td><td>4</td><td>25</td><td rowspan="6">42</td></tr>
<tr><td>VB-7300</td><td>80</td><td>310</td><td>195</td><td>200</td><td>160</td><td rowspan="4">8</td><td>26</td></tr>
<tr><td>VB-7300</td><td>100</td><td>355</td><td>216</td><td>220</td><td>180</td><td>32</td></tr>
<tr><td>VB-7300</td><td>125</td><td>362</td><td>237</td><td>250</td><td rowspan="2">22</td><td>210</td><td>58</td></tr>
<tr><td>VB-7300</td><td>150</td><td>405</td><td>282</td><td>285</td><td>240</td><td rowspan="2">22</td><td>76</td></tr>
<tr><td>VB-7300</td><td>200</td><td>455</td><td>289</td><td>340</td><td>30</td><td>295</td><td>12</td><td>97</td></tr>
</table>

VB-7000 系列法兰铸铁电动阀门外观及尺寸如图 4-65 所示。

(a)

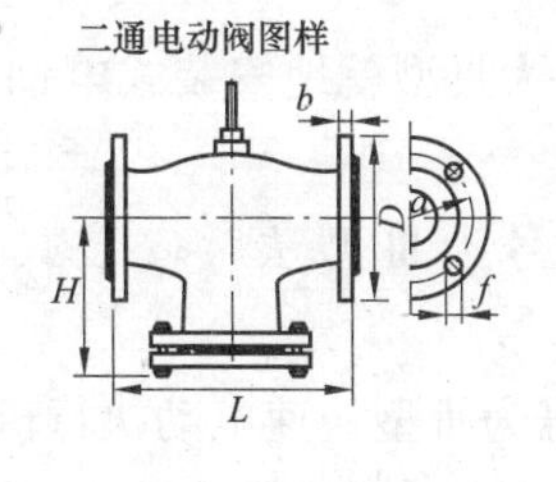

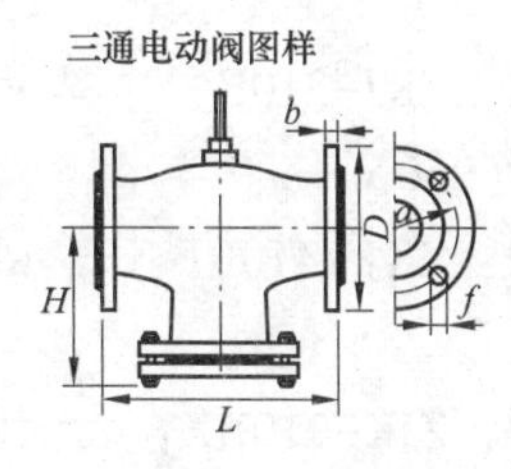

(b)

图 4-65　VB-7000 系列法兰铸铁电动阀门外观及尺寸

(a) 外观图；(b) 尺寸图

注：尺寸数据见表 4-13。

九、 DKJ、 ZKJ 型角行程电动执行机构

1. 概述

DKJ、ZKJ 型角行程电动执行机构的位置发行器具有恒流输出特性，输出电流 DC 0~10mA；DC 4~20mA。

电动执行机构的位置发送器输出信号的负载能力≤750Ω。

可自由选择带行程限位机构，且组装调试方便定位准确，重复性好。

单相异步电动机具有阀用电动机的机械特性，能承受较频繁的起动、制动停止（附有制动器）。

电动执行机构输出轴转角位移，可以自动地操纵风门挡板、蝶阀等阀门装置，完成系统自动的调节任务。

经过组合配合可以实现调节系统手动/自动双向无扰动切换、远方手动操作及调节系统的安全联锁保护。具有连续调节、手动远方控制和就地手动操作三种控制形式。

DKJ、ZKJ 型角行程电动执行器被广泛应用于电站、冶金、石油、化工、机械、轻工、纺织、食品、医药、饭店、写字楼的中央空调系统，冷热水给、回水系统的自动调节。

2. DKJ、ZKJ 型角行程电动执行机构技术数据

（1）型号含义如下：

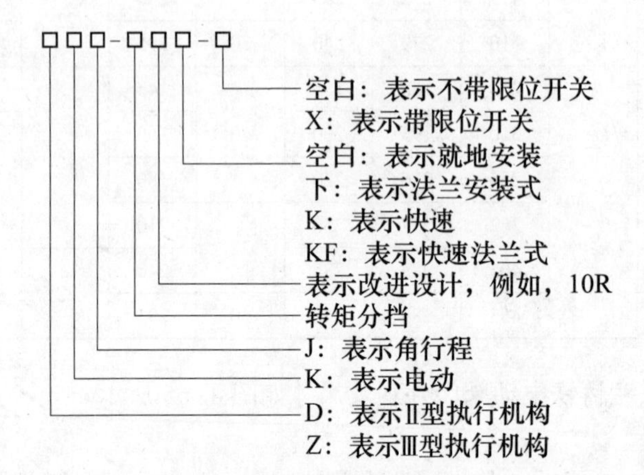

例 1，ZKJ-310R-X：表示该号为Ⅲ型就地安装式电动执行机械，且带限位开关，输出轴转矩为 250N · m。

例 2，ZKJ-410RF：表示该型号为Ⅲ型法兰安装式电动执行机构，输出轴转矩为 600 N · m。

例 3，ZJK-210RK：表示该型号为Ⅲ型快速电动执行机构，输出轴转矩为 100N · m。

例 4，DKJ-410RF-X：表示该型号为Ⅱ型法兰安装式电动执行机构，带限位开关，输出轴转矩为 600N · m。

（2）技术数据。DKJ、ZKJ 型角行程电动执行机构型号规格见表 4-14。

表 4-14　DKJ、ZKJ 型角行程电动执行机构型号规格

<table>
<tr><th colspan="2">型号</th><th rowspan="2">输出轴转矩/（N·m）</th><th rowspan="2">输出轴每转时间/s</th><th rowspan="2">消耗功率/W</th><th rowspan="2">质量/kg</th><th rowspan="2">熔丝容量/A</th><th rowspan="2">备注</th></tr>
<tr><th>Ⅱ型</th><th>Ⅲ型</th></tr>
<tr><td>DKJ-210R
DKJ-210RF
DKJ-210R-X
DKJ-210RF-X</td><td>ZKJ-210R
ZKJ-210RF
ZKJ-210R-X
ZKJ-210RF-X</td><td>100</td><td rowspan="4">100±220</td><td>20</td><td>31</td><td rowspan="3">3</td><td rowspan="4">单相电动机</td></tr>
<tr><td>DKJ-310R
DKJ-310RF
DKJ-310R-X
DKJ-310RF-X</td><td>ZKJ-310R
ZKJ-310RF
ZKJ-310R-X
ZKJ-310RF-X</td><td>250</td><td>30</td><td>48</td></tr>
<tr><td>DKJ-410R
DKJ-410RF
DKJ-410R-X
DKJ-410RF-X</td><td>ZKJ-410R
ZKJ-410RF
ZKJ-410R-X
ZKJ-410RF-X</td><td>600</td><td>70</td><td>86</td></tr>
<tr><td>DKJ-510R
DKJ-510R-X</td><td>ZKJ-510R
ZKJ-510R-X</td><td>1600</td><td>180</td><td>145</td><td>5</td></tr>
<tr><td>DKJ-610R-X</td><td>ZKJ-610R-X</td><td>400</td><td>80</td><td>350</td><td>175</td><td>※</td><td>三相电动机</td></tr>
<tr><td>DKJ-710R
DKJ-710R-X</td><td>ZKJ-710R
ZKJ-710R-X</td><td>600</td><td>100</td><td>1000</td><td>400</td><td>10</td><td>两台单相电动机</td></tr>
<tr><td>DKJ-210RK
DKJ-210RKF
DKJ-210RKF-X</td><td>ZKJ-210RK
ZKJ-210RKF
ZKJ-210RKF-X</td><td>100</td><td rowspan="3">40</td><td>20</td><td>31</td><td rowspan="3">3A</td><td rowspan="3">单相电动机</td></tr>
<tr><td>DKJ-310RK
DKJ-310RKF
DKJ-310RKF-X</td><td>ZKJ-310RK
ZKJ-310RKF
ZKJ-310RKF-X</td><td>250</td><td>30</td><td>48</td></tr>
<tr><td>DKJ-410RK
DKJ-410RKF
DKJ-410RKF-X</td><td>ZKJ-410RK
ZKJ-410RKF
ZKJ-410RKF-X</td><td>600</td><td>70</td><td>86</td></tr>
</table>

※ 三相电动机短路保护选用 1.5~3 倍电动机额定电流的空气断路器。

DKJ、ZKJ 型角行程电动执行机构主要技术数据见表 4-15。

表 4-15　DKJ、ZKJ 型角行程电动执行机构主要技术数据

<table>
<tr><th>项　目</th><th>Ⅱ型</th><th>Ⅲ型</th></tr>
<tr><td>输入信号/mA</td><td>DC 0~10</td><td>DC 4~20</td></tr>
<tr><td>控制单元中放大器的输入电阻/Ω</td><td>200</td><td>250</td></tr>
<tr><td>控制单元中放大器的输入通道</td><td colspan="2">配 ZPE-2010 型为 3 个，配 ZPE-2030、2031 型为 1 个</td></tr>
<tr><td>输出轴转角范围/(°)</td><td colspan="2">0~90</td></tr>
<tr><td>基本误差/(%)</td><td colspan="2">±2.5</td></tr>
<tr><td>回差/(%)</td><td colspan="2">1.5</td></tr>
<tr><td>死区/(%)</td><td colspan="2">3</td></tr>
<tr><td>纯滞后时间/s</td><td colspan="2">≤1</td></tr>
</table>

续表

项　目	Ⅱ型	Ⅲ型
电源电压/V	AC 220 +10% −15% 50Hz	
环境温度/℃，温度/RH%	0~50，85	
防护等级	IP54	

3. 工作原理

角行程电动执行器由伺服放大器和执行器两部分组成，电动执行器框图如图 4-66 所示。

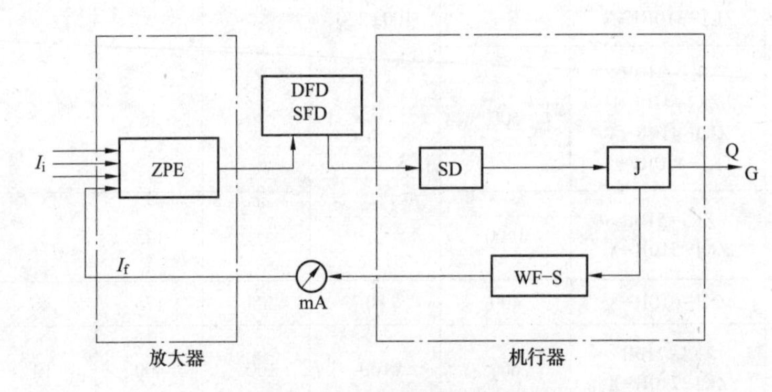

图 4-66　电动执行器框图

I_i—输入信号，0~100mA；I_f—反馈信号；ZPE—伺服放大器；DFD—Ⅱ、Ⅲ型操作器；SFD—S 型操作器；WF-S—位置发送器；J—减速箱；Q—输出轴 0~90°机械转角；G—阀门装置

电动执行器把输入的 I_i DC 0~10mA 的电流信号线性地转换成输出轴 0~90°的机械转角，去操纵蝶阀、挡板等调节机构。

(1) 伺服放大器。伺服放大器将输入信号 I_i 和反馈信号 I_f 进行综合、比较和放大，以控制伺服电动机的正、反运转。

为满足组成复杂的调节系统的要求，伺服放大器有三个输入信号通道和一个位置反馈通道。因此，它可以同时输入三个信号和一个位置反馈信号。简单的调节系统，只用其中一个输入通道和位置反馈通道即可。

(2) 伺服电动机。单相伺服电动机具有较大的起动转矩和软的机械特性，并且内部装有杠杆式制动机构，能保证电动机在断电瞬间迅速制动。其制动原理为：利用电动机定子铁芯端部磁通对杠杆上的衔铁产生磁吸力，杠杆上的衔铁吸向定子内圆表面，此时杠杆通过弹性支承使制动盘和制动轮打开，制动力消除，则借助于制动盘上的压缩弹簧的力，使制动盘和制动轮之间接合，从而产生摩擦力矩，使电动机迅速停止转动，克服惯性现象。

单相伺服电动机，定子绕组上均匀分布着两个相隔 90°电角度的定子绕组（匝数和线径相同），由于分相电容 C 的作用，这两个绕组中的电流相位总是相差 90°，其合成向量产生定子旋转磁场，定子旋转磁场在转子内产生感应电流并构成转子磁场，两个磁场相互作用，使转子旋转。转子的旋转方向取决于分相电容 C 串接在哪一个定子绕组中。

当就地手操作时，只要将电动机上后端部的旋钮切到“手动位置”，即可使制动盘和制动轮脱开，进行就地手动操作执行机构上的手轮。

(3) 减速器（箱）。减速器（箱）是将高转速、小转矩的电动机输出功率转变成低转速、大转矩的执行机构输出轴功率的减速传动机构。

(4) 位置发送器。位置发送器是将输出轴的角位移线性地转换成 DC 0~10mA、4~20mA 电流信号，它不但作为电动执行机构的闭环调解的负反馈信号，而且还作为电动执行机构的位置指示信号。无论在自动状态还是手动状态都需要位置发送器可靠地工作，其线性度、死区、零点变化、温度变化，都直接影响到电动执行器的性能，因此，位置发送器是电动执行机构的一个重要环节。

位置发送器上的电路模块，决定电路的执行器的信号制：WF-Ⅱ型电路模块（亦叫位发模块）为Ⅱ型信号 DC 0~10mA；WF-S 型电路模块为Ⅲ型信号 DC 4~20mA。

位置发送器的结构决定电动执行机构的功能。无行程限位功能的电动执行机构采用凸轮式结构；带行程限位控制功能的电动执行机构采用齿轮式结构。

第六节　控制系统的变送单元

变送单元能将各种被测参数，如温度、压力流量、液位等物理量变换成相应的 DC 0~10mA 直流电流，传送到显示、调节等单元，以供指示、记录或调节。变送单元的主要品种有温度变送器、压力变送器、差压变送器、流量变送器等。

一、TS9104 系列（PT）温度传感器

1. 概述

TS9104 系列电子温度传感器主要作于测量风道或水管中的空气或水的温度，并配合-800X 系列控制器应用。

TS9104 系列（PT）温度传感器外形图如图 4-67 所示。

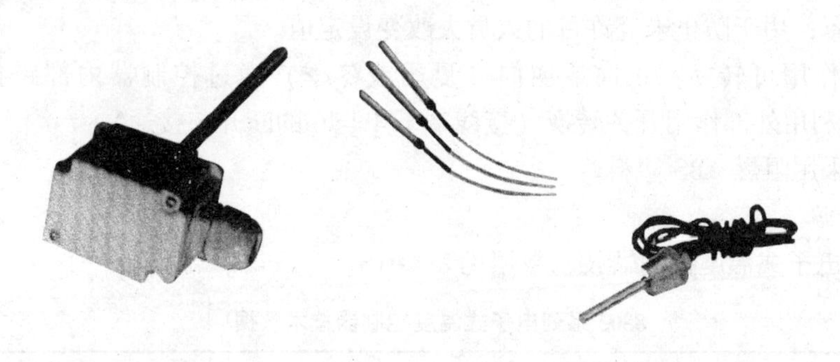

图 4-67　TS9104 系列（PT）温度传感器外形图

2. 技术数据

传感元件：NTC（热敏电阻）。

输出信号：电阻 NTC。

温度范围：0~50℃。

精度：±0.2K。

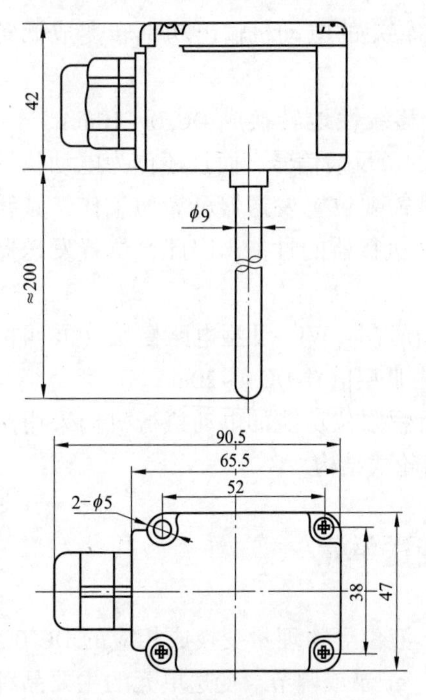

图 4-68 TS9104 系列（PT）温度传感器外形尺寸图

储存条件：-40~70℃，10%~90%RH，无凝露。

接线端子：螺钉 1×1.5mm²/最大 14AWG 电缆。

环境温度：电气连接箱的最大温度 70℃。

3. 安装注意事项

TS9104 系列温度传感器可以安装于任何位置，安装时请注意如下事项：

(1) 将传感器安装于有代表性的位置。

(2) 避免非代表性的空气流通及直接的阳光照射等。

(3) 如应用于水管式温度，请在套管与传感器之间填充热传导材料，以改进响应时间。

(4) 传感器不应直接暴露于辐射（灯光或辐射源等）或阳光下，以免导致不正确的测量。

TS9104 系列（PT）温度传感器外形尺寸图如图 4-68所示。

二、8803 系列电子式温度控制器

1. 概述

8803 系列电子控制器在供热或制冷应用中提供的温度控制。控制器能产生一个递增输出信号。它是专门为调节 AC24V 可逆电动机当受控环境中的负荷变化时，能以比例加积分的方式做出反应，从而起到调节、控制环境温度的作用。

(1) 采用嵌盘式安装，外置传感器（敏感元件采用 NTC 热敏电阻）。

(2) 温度可以利用外部旋钮调节，在 0~40℃范围内连续可调，盘外设有一个透明的塔锁式度盘保护罩，用于防止未经许可的人员去改变设定值。

(3) 输出作用可转换：正向或逆向（夏季或冬季）通过控制器内部跨接器来转换（RA/DA），或利用外部作用开关转换（接线端子 4 与 6 的断开与接通）。

(4) 外壳采用阻燃 ABS 塑料。

2. 技术数据

8803 系列电子式温度控制器技术数据见表 4-16。

表 4-16　　8803 系列电子式温度控制器技术数据

名称	技术数据
电源电压/V	AC 24
输出信号	AC 24V 0.5A，双向晶闸管控制电动驱动器
输出信号性质	比例加积分方式，正或反
电耗/VA	无负载时 2，工作时 20
比例带	1~7k（4%~40%）可调节，出厂设定 4k（20%）处

续表

名称	技术数据
配线	铜芯塑料绝缘线 1.5mm^2
复位时间/min	2.5~5（在控制器内用跨接器调节），出厂设定在 2.5
净重/g	约 120

8803 系列电子式温度控制器外形图如图 4-69 所示。

图 4-69　8803 系列电子式温度控制器外形图
（递增输出—比例加积分）

3. 接线

8803 系列电子式温度控制器外形图如图 4-70 所示。

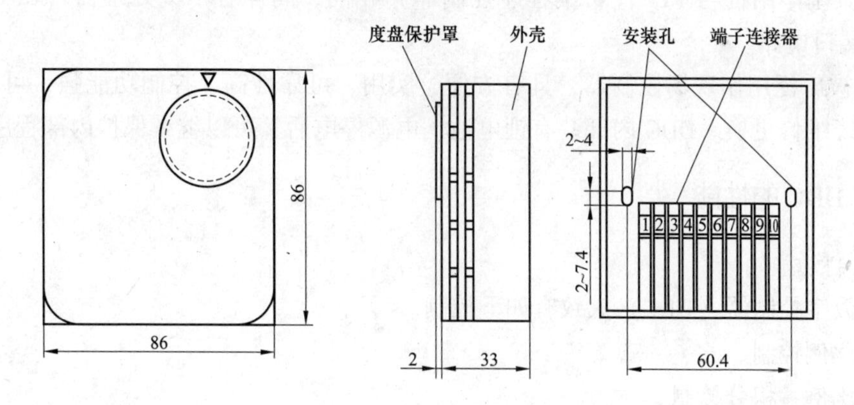

图 4-70　8803 系列电子式温度控制器外形图

8803 系列电子式温度控制器接线图如图 4-71 所示。

8803 系列电子式温度控制器内部电子元器件结构示意图如图 4-72 所示。

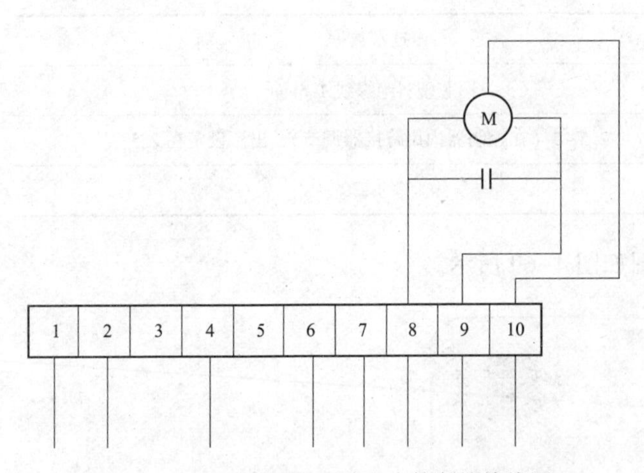

图 4-71 8803 系列电子式温度控制器接线图

1、2—温度传感器输入端；3、5—空端子；4、6—作用转换；7—开阀门；8—关阀门；9—电源 AC 24V；10—公共端

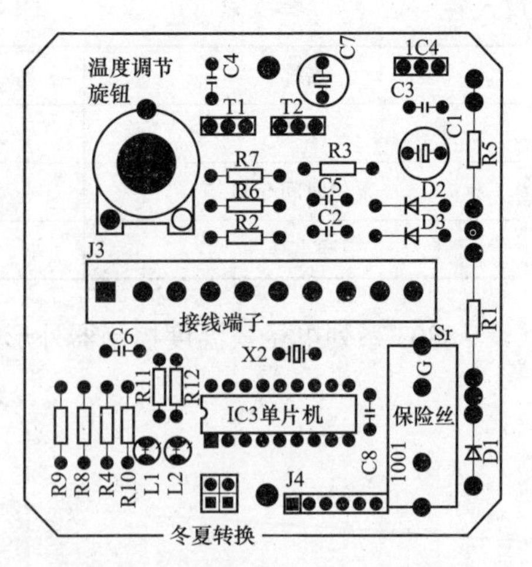

图 4-72 8803 系列电子式温度控制器内部电子元器件结构示意图

第七节 控制单元

直接数字控制器（Direct Digital Controller，DDC），又称现场数字控制器，是一种微型计算机，其基本结构与 PLC（可编程序控制器）相同，同样有中央处理器（CPU）、存储器、I/O 接口电路。

DDC 被广泛用作现场控制器，具有方便、实用、可靠性高、控制功能强，可在线编写程序、在线维修更换。DDC 内部装有锂电池，电源停电后，可以继续保护内部程序不变。

一、DDC 的性能

1. 控制功能

直接数字控制器（DDC）大致有如下控制。

(1) 比例控制。

(2) 比例、积分控制。

(3) 比例、积分、微分（PID）控制。

(4) 开关控制。

(5) 求取平均值。

(6) 最大/最小值选择。

(7) 焓值（单位质量的物值所含的全部热能）计算。

(8) 逻辑运算控制。

(9) 连锁控制。

直接数字控制器（DDC）分布于建筑物内，建筑设备（动能设备）处，如空调机房、冷水机房、热水机房、变配站等。DDC 采用的是计算机集散控制，通过对模拟量（AI）和数字开关量（DI）输入通道采集实时数据，然后按照一定的逻辑关系进行运算，最后发出控制信号，并通过模拟量输出（AO）通道和数字开关量（DO）通道，直接控制生产过程。

2. DDC 的技术指标

直接数字控制器（DDC）具有很强的灵活性，可以不用更换 DDC 主机就可以加装输入、输出扩展模块，扩展其输入、输出点，并可通过面板上的发光二极管（LED）来观察其输入、输出点的工作状态。

例 1：DX-9100-8154 直接数字控制器。

（1）电源电压：AC 24×（1±15%）V，频率 50~60Hz。

（2）工作环境：温度 0~40℃，相对湿度 10%~90%RH。

（3）储存环境：温度-20~70℃，相对湿度 5%~95%RH。

（4）内部电池：锂电池：储存寿命>10 年；工作寿命（连接 24V 电源）>5 年；无外部 24V 电源寿命大约 1 年；DC-9100-8154 型适用可充电式电容式电池，充电约 1h，维持时间 7 天。

（5）中央处理器：NEC78C10。

（6）内存：8KB RAM，56KB EPROM，8KB EEPROM。

（7）端子最大接线容量：1.5mm^2 导线一根。

（8）串行通信：一个 N2（RS485）串行通信总线，78kbit/s；一个 XT-BUS 串行通信总线；一个 600bit/s 串行服务总线，供便携式检测器使用。

（9）模拟输入（AI）：8 点，模拟信号可设置为 0~10V，0~20mA，4~20mA 或 RTC。

（10）数字输入（DI）：8 点，AC 24V。

（11）模拟输出（AO）：6 点，模拟信号可设置为 0~10V，0~20mA，4~20mA。

（12）数字输出（DO）：6 点，每一点接口电路均为晶闸管输出，输出信号为 AC 24V，0.5A。

（13）时间表单元：8 个预订单元，每个可设 8 个时间；两个最优启停单元。

（14）特殊时间：30 个特殊启停设定时间。

（15）可编程单元：12 个。

（16）程序循环时间：DX9100，XT-BUS 均为 1s。

（17）外壳：ABS 塑料，可自然降解阻燃性能达 UL-94VO 级。

（18）保护：IP30（IEC 529）。

（19）外形尺寸：148mm×184mm×81mm。

（20）质量：控制器 0.4kg；安装底板 0.8kg。

（21）认证：美国 UL864；加拿大 CE/Directive 89/336/EEC。

XT 扩展单元和 XP 扩展模块：XT-9100-8304；XP-9102-8304；XP-9103-8304；XP-9104-8304；XP-9105-8304 的技术数据见表 4-17。

例 2：DC-9100-8504；DC-9100-8154 技术数据。

（1）模拟输入（AI）：8 点，高分辨率，13bit/s。

表 4-17　直接数字控制器（DDC）技术数据

型号	C260	DC-9100-8504	DC-9100-8154	XT-9100-8304	XP-9102-8304	XP-9103-8304	XP-9104-8304	XP-9105-8304
电源电压/V	AC 24 ±10%		AC 24 ±15%					
频率/Hz	50~60							
容量/VA	5		6（5）					
工作环境/℃	0~50							
工作环境/RH	10%~90%							
储存环境/℃	-20~70							
储存环境/RH	5%~95%							
接线端子	最大接入 1.5mm^2 导线一根							
串行通信	串行 RS485，900bps 600bps 供手提检测器使用			XT-BUS XP-BU	一个 XP-BUS 串行通信总线			
模拟输入（AI）	6	8	8	—	6	—	—	—
数字输入（DI）		8	8	—	—	—	4	—
模拟输出（AO）	2	8	2	—	6	—	—	—
数字输出（DO）	9	8	6	—	—	8	4	8

注　（1）模拟输入、输出信号设置为 0~10V，0~20mA，4~20mA 或 RTC。

（2）数字输出接口电路为晶闸输出电路。

（2）数字输入（DI）：8 个开关输入量。

（3）两个模拟输出（AO），接口电路为继电器隔离。

（4）两个数字（开关量）输出（DO），接口电路为继电器隔离。

（5）8 个内置控制模块（P，PI 或 PID）；4 个内置计算模块；4 个逻辑模块。

（6）输入点，每 30s 读一次。

（7）内置隔离变压器。

（8）内置 LED 显示。

（9）内置选择键。

（10）高级塑料外壳。

二、DDC 的工作原理

1. DDC 的应用

DDC 是智能楼宇控制中，建筑设备（动能设备）的自动控制的主要智能设备。它是集散控制系统中的分散控制单元，它主要装于现场被控设备处，所以叫作直接数字控制器（DDC），亦叫现场数字控制器。它可以对所控制的设备实行封闭式的自动控制，也可以同时把被控设备的运行数据通过网络通道送至中央控制室。

DDC 可靠性高，抗干扰性强，编程简单易学，适用性、通用性强，可以在线修改程序，使用、维护、更换方便。控制速度快，而且不会出现抖动现象。体积小、重量轻、功耗低。

2. DDC 的工作原理

直接数字控制器（DDC）工作原理框图如图 4-73 所示。DDC 主要由如下电路和元器件构成：中央处理器［控制和运算单元（CPU）］、用户存储器（随机存储器）RAM、只读存储器 ROM、输入接口（AI、DI）、输出接口（DI、DO）、通信接口、电源等。

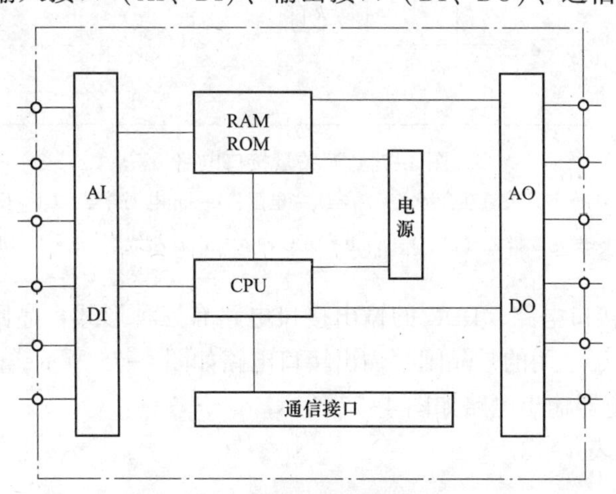

图 4-73 直接数字控制器（DDC）工作原理方框图

AI—模拟量输入接口；DI—数字量（开关量）输入接口；DO—数字量（开关量）输出接口；AO—模拟量输出接口；CPU—控制和运算单元；RAM—用户存储器，也叫随机存储器；ROM—只读存储器，DDC 制造时，将系统程序固化在 ROM 中，使系统程序永久保存在 DDC 中，作为机器一部分提供给用户，ROM 不会因停电丢失数据

（1）中央处理器（CPU），即控制和运算单元是整个 DDC 的核心。完成比例控制；比例、积分控制；比例积分微分（PID）控制；开关控制；求取算术平均值、最大/最小值选择；焓值（单位质量的物质所含的全部热能）计算；逻辑运算控制；联锁控制等都是在 CPU 中进行。

（2）存储器。存储器主要有两种：一种是可读/写操作的随机存储器（RAM），另一种是只读存储器（ROM、PROM、EPROM 和 EEPROM）。在 DDC 中，存储器也叫作程序包，主要用于存储系统程序、用户程序及工作数据。

（3）输入（I）接口电路。接口电路既能传递信号又能隔离短路信号，防止短路信号进入 DDC，损坏 CPU，起到一种保护作用。

输入（I）、输出（O）信号有模拟量、开关量、数字量三种类型。涉及最多的机型是开关量。开关量接口电路如图 4-74 所示。当 S 闭合，光电耦合器中的发光二极管因有电流流过而发光，光电耦合器的输出端的光敏三极管导通，A 点为“1”，经反相器（非门电路），B 点为“0”，则 LED 有电流流过而发光。LED 用于指示相应的输入接点状态，其发光时，表明相的输入接点（图 4-74 中的 a、b）处在接通状态，说明有开关信号输入。

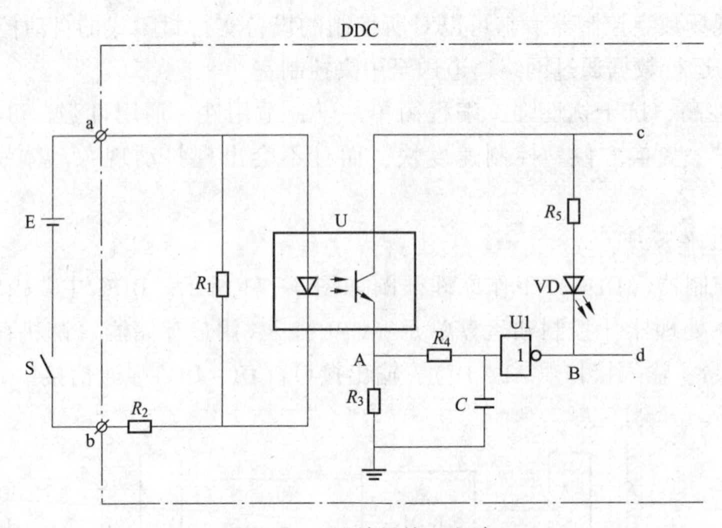

图 4-74 开关量接口电路

E—外接电源；K—被控设备开关量动合触点；R_1 ~ R_5—电阻；U—光电耦合器；U1—反相器（非门电路）；C—电容；VD—发光二极管（LED）；a、b—DDC 输入（DI）接线端；c、d—DDC 内部接线

（4）输出（O）接口电路。DDC 的输出接口电路有三种形式：晶闸管输出、晶体管输出、继电器输出。DDC 常用的是晶闸管输出接口电路如图 4-75 所示；晶体管输出接口电路如图 4-76 所示；继电器输出电路如图 4-77 所示。

DDC 技术性能见表 4-18。

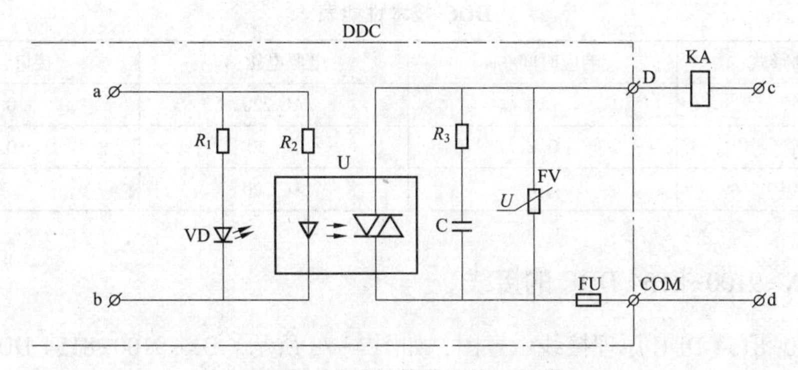

图 4-75　晶闸管输出接口电路

R_1~R_3—电阻；C—电容；VD—发光二极管（LED）；U—光电耦合器（晶闸管型）；FU—熔断器；FV—浪涌吸收器；a、b—接 DDC 内部电路；D、COM—DDC 输出接口；KA—继电器（用户负载）；c、d—外部电源 AC 220V

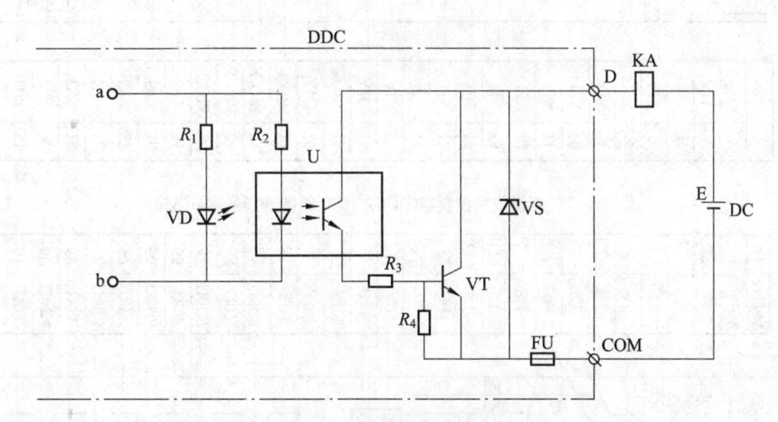

图 4-76　晶体管输出接口电路

R_1~R_4—电阻；VD—发光二极管；U—光电耦合器（晶体管型）；VT—NPN 型三极管；VS—稳压管；FU—熔断器；KA—继电器；a、b—接 DDC 内部电路；D、COM—DDC 输出接口；E—外部直流电源

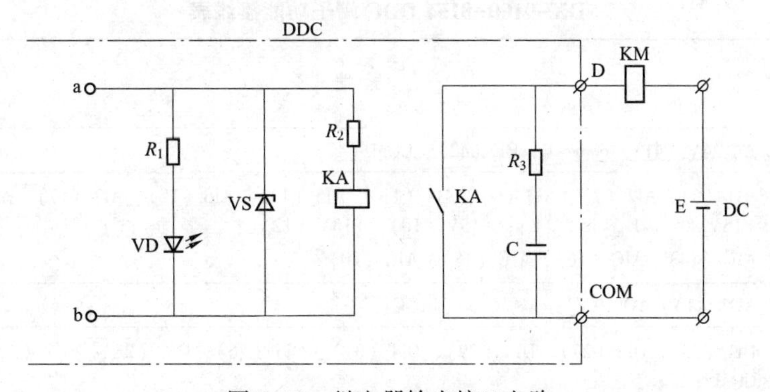

图 4-77　继电器输出接口电路

R_1、R_2—电阻；VD—发光二极管；VS—稳压管；KA—微型继电器；C—电容；KM—中间继电器；a、b—接 DDC 内部电路；D、COM—DDC 输出公共点接口

表 4-18　　　　**DDC 技术性能表**

接口电路形式	响应时间/ms	电源电压/V	接口容量/A
晶闸管	1	AC 220	0.3
晶体管	0.2	DC 30	0.5
继电器	10	AC 220	2

三、 DX-9100-8154 DDC 的接线

DX-9100-8154 DDC 原理接线示意图，如图 4-78 所示。DX-9100-8154 DDC 端子功能接线表见表 4-19。

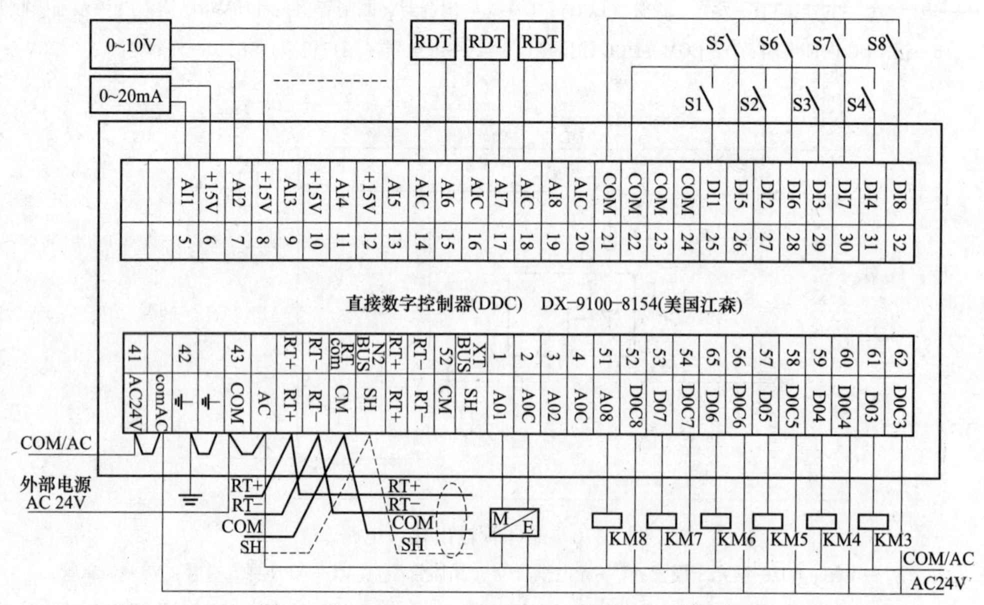

图 4-78　DX-9100-8154 DDC 原理接线示意图

表 4-19　　　　**DX-9100-8154 DDC 端子功能接线表**

端子功能		端　子　号
符号	名称	
—	电源接口	AC 24V（41）、com AC；PE（42）、COM（43）
AI	模拟量输入	AI1（5）、AI2（7）、AI3（9）、AI4（11）、AI5（13）、AI6（15）、AI7（17）、AI8（19）；+15V（6）、E_{xt}+15V（8）；+15V（10）、+15V（12）；AIC（14）、AIC（16）、AIC（18）、AIC（20）
AO	模拟量输出	AO1（1）、AOC（2）、AO2（3）、AOC（4）
DI	数字量输入	DI1（25）、DI2（27）、DI3（29）、DI4（31）、DI5（26）、DI6（28）、DI8（32）、COM（21）、COM（22）
DO	数字量输出	DO3（61）、DOC4（60）、DO4（59）、DOC5（58）、DO5（57）、DOC6（56）、DO6（55）、DOC7（57）、DO7（53）、DOC8（52）、DO8（51） JP1 是 DO8、DOC8、DO7、DOC7；JP2 是 DO6、DOC6、DO5、DOC5；JP3 是 DO4、DOC4、DO3、DOC3 的短路跳线
—	通信接口	XTBus：RTCOM、RT+、RT−；N2Bus：RTCOM、RT+、RT−

表 4-19 中的端子功能说明如下。

端子 41、42、43 为外接 AC 24V 电源。DX-9100-8154 DDC 电源接线图如图 4-79 所示。

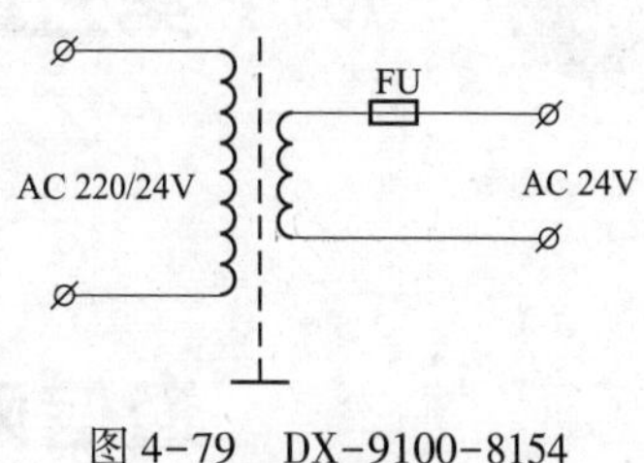

图 4-79 DX-9100-8154 DDC 电源接线图

XT Bus 端子是与扩展通信 XT 进行连接的数据通信接口。

N2 Bus 端子是与网络通信控制器 NCU 进行连接的通信接口。

AI 端子是模拟信号输入的端子，如温度传感器、湿度传感器、流量传感器、压力传感器等。传感器的信号一般为 0~20mA、4~20mA 或 0~10V。

DI 端子是数字输入端，即开关量（开关状态）输入端，如水流开关、差压开关、按钮、位置开关、运行设备交流接触器的动合辅助触点等。

AO 端子是模拟量输出端子，信号 0~20mA、4~20mA 或 0~10V。如电动阀门或电磁阀门的 PID 调节、风阀驱动器等。

DO 端子是数字量，即开关量输出端子，如风机、压缩机、水泵的启停，照明的开关等。

四、DDC 的安装

DDC 的安装位置，一般装于为其制作的模块箱内，模块箱装于被控设备附近。如果是闭式自控系统，DDC 可装于电气控制柜内，电气控制柜在制作时，应预留好 DDC 的安装位置。

（1）DX-9100-8154 DDC 的卡轨安装。DX-9100-8154 DDC，如采用卡轨安装时，可适当地截取卡轨长度，将 35mm 卡轨固定在机箱或电控柜的底板上，卡轨上每间隔 150~200mm 与底板紧固一个螺钉，然后将 DX-9100-8154 控制器卡接在卡轨上。

（2）DX-900-8154 DDC 的固定安装。固定安装时，应先把控制器前面板拆下（安装孔在控制器的底盒上），拆前面板时，用螺丝刀松开塑料前面板上的螺钉，将底板放在底盒的合适位置上，用划针划好安装孔位置，用电钻打出底板上的安装孔，并将控制器底盒安装固定好。

安装孔及孔距尺寸：ϕ0.6cm（长 158mm×高 122mm）+2mm。

接线出口在控制器底盒下部，孔为 ϕ16，孔上装有护套接口。

第五章

通信网络系统与信息网络系统

第一节　通信网络系统

一、程控交换机的基本知识

电话通信技术在逐步向数字化方向发展，程控交换机就是实现这一目标的设备，它代替了过去的步进交换机、电子交换机，实现了数字化。电话的数字化，就是在电话传送时，先把模拟的电话信号变换成数字信号，在接收时再把数字信号变换成模拟信号。

数字交换网络，一般由时间接线器（T）与空间接线器（S）组成，总称为数字接线器，实行对数字信号直接进行交换。T 实现时隙交换，S 实现母线交换。数字交换器由动态随机存储器 RAM 组成。

1. 程控交换机的终端接口

用户程控交换机具有模拟用户线接口（Z）、数字中继接口或模拟中继接口。模拟用户线接口（Z）是两线音频接口，它和模拟用户话机相接。数字中继接口 A 是 2.048Mbps 速率的 PCM 多路复用中继接口，它可以与数字交换筒或数字传输设备相接。

程控交换机终端是安装维护交换机运行的输入输出设备。

2. 电话机原理

发话者拿起电话机对着传声器（亦称口承）讲话时，声带的振动激励空气振动，形成声波。声波作用于传声器上，便产生电流，称为语音电流。语音电流沿着传输线路传送到对方电话机的受话器（亦称耳承）内。受话器与传声器的作用正好相反，它把话音电流转化为声波，通过空气振动传至人的耳朵中，为此，完成了简单的通话过程。

二、语音系统的组成

1. 程控数字用户交换机的配置

程控数字用户交换机具有组网功能，能提供各种接口的信念，具有灵活的分组编码方案，以及预选、直达、迂回路由和优选服务等级的功能。除具有多种模拟信号中继外，还具有速率为 2.048Mbit/s 数字中继，可提供中国一号信念、CCITTNo. 07 信念、环路信念、ISDN 信念，能以 DOD+DID 方式接入公用电话网。

程控数字用户交换机的基本功能是，内线分机之间互拨打电话，外线与分机之间互拨打电话。例如，有的内线分机，只能互拨内线，不能拨打外线，有的内线分机能拨打国际长途电话。除此之外还有一些功能，如话务员工作站、语音邮递、酒店功能、自动呼叫分配功能、录音通知功能、传呼功能、ISDN 功能、电子信箱功能、多媒体通信功能、动态网络管理功能、数据通信功能、无线电通信业务、分组交换功能、远程维护功能等。

2. 程控数字用户交换机的供电与接地

(1) 交流电源。

三相交流电源：AC380×(1±1%)V，50Hz。

单相交流电源：AC220×(1±1%)V，50Hz。

(2) 直流电源。DC48V 变动范围为：DC40V~57V、波纹系数：1%，直流电源具有过电压、过电流保护。

(3) 机房接地。机房接地应采用 4mm×40mm 镀锌扁铁辐射式布设在活动地板内。镀锌扁钢和人工接地极连接，人工接地极接地电阻≤1Ω。

设备工作接地、保护接地、防雷接地综合使用时，接地电阻应≤0. 5Ω。

镀锌扁钢应涂黄绿相间的保护漆。从镀锌扁铁接向设备的地线应采用绝缘铜导线，绝缘层的颜色应为黄绿相间的斑马色。

第二节 信息网络系统

一、网络类型

信息网络，即计算机网络。计算机网络可按网络拓扑结构、网络涉辖范围和互联结构、网络数据传输和系统的拥有者，不同的服务对象，不同的标准划分。究竟采用什么方式划分并无实际意义，这只是人们讨论问题所占角度不同而已，比较现实的方法是按传输距离划分。

1. Internet 的接入

Internet（因特网）又叫万维网（World Wide Web，WWW），是指特定的世界范围的互联网，从 Internet 结构的角度看，它是一个使用路由器将分布在世界各地的、数以万计的、规模不一的计算网络互联起来的网际网。Internet 是全球人类的、具有影响力的计算机网络，是世界性的资源宝库。你只要将计算机接入 Internet，就可以在这个信息资源库中漫游。

不同的网络类型，使用的硬件和软件也不同。当接入到不同的网络用户需要相互通信时，就需要将这些不兼容的网络通过网关（Gateway）连接起来，通过网关完成相应的转换功能。由多个不同网络相互连接构成的集合称为互联网。

2. 局域网（LAN）

局域网（Local Area Network，LAN）亦称园区域、驻地网（校园、住宅小区、写字楼、宾馆、饭店、企业内部网、政府专网等）。它是在居住小区范围内，或是一座大楼、一座建筑群，对各种通信数据设备提供互联的通信网络，在此环境下可提供给用户信息与资源共享、分布式数据处理、网络协同计算、管理信息系统和办公自动化、计算机辅助设计与制造等各种应用系统。

局域网的主要特点：网络为一个单位所拥有，且地理范围和站点数目均有限，但能方便地共享昂贵的外部设备、主机以及软件、数据；可以从一个站点访问全网；便于系统的扩展和逐渐演变，各终端设备的位置可灵活地调整和改变；提高了系统的可靠性、可用性、安全性，支持虚拟局域网，支持多媒体应用的原则。

各种互联的数据的通信设备有计算机、网络的终端设备、外围设备、各种传感器（如温度、湿度、压力、流量、有害气体报警传感器等）、电话、电视、传真以及各种具有兼容通信接口的设备，其特点如下。

（1）地理范围小，覆盖直径数百米到数千米。

（2）数据传输率较高，一般为1~100Mbit/s，且误码率较低（10^{-11}~10^{-8}）。

（3）传输介质一般采用双绞线，粗、细同轴电缆，光纤，无线（微波）等，传输控制简单，通信费用低。可根据实际情况和不同需要选择传输介质。

3. 以太网（Ethernet）

以太网是应用最为广泛的网络技术，它基于CSMA/CD（载波侦听多路访问/冲突检测）机制，采用共享介质的方式实现计算机之间的通信，带宽为10Mbit/s。

CSMA/CD技术采用总线控制技术及退避算法。当一个站点要发送时，首先需监听总线以决定介质上是否存在其他站的发送信号。如果介质是空闲的，则可以发送；如果介质是繁忙的，则等待，直到介质空闲时为止；若有两个站点同时侦听介质为空闲，则两个站点可能同时进行数据发送，这时两个站点发出的数据就会发生冲突，而这个冲突会在介质上维持一段时间，利用冲突检测功能，介质上所有站点都会发现出现了访问冲突，每个想发送信息的站点就会隔一个随机间隔后再侦听、再发送。

早期的以太网由于它介质共享的特性，当网络中站点增加时，网络的性能会迅速下降，另外缺乏对多种服务和QoS的支持。随着网络技术的发展，现在的以太网技术已经从共享技术发展到交换技术，交换以太网的出现使传统的共享式以太网技术得到极大改进。共享式局域网上的所有节点（如主机、工作站）共同分享同一带宽，当网上两个任意节点交换数据时，其他节点只能等待。交换以太网则利用网络交换机在不同网段之间建立多个独享连接（就像电话交换机可同时为众多的用户建立对话通道一样），采用按目的地址的定向传输，为每个单独的网段提供专用的频带（即带宽独享），增大了网络的传输吞吐量，提高了传输速率，其主干网上无碰撞问题。虚拟网技术与交换技术相结合，有效地解决了广播问题，使网络设计更加灵活，网络的管理和维护更加方便。交换式以太网克服了共享式以太网的缺点，并借助于IP技术的新发展，如IPMulticast、IPQoS等技术的推出使得交换以太网可以支持多媒体技术等多种业务服务。

交换以太网具有以下特点：

（1）为用户提供独占的、点到点之间的连接。

（2）多个用户之间可以同时进行通信，不会发生冲突。

（3）扩充性好，其带宽随用户的增加而增加，在扩充系统时只需选用具有更多端口的交换模块或交换机即可。

（4）采用了虚拟网络技术，是网络的组织、管理等更加容易。

（5）以较低的处理能力提供了较高的吞吐率，比路由器的价格低得多。

（6）采用帧交换技术。

4. 快速以太网（FastEthernet）

快速以太网技术仍然是以太网，也是总线或星型结构的网络，快速以太网仍支持共享模式，在共享模式下仍采用的是广播模式（CSMA/CD 竞争方式访问，IEEE802.3），所以在共享模式下的快速以太网继承了传统共享以太网的所有特点，但是带宽增大了 10 倍。快速以太网的应用主要是基于它的交换模式。在交换模式下，快速以及网完全没有 CSMA/CD 这种机制的缺陷，除了上面谈到的交换以太网的优点以外，交换模式下的快速以太网可以工作在全双工的状态下，使得网络带宽可以达到 200Mbps。因此快速以太网是一种在局域网技术中性能价格比非常好的网络技术，在支撑多媒体技术的应用上可以提供很好的网络质量和服务。

用户只要更换一张网卡，再配上一个 100Mbit/s 的集线器，就可以方便地由 10BASE-T 以太网直接升级到 100Mbit/s，而不必改变网络的拓扑结构。所以在 10BASE-T 上的应用软件和网络软件都可保持不变。100BASE-T 的网卡有很强的自适应性，能够自动识别 10Mbit/s 和 100Mbit/s。

以太网标准的发展见表 5-1。快速以太网技术数据见表 5-2。

表 5-1　　以太网标准的发展

以太网标准	IEE 标准	批准时间/年	速度/Mbit/s	站/网段	拓扑结构	网段长/m	传输介质
10BASE-5	802.3	1983	10	100	总线型	500	50Ω 同轴电缆（粗）
10BASE-2	802.3a	1988	10	30	总线型	7185	50Ω 同轴电缆（细）
1BASE-5	802.3c	1988	1	12	星型	250	100Ω2 对线 3 类 UTP
10BASE-T	802.3i	1990	10	集线路	星型	100	100Ω2 对线 3 类 UTP
10BROAD36	802.3b	1988	10	100	总线型	1800	75Ω 同轴电缆
10BASE-F	802.3i	1992	10	—	星型	2000	2 股多模式单模光缆
100BASE-T	802.3u	1995	100	1024	星型	100	100Ω2 对线 5 类 UTP
						100	100Ω1 类 UTP
						2000	100Ω2 股多模光缆 4 对线 3，4，5 类 UTP

表 5-2　　快速以太网技术数据

标准	IEE 标准	时间/年	特　点
1000BASE-SX	802.3z	1998	SX 表示短波长（使用 850mm 激光器）。纤芯直径为 62.5μm 和 50μm 的多模光纤时，传输距离分别为 275m 和 550m
1000BASE-LX	802.3z	1998	LX 表示长波长（使用 1300mm 激光器）。纤芯直径为 62.5μm 和 50μm 多模光纤时，传输距离为 550m。纤芯直径 10μm 的单模时，传输距离 5km
1000BASE-CX	802.3z	1998	CX 表示铜线。两对屏蔽双绞线电缆，传输距离 25m
1000BASE-T	802.3ab	1999	使用 4 对 5 类线 UTP，传输距离为 100m

续表

标准	IEE标准	时间/年	特　点
万兆以太网（1Gbps）	802.3ae	2002	帧格式与70Mbps、100Mbps、1Gbps以太网的帧格式完全相同。传输介质为光纤，传输距离≥40km。使用多模光纤时，传输距离为65~300m

5. 虚拟专用（VPN）

虚拟专用（Virtual Private Network，VPN）是利用公共网络来构建的专用网络。在交换式局域网的基础上，利用增值软件可以组建一个跨不同物理局域网、不同类型的网络站点，使其属于同一逻辑局域网络，而形成同一逻辑组，从而构成所谓虚拟网络。VPN利用服务商所提供的公共网络，可以实现远程的广域连接。通过VPN，企业可以以很低的成本连接他们远方的办事机构，出差工作人员以及业务合作伙伴也可以方便地与网络相连。VPN的应用实际上是通过帧中继在各个路由器之间建立VPN连接来传输用户的私用网络数据。

VPN服务可以分拨号VPN业务和VPN专线业务。

6. 广域网（WAN）

广域网（Wide Area Network，WAN）通常覆盖广大地域，例如，几个省份、一个国家或几大洲，传输距离达几千公里，但一般吞吐率较低、延迟较大、误码率高。

广域网由一些节点交换机以及连接这些交换机的链路组成。节点交换机将执行分组存储转变的功能。为了提高网络的可靠性，通常一个节点交换机要与多个节点交换机相连。

由于经济条件的限制，广域网一般不使用局域网采用的多点接入技术。从层次上看广域网和局域网的区别也很大，局域网使用的协议主要在数据链路层和少量物理层的内容，而广域使用的协议在链路层。

广域网是互联网的主要核心部分。连接广域各节点交换机的链路都是高速链路，可以是几千公里的光缆线路，也可以是几万公里的点对点卫星链路。因此广域网的通信容量应足够大，以便满足日益增长的通信量。建造广域网的造价也相当高，一般都由国家或较大的电信公司出资建造。

7. 有线电视网络（HFC）

有线电视网络（Hybrid Fiber Coaxial，HFC）亦叫光纤同轴网。它是在有线电视网络的基础上加装了"有线铜缆调制解调器"（Cable Modem）。有线铜缆调制解调器是有线电视网络的数字通信，实现Internet的高速接入，由窄带向宽带过渡的主要网络设备。

有线电视网络是城市中非常宝贵的资源，通过双向化和数字化的发展，有线电视系统除了能够提供更多、更丰富、质量更好的电视节目外，还有足够的频带资源提供其他业务，数字通信是其中主要业务。

个人计算机和局域网通过有线铜缆调制解调器（Cable Modem）接入有线电视网络，再接入Internet。

Cable Modem和ADSL Modem的工作原理不同。ADSL Modem采用的是电话线，每个用户有一条专线连接，而Cable Modem采用的是有线电视电缆，每个用户和住宅小区内的其他用户一起分享一条电缆馈线，这条馈线的带宽和电视频道的带宽一样，其中的数据信息按地址传输到各个用户。

8. 非对称数字用户环路（ADSL）

非对称数字用户环路（Asymmetric Digital Subscriber Line，ADSL），是一种调制解调技术，它利用普通的电话线（即铜双绞线）和数字信号处理技术提供高速的 Internet 访问。数字用户线采用端到端的数字技术，不需要经过模拟到数字的转换，它把普通电话双绞线的频带划分为两个信道：上行信道和下行信道。上行信道将用户的数据信号通过电话线送到电信局的网络，下行信道将电信局网络的数据信号传送给用户。在传送数据的同时用户可享用原有的电话和传真服务。数字用户线拥有一个家族，所以有人也称之为 xDSL。根据上、下行信道速率的不同 xDSL 可分为如下几种。

（1）不对称数字用户线（ADSL）。上行 1Mbit/s，下行 8Mbit/s，覆盖距离 4km。

（2）高比特率数字用户线（HDSL）。上行 1.544Mbit/s，下行 1.544Mbit/s，4 芯电话线。

（3）甚高比特率数字用户线（VDSL）。上行 2.3Mbit/s，下行 55Mbit/s。

（4）对称数字用户线（SDSL）。上行 384kbit/s，下行 384kbit/s。

（5）速率自适应数字用户线（RADSL）。上行 1Mbit/s，下行 7Mbit/s。

目前其他几种数字用户线还处于试验阶段，只有 ADSL 刚确立了标准，并开始进入使用阶段。为了避免 56K Modem 标准大战重演，国际电信联盟 ITU 较快地颁布了数字用户线的低速标准 G. Lite。它的上行速率为 640kbit/s，下行速率为 1.5Mbit/s。另外 ITU 正在制订高速标准 G. DMT，它的上行速率为 1.088Mbit/s，下行速率为 8Mbit/s。

ADSL 的使用较简单，用户只需要购买一个 ADSL Modem 接入电话线即可。当然，需要在电话线的另一端，电信局端，配备 ADSL 接入设备，支持 ADSL 接入。

9. XDSL 技术

XDSL 技术就是用数字技术对现有的模拟电话用户线进行改造，使其能够承载业务。

XDSL 的几种类型见表 5-3。

表 5-3　XDSL 的类型

XDSL	对称性	下行带宽/(Mbit/s)	上行带宽/(Mbit/s)	最远传输距离/km
ADSL	非对称	1.5	64kbit/s	4.6~5.5
ADSL	非对称	6~8	640kbit/s~1	2.7~3.6
HDSL（2 对线）	对称	1.5	1.5	2.7~3.6
HDSL（1 对线）	对称	768kbit/s	768kbit/s	2.7~3.6
SDSL（1 对线）	对称	384kbit/s	384kbit/s	5.5
SDSL（1 对线）	对称	1.5	1.5	3
VDSL	非对称	12.96	1.6~2.3	1.4
VDSL	非对称	25	1.6~2.3	0.9
VDSL	非对称	25	1.6~2.3	0.3
DSL（ISDN）	对称	160kbit/s	160kbit/s	4.6~5.5

注　x——表示 DSL 的前缀，可以是多种不同字母如 A、H、S、V 表示在数字用户线上实现的不同宽带方案；

ADSL——Asymmeric Digital Subscriber Line，即非对称数字用户线；

HDSL——High Speed Digital Subscriber Line，即高速数字用户线；

SDSL——Single Ling Digital Subscriber Line，即 1 对线的数字用户线；

VDSL——Very High Speed Digital Subscriber Line，即甚高速数字用户线。

二、计算机的网络拓扑结构

计算机网络，即计算机技术通信技术的结合，按照人们所公认的网络协议（如TCP/IP等），以通信和资源共享为主要目的，通过传输介质（如电缆、双绞线、光纤、微波或通信卫星等）将地球上分散且独立自主的计算机互相连接的集合。

计算机网络的拓扑结构，即网络的物理、逻辑连接。为分析和研究计算机网络系统，通常采用拓扑学（TopoLogy）中，只考虑物体之间的位置关系而不考虑它们的距离和大小，形状无关的点、线特性的研究方法。把网络单元定义为节点，两节点间的边线称为链路，从拓扑学观点看，则计算机网络就是由一组节点和链路组成的，网络节点和链路组成的几何图形，就是网络拓扑结构。

网络中的节点分以下几种。

（1）转接节点。如通信处理机、集线器、终端控制器等，在网络中起转接和交换传送信息的作用。

（2）访问节点。如主计算机和终端属访问节点，它们是信息传送的起点和终点。

网络拓扑结构主要有总线型、星型、树型、环型、网状等。

1. 总线型拓扑结构

总线型拓扑结构（Bus Topology）规模较小，一般用于临时性的网络。

典型的总线型网络里，没有动态的电子信号放大设备，只有把计算机相互连接起来的一根或几根电缆。所有计算机都可相互发出信息，但只有一台才能真正接收信息。因为通常目的地址已编码于报文信息内，只有于地址码相符的计算机才能接收信息。

在特定的时刻里，只允许有一台计算机发出报文，所以在总线型网络接有较多计算机的情况下，便会明显影响网络的速率，必须等待总线进入空闲状态时，计算机才能发出信息。在星型和环型网络里，也同样存在此问题。总线型拓扑结构示意图如图5-1所示。

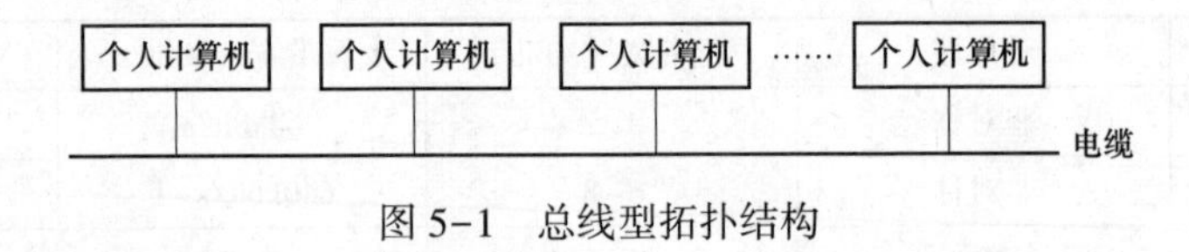

图5-1 总线型拓扑结构

总线型拓扑结构的特点。

（1）可构建简单、可靠的小型网络，易于使用和掌握。

（2）需要的线缆数量少。

（3）扩展方便，通过同轴连接器，可将两条电缆连成一根较长的电缆，因此，可将更多的计算机连成网络。

（4）亦可用中继器扩展总线网络，中继器能放大信号，因此增加传输的距离。

（5）网络负载过重，影响了网络的传输速度。

（6）同轴连接器会消耗电子信号，影响信号的传输。

（7）由于总线是无源介质，结构简单，十分可靠。

（8）如需增加和删除站点，只需在总线的任何点将其接入或删除即可。

（9）由于采用分布式控制，故障检测需要在各站点进行，不易管理，因此故障诊断和隔离比较困难。

2. 星型拓扑结构

在星型拓扑结构（Star Topology）中，所有计算机都通过线缆连接至一个中心设备集线器（HUB），星型拓扑结构示意图如图 5-2 所示。

星型拓扑结构为集中式网络。在这种网络里，可以从一个中心位置直接访问末端计算机。

在星型拓扑结构的网络里，每台计算机都需要与一个中央集线器通信，该集线器在广播式星型网络中能够将所有计算机的报文转发给其他计算机。在交换式星型网络中只发给目标计算机。在广播式星型网络里，集线器可以是无源型，也可以是有源型。

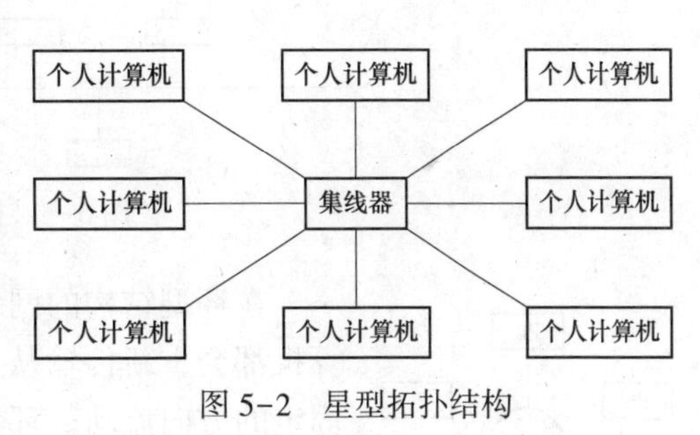

图 5-2　星型拓扑结构

星型拓扑结构网络的特点。

（1）星型网络扩展方便。

（2）星型网络便于实现网络的集中监视与管理。

（3）集线器可以随时监视网络的故障。当某一台计算机出现故障时，集线器可以监视隔离有问题的计算机或网络电缆，使其计算照常运行。

（4）在同一网络里可以使用多种电缆类型。

（5）如果中央集线器出现故障，则整个网络会陷入瘫痪状态。

（6）缆线费用比总线型网络费用高。

（7）中心节点负担重，易成为信息传输的瓶颈。

（8）在双绞线的大量使用和帧中继与信号交换技术发展之后，星型拓扑结表现出了巨大的潜力。

（9）星型结点的设备可以是集线器、中继器或交换机，根据网络系统确定。

（10）便于实现综合布线。

（11）星型拓扑结构的网络由中心结点控制与管理中心节点的可靠性基本上决定了整个网络的可靠性，中心节点一旦出现故障，会导致全网瘫痪。

3. 树型拓扑结构

树型拓扑结构有两种形式。

（1）总线型派生的拓扑结构，由多条总线连接而成，传输介质不构成闭合环路而是分支电缆。

（2）星型拓扑结构的扩展，各节点按一定的层次连接起来，信息交换主要在上、下节点之间进行。

在树型拓扑结构中，顶端有一个根节点，它带有分支，每个分支还可以有子分支。树型拓扑结构如图 5-3 所示。

4. 环型拓扑结构

在环型拓扑结构（Ring Topology）中，每台计算机都连至下一台计算，而最后一台计算机则连接至第 1 台计算机，组成一个环型结构如图 5-4 所示。

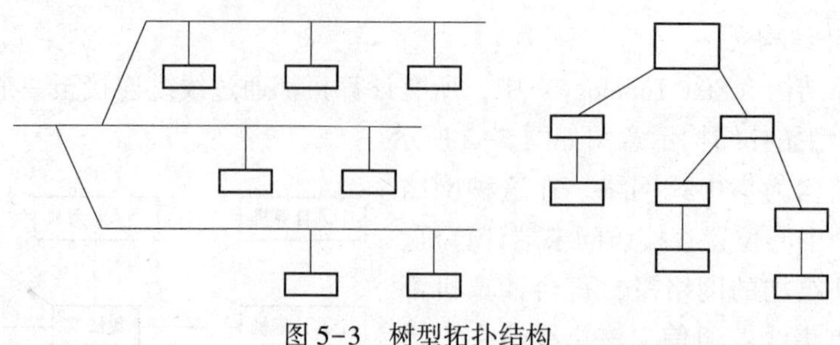

图 5-3　树型拓扑结构

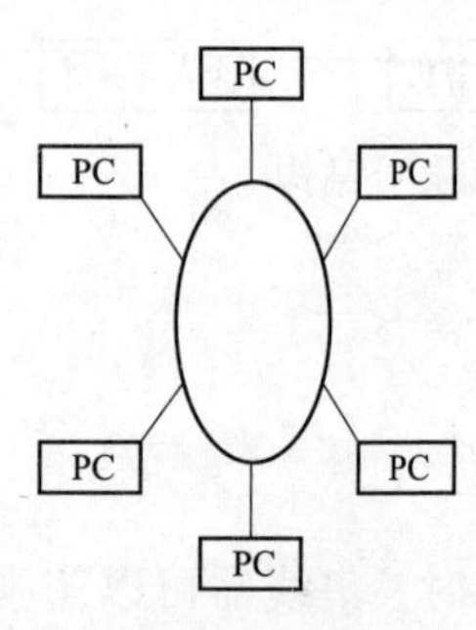

图 5-4　环型拓扑结构

PC—个人计算机

在环型结构的网络里，每台计算机都是首尾相连；而且每台计算机都会重新传输从上一台计算机收到的信息。信息在这个环里按固定的方向流动。环型网络是一种有源网络，不会使信号减弱和丢失，并且每台计算机都能重传自己收到的信息。环型网络的特点：

(1) 在网络里，每台计算机都具有相同的令牌访问权限。

(2) 网络中随着用户的逐渐增多，网络性能下降是匀速进行的，由于每台计算机公平共享网络资源，所以尽管速度变慢，但仍能保持正常运行，而不是一旦超出网络容量，立即中断服务。

(3) 环型网络上任何一台计算机出现故障，都会影响到总体网络。

(4) 环型网络故障诊断困难。

(5) 增加或排除网络上的计算机会影响整个网络的运行。

5. 网状拓扑结构

网状拓扑结构比较完整，网络节点与传输介质互连成不规则的形状，节点之间没有固定的连接形式。网状拓扑结构，如图 5-5 所示。每个节点至少与其他两个节点相连，就是说每个节点至少有两条链路接到其他节点。如图 5-6 所示，我国教育科研示范网(CERNET) 的主干网和国际互联网的主干网都采用网状结构。

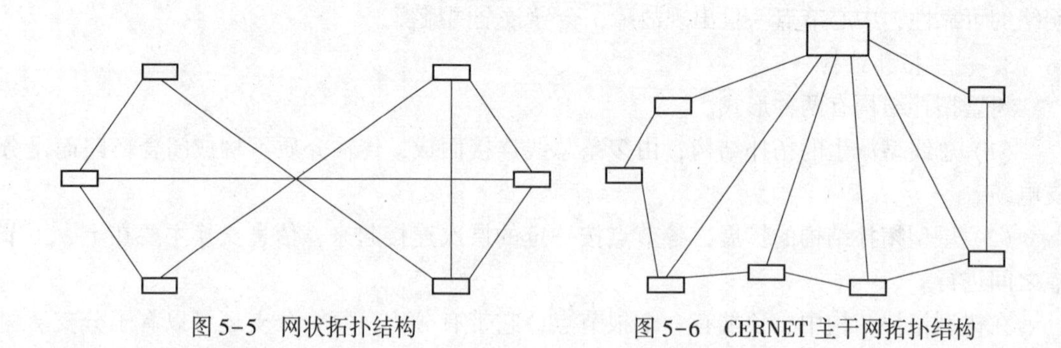

图 5-5　网状拓扑结构　　　　图 5-6　CERNET 主干网拓扑结构

网状拓扑结构特点：

(1) 每个节点都有冗余链路，容错性好。

(2) 路径可以选择，减少时延，改善流量分配，提高网络性能。

(3) 传输介质相互独立，容易查找故障。

(4) 管理复杂，需解决路径选择、拓扑优化、流量控制问题。

(5) 网络系统成本高。

(6) 适用于大型广域网。

综上所述，总线型拓扑结构、星型拓扑结构、树型拓扑结构、网状拓扑结构、环型拓扑各有其优缺点。实际中为了博采众长，在网络里常常看到拓扑混合的运用情况，例如，星型总线拓扑结构、星环拓扑结构、网状拓扑结构等。

三、网络设备与名词术语

1. 路由器（Router）

路由器（Router）又称路径选择器，它是工作在同类或不同类局域网（LAN）及广域网（WAN）之间的互联设备。路由器与网桥相似，但它们本质的区别是：网桥工作在数据链路层，路由器工作在网络层。路由器在网络层可以对数据进行存储、转发，并具有路由选择功能。

路由器所连接的网络，可以是同类网，也可以是不同类网。使用路由器能够很容易地实现 LAN-LAN、LAN-WAN、WAN-WAN、LAN-WAN-LAN 等多种网络互联形成，实现 Internet 的接入。

2. 服务器（Service Provider）

服务器（Service Provider）在整个通信网络中，是十分重要的设备。它是存储各种资料的程序库，专门提供信息给网络访问者们使用。例如，数字多媒体服务器，可以使众多的客户，同时访问同一个媒体设备。它还能通过数字视频编辑技术，不断地增加、删除、编辑所存储的多媒体信息。为了支持众多用户，共享多媒体数据，多媒体服务器需要控制大容量的连续数据、数据存储设计以及网络通信 3 部分内容。

服务器的种类很多，一般有 E-mail 服务器、proxy 服务器、文件服务器、WWW 服务器、VOD 服务器、网管服务器、中心服务器（数据库服务器）和视频服务器等。

3. 防火墙（Firewall）

防火墙（Firewall），亦称为防火卫士，主要由滤波器和网关组成，用来分割网域、过滤传送和接收资料。防火墙在互联网中的位置如图 5-7 所示。

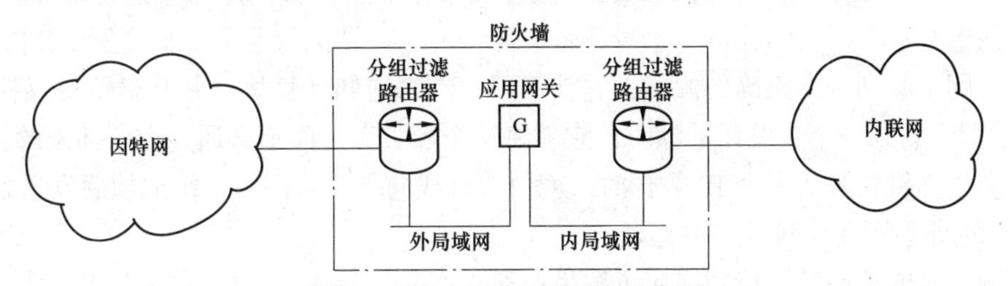

图 5-7　防火墙在互联网中的位置

防火墙是由软件构成的系统，用来在两个网络之间实施接入控制策略。其接入控制策略是由使用防火墙的单位自行制定的。

防火墙的特点如下。

（1）在互联网的系统中，防止非法入侵，为政府、军队、企业、住宅区网站提供方便、快捷、灵活、安全网络安全设备。

（2）防火墙具有负载均衡功能，使用户可用少量的投资，大幅度提升服务器的响应速度和网络性能。

（3）在防火墙上可分别独立启动超文本传感协议（HTTP）、文件传输（FTP）、简单邮件传输协议（SMTP）、远程通信网络（Telnet）等代理业务。

（4）阻于某种类型的通信量通过防火墙（从外到内或内到外部网络）。

（5）允许功能与阻止功能恰好相反，但大多数功能是阻止。

（6）网络级防火墙，主要是用来防止整个网络出现外来非法入侵。

分组过滤主要是检查所有流入本网络的信息，拒绝不符合准则的数据。

授权服务器主要是检查用户的登录是否合法。

（7）应用级防火墙，主要是从应用程序来进行接入控制。通常使用应用网关或代理服务器来区分各种应用。如可以只允许通过访问万联网的应用，而阻止文件传输（FTP）应用的通过。

（8）防火墙只能防止外来攻击，对内部的攻击无能为力，而实际上80%左右的攻击来自网络内部。

（9）有时被防火墙允许的网络访问中也存在攻击行为。

4. 网络适配器（Adapter）

网络适配器（Adapter）又称网卡或网络接口卡（NIC）。网卡似乎是一个简单的网络设备，但它的作用具有决定性。它是计算机与外界局域网（LAN）的连接通过主机箱内插入的一块网络接口卡或笔记本电脑中插入的一块PC-MCIA卡。

如果网络适配器（网卡）性能不好，其他网络设备性能再好，也无法实现预期的效果。

（1）网卡的特点。

1）网卡上装有随机存储器（RAM）、只读存储器（ROM）。

2）网卡与局域网之间的通信是通过双绞线或同轴电缆、光纤以串行传输方式进行的。

3）网卡与计算机之间的通信是通过计算机主板上的I/O总线以并行传输方式进行的。

4）可以进行串行/并行转换。

5）网络上的数据率和计算机总线上的数据率不相同，所以对数据要进行缓存。

6）网卡是一个半自治允许，本身不带电源，要靠计算机的电源，并接受计算机控制。

7）当网卡收到一个正确的帧时，它就使用中断来通知计算机，并交付给协议栈中的网络层，当网卡收到一个有差错的帧时，它就将这个帧丢弃，而不必通知它所插入的计算机。

8）当计算机要发送一个IP数据时，就由协议栈向下交给网卡，组成帧后发送到LAN。

（2）网络适配器（网卡）的选择。

1）网卡是电子产品，选用前应了解生产商、产品型号、用户的反馈情况，同时要了解观察网卡的材质和制造工艺，网上的板材质量、板面粗糙度及其焊接质量。

2）选择恰当的名牌。网卡的选择不应图便宜，应购买信誉好的产品。因为目前网卡不是什么高技术含量产品，对于普通网卡，各生产商所采用的技术基本相近，区别只是体现在制作工艺上。

3）选择性价比好的网卡。

4）根据网络类型选择网卡。由于网卡种类多，不同类型的网卡应用的环境也不一样。因此，用户在选购网卡之前，应明确所选购网卡使用的网络及传输类型以及与其相连的网络设备、宽带等情况。市场的网卡根据连接的介质不同，可分为粗缆网卡（AUI 接口）、细缆网卡（BNC 接口）及对绞线网卡（RJ-45 接口）。

5）根据计算机插槽总线型类型选网卡。由于网卡要插在计算机的插槽中，所以所购买的网卡总线类型必须与装于机器的总线相符。总线的性能直接决定从服务器内在和硬盘向网卡传递信息的效率。

6）维修服务商（或生产商的技术支持者）更换损坏了的网卡时，物业管理者应把换下来的网卡留下，以便物业运行维护人员从中分析网卡的损坏情况，积累技术经验，为下次选购网卡提供经验教训。

7）选择通用性强的网卡。

（3）网卡的安装。在计算机中插入网卡的方法与其他 PCI 板插入的方法一样，PCI 插槽没有规定，只要有 PCI 空间即可应用。

有时网卡安装好后，还需要进行驱动程序的安装与系统的配制，否则起不到网络连接的作用。但随着微软 Windows 系统对硬件支持范围的扩大，许多网卡的驱动程序都已内置，所以不需要再提供驱动程序，当系统进入后即可检测到硬件，然后安装相应 Windows 系统中自带的驱动程序，则实现“即插即用”。

（4）网卡的分类。为了满足计算机网络的需要，出现了许多不同类型的网卡。

1）按总线接口类型划分为：ISA 接口网卡；PCI 接口网卡；服务器上应用的 PCI-X 总线型接口卡；便携式计算机使用的 PCMCIA 网卡。

2）按带宽划分的网卡，主要有 10、100Mbit/s 自适应网卡；1000Mbit/s 千兆以太网卡等。

5. TCP/IP 协议

TCP/IP（Transmission Control Protocol/Internet Protocol）即传输控制协议/网际协议。是一套标准的网络通信协议。该协议能够在不同环境，即异构环境中的不同节点上的计算机之间进行通信，因此被广泛应用。TCP/IP 的功能是规定了网络中传递和接收的格式与规则。TCP/IP 不仅适用于 Internet，也适用于局域网（LAN）内部的连接。

TCP/IP 是一种报文分组网（Packet-Switched Nctwork）。其特点是在传递信息时，以一种被称为报文的较小的段（Seqement）作为单位进行传递。例如一台计算机要传送一份较长的文件给另一台计算机，则 TCP/IP 首先在发送信息的计算机上把文件分成若干个报文，然后向另一台计算机发送。接收文件的计算机，把接收的报文重新进行装配，使之复原成发送时的文件状态。

TCP/IP 规定了这些文件的格式，例如源报文、目的报文、报文的长度、报文的类型以及需要时规定网络中计算机接收和重新传递报文的路径选择。

TCP/IP 协议能够使各种各样的计算机都能在同一环境中运行。TCP/IP 协议已将世界各国、各领域（科学、教育、商业、政府各部门、军事部门等）、各机构的计算机连接入互联网。各重要计算机公司、软/硬件生产商的计算机网络产品，几乎都支持 TCP/IP 协议，所以 TCP/IP 协议已成为事实上的国际标准和工业标准。

6. 协议

协议就是甲乙双方能够实现通信时制定的一些规范。协议是计算机网络中，实体之间有关通信规则约定的集合。协议主要由以下三个要素组成。

(1) 语法 (Syntax)：以二进制形式表示的命令和相应的结构，如数据与控制信息的格式、数据编码等。

(2) 语义 (Semantics)：由发出的命令请求、完成的动作和返回的响应组成的集合，其控制信息的内容和需要做出动作及响应。

(3) 时序 (定时) (Timing)：事件先后顺序和速度匹配。

7. Internet

Internet，其意思是：计算机网络的互联系统，实际上它是一个高速骨干网把许多局域网 (LAN) 和广域网连接在一起。它是遍及全球的计算机信息网络，习惯上称为全球信息资源网。译音为：因特网，因此又称为“因特网”。

8. 栈

只准许在同一端进行插入与删除的线性表叫作栈。允许插入、删除的一端叫作栈顶，另一端叫作栈底。

9. 协议栈

协议是关于同一层次的对等实体之间的概念，而协议栈是指特定系统中所有层次的协议的集合。

10. 随机存储器 (RAM)

存储器分为内存储器和外存储器。目前微机系统的内存储器均采用半导体存储器。外存储器又分为软盘存储器、硬盘存储器、光盘存储器等。

随机存储器 RAM (Random Access Memory) 又称读写存储器。存储单元内容，可根据需要读出或写入。读出时不破坏原有数据，只有写入时，才会改变原有数据。RAM 中存储的信息断电后会消失，则称为易失性存储器。微型计算机中常用 RAM 存储暂时性的输入、输出数据，用户程序等。

RAM 分静态 RAM (SRAM) 和动态 RAM (DRAM)。

RAM 是用双极型器件或 MOS 型器件组成的触发器电路作为存储信息的单元电路，每个触发器存储 1 位二进制信息，只要不断电，所存储的信息就不会丢失。

DEAM 的基本存储单元电路只有一个晶体管和一个电容，利用电容存储的电荷来保持信息。电容会缓慢放电而丢失信息，因此，必须定时对电容充电，即所谓刷新操作。在 0℃~55℃范围内，刷新间隔时间约为 1~3ms，刷新操作由外部刷新电路完成。

SRAM 不需要刷新电路，存取速度快，主要用于调整缓存 (Cache)。DRAM 存储单元电路简单，集成度高，耗电少，主要用于大容量的存储器。

11. 只读存储器 (ROM)

只读存储器 ROM (Read Only Memory) 里面存储的信息断电后不会丢失。在 ROM 中存储的内容一般是不会变的，使用时可以随时读出，但信息的写入却受到一定限制。微型计算机系统中常用 ROM 存储固定的程序和数据，如监控程序、基本输入输出程序等。

根据信息写入的情况，ROM 可分为掩膜只读存储器、可编程只读存储器（PROM）、可擦除可再编程的只读存储器（EPROM）、电可擦除的可编程的只读存储器（E^2PROM）。

掩膜只读存储器存储的信息是芯片制造时写入的，用户无法改写。

可编程只读存储器 PROM（Programmable ROM）存储的信息可以通过紫外线照射来擦除，而且也可再用电脉冲重新编制程序和写入信息。EPROM 的写入和擦除需要专用设备。

电可擦除的可编程的只读存储器 E^2PROM（Electronically Erasable Programmable ROM）存储器的信息可以在线用电信号擦除，也可重新写入程序和信息。EPROM 和 E^2PROM 都可以多次擦除和改写，但 E^2PROM 用一般微机就可实现擦除，十分方便。

EPROM、E^2PROM 虽然可编程、可擦除，但它们在工作时只进行读出操作。

12. 中继器（Repeater）

中继器（Repeater）是最简单的网络互联设备。它工作在 OSI 参考模型的物理层，使网络在物理层实现互联。中继器只起简单的信号放大作用，用以驱动较大的通信介质，例如同轴电缆，其最大传输距离为 500m；UTP 双绞线最大长度为 100m，为了进一步地延长传输距离，在线段之间可以使用中继器。

中继器通过的数据不做任何处理，只起放大作用。主要有电信号中继器和光信号中继器两种，分别用于延长双绞线、同轴电缆、光纤的传输距离。

中继器的特点如下：

（1）中继器仅作用于物理层，对网络的传输介质起着数据信号的桥梁作用和放大作用。

（2）只具有简单的放大、再生物理信号的作用，没有通信隔离作用，也没办法解决信息拥挤等问题。

（3）由于中继器工作在物理层，在网络之间实现的是物理层连接，因此中继器只能连接相同的局域网（LAN）。就是用中继器互连的局域网应具有相同的协议和速率，如 LAN-LAN 之间的连接。

（4）中继器可以连接相同或不同的传输介质的同类 LAN，如 10Base-5 以太网与 10Base-5 以太网的连接、10Base-5 与 10Base-T 以太网之间的连接和 10Base-5 与 10Base-2 以太网的连接。

（5）中继器可以把若干个独立的物理网连接起来，组成一个大的物理网络，这就是说，用中继器连接成的网络在物理上是一个网络。

（6）中继器支持数据链路层及其以上各层的任何协议，所以它对物理层以上各层协议（数据链路层到应用层）完全透明。

13. 集线器（HUB）

集线器（HUB），是一种特殊的中继器。集线器是一个多端口中继器，用来连接双绞线传输介质或光缆传输介质的以太网，是组成 10Base-T、100Base-T 或 1Base-F、100Base-F 以太网的核心设备。

10Base-T 的含义：“10”表示传输速率为 10Mbit/s；“Base”是 base band（基带）的缩写，表示使用基带传输技术；“T”表示的是传输介质为双绞线；“F”表示的是传输介质为光纤。

HUB 是多路双绞线或光纤的汇集点，它处于网络布线中心。在连接两个以上网络站点时，必须通过双绞线或光纤把站点连接到 HUB 上，所以 HUB 是 10Base-T 的核心设备。HUB 又称 10Base-T 中继器。

14. 调制

调制就是进行波形变换，即进行频谱变换、将基带数字信号的频谱变换成为适合于在模拟信道中传输的频谱。

15. 解调

通过调制解调器（使用其中的解调器）将模拟信号转换为数字信号进入计算机接收端的过程叫作解调。

16. 真值表

描述逻辑函数的表。在这种表中列出输入值全部可能的组合，并列出与每种输入组合相对应的输出真值。

17. 资源共享

在计算机网络中，有许多昂贵的资源，例如大型数据库、巨型计算机等，并非为每一用户所有，所以必须实行资源共享。资源共享硬件，如打印机、大容量磁盘等；软件，如程序、数据等。

资源共享，可以避免重复投资和劳动，从而提高了资源利用率，提高了网络设备的性价比；物业技术管理采用资源共享，可以扩大物业管理规模，降低物业成本，使专业技术、管理技术得到充分利用。

18. 并行与串行传输

数据传输有并行与串行两种形式。通常并行通信用于距离较近的传输，而串行用于远距离传输。

在并行传输中，至少有 8 位数据同时从发送设备传输到接收设备，并行传输，如图 5-8 所示。

在实际中，串行传输的速度要比并行传输的速度慢，串行传输，如图 5-9 所示。但串行传输的硬件具有经济性和实用性，串行传输可选用电话通信、无线、微波和卫星通信等现有通信网，而并行通信要敷设专用的并行电缆。

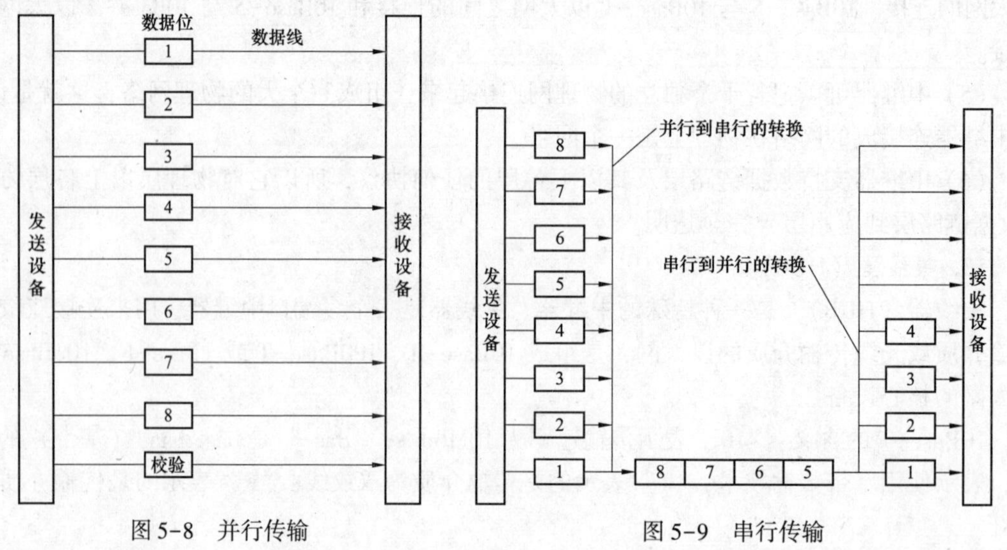

图 5-8 并行传输　　　图 5-9 串行传输

在并行通信中，数据有多少位就要有同样数据的传输线，而串行通信只要一条传输线，但串行传送的速度慢。

19. RS-232 接口

RS-232 接口亦称 RS-232 口、RS-232 串口、RS-232 异步口或一个 COM（通信）口。在计算机中，大量的接口是串口或异步口，但并不一定符合 RS-232 标准，但一般也认为是 RS-232 口。

严格地说，RS-232 接口是数据终端设备（DTE）与数据通信设备（DCE）间的一个接口，数据终端设备（DTE）包括计算机、终端串口打印等设备。数据通信设备（DCE）一般只有调制解调器（Modem）与某些交换 COM 口是 DCE。

RS-232 接口标准指出 DTE 应该拥有一个插头（针输出），DCE 拥有一个插座（孔输出）。

RS-232 接口引脚定义见表 5-4。

表 5-4　　RS-232 接口引脚定义

脚位	代号（缩写）	意义	
		中文	英文
1	CD	载波侦测	Carrier Detect
2	RXD	接收字符	Receive
3	TXD	传送字符	Transmit
4	DTR	数据终端就绪	Data Terminal Ready
5	GND	地线	Ground
6	DSR	数据准备就绪	Data Set Ready
7	RTS	要求传送	Reguest To
8	CTS	清除以传送	Clear To Send
9	RI	响铃侦测	Ring Indicator

注 引脚顺序如：5 ← 1，9 ← 6。

RS-232 接口的通信参数是固定不变的，速率为 19 200bit/s。

当 RS-232 接口与台式计算机相连时，要确保台式计算机良好接地。当与便携式计算机相连时，建议拔掉电源线，用内置电池供电。

9 脚（Pin）RS-232 与 25 脚（Pin）RS-232 互相连接时的连接顺序见表 5-5。

表 5-5　　9 脚 RS-232 与 25 脚 RS-232 的连接

9Pin RS-232		25Pin RS-232	
脚位	代号（缩写）	脚位	代号（缩写）
1	CD	8	CD
2	RXD	3	RXD

续表

9Pin RS-232		25Pin RS-232	
3	TXD	2	TXD
4	DTR	20	DTR
5	GND	7	GND
6	DSR	6	DSR
7	RTS	4	RTS
8	CTS	5	CTS
9	RI	22	RI

20. RS-485 接口

RS-485 接口要用带屏蔽的双绞线作为通信电缆，并且接 $RS-485_-$ 和 $RS-485_+$ 的线必须互绞，GND（通信地）接另一端互绞线。所以，可以用至少两对，每根线为 0.25、0.34 或 0.5mm² 的屏蔽双绞线布线。为防止地电流构成回路，连通的屏蔽层和 GND，只允许在一端接地，通常是在主站端接地。在每个通信节点应保证屏蔽层有良好的连通。

一条 RS-485 物理通道最多可以接 32 个节点，每个节点的 $RS-485_-$ 连接在同一根线上，$RS-485_+$ 连接在与之互绞的另一根线上，GND 连接在一起。

为减小行波反射，当一条 RS-485 物理通道的总长度大于 100m，通信速率大于 9600bps 时，建议在通道的两端增加终端匹配电路。长度越长、通信率越高越有必要。对于一般的屏蔽双绞线，终端匹配电路可以是一只 120Ω/0.25W 电阻，如是 RC 电路，则更换。

布线时，应减少 RS-485 分支线的长度，一般不应超过 2m，接头应焊接牢固。RS-485 的通信距离应≤300m。如超过了，应用光纤转换器做中继。

RS-485 接口的速率可设范围为 1200~38 400bit/s。

21. RJ45 接口

RJ45 连接器，可以选取双以太网同时工作模式。RJ45 的标准针脚如图 5-10 所示。

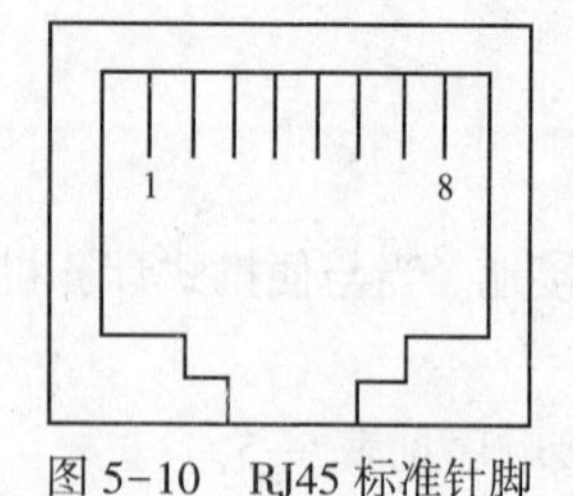

图 5-10 RJ45 标准针脚

10base-T 以太网可以用 3 类及以上非屏蔽双绞线，即 UTP 电缆布线。它有 4 对双绞线，第一对接 RJ45 的 1 和 2 针脚，第二对接 3 和 6 针脚。10base-T 站点之间的最大距离限制在 100m 以内，连中继在内，10base-T 局域网的最大直径不超过 500m。

以上是指在办公环境下的最大布线距离，在干扰严重的工业现场，为确保通信通畅，应尽量缩短 UTP 电缆的布线距离。

RJ45 接头线的排序不同，有橙白、橙、绿白、蓝、蓝白、绿、棕白、棕的一种。有绿白、绿、橙白、蓝、蓝白、橙、棕白、棕的另一种。因此，使用 RJ45 接头的线也有直通线、交叉线两种。

RJ45 型网线插头又称水晶头，一共由 8 芯做成。另外，RJ45 不能插入 RJ11 插孔。

RJ45 接头引脚定义见表 5-6。

表 5-6　　RJ45 接头引脚定义（以太网接口）

脚位	含　义	脚位	含　义
1	TX_+方向为输出	5	空脚端
2	TX_-方向为输出	6	RX_-方向为输入
3	RX_+方向为输入	7	空脚端
4	空脚端	8	空脚端

22. USB 接口

USB（Universal Serial Bus），中文名称为通用串行总线接口。USB 接口有 USB1.1、USB2.0 等类型。两者在传输速度上有所不同，USB1.1 传输速度为 12Mbit/s。USB2.0 传输速度为 480Mbit/s。USB2.0 向下兼容 USB1.1。

USB 接口具有传输速度快，支持热插拔以及连接多个设备的特点。USB 总线包含 4 根线，其中 D_+和 D_-为信号线，VBUS 和 GND 为电源线，其引脚定义见表 5-7。

表 5-7　　微型（micro）USB 引脚定义

脚位	A 系列	B 系列
	含　义	
1	VBUS（红）电源线（DC4.4~5.25V）	
2	D_-（白）信号线	
3	D_+（绿）信号线	
4	GND（黑）电源线（DC4.4~5.25V）	
5（外壳）	接地	—

USB A、B 系列引脚正视图如图 5-11 所示。

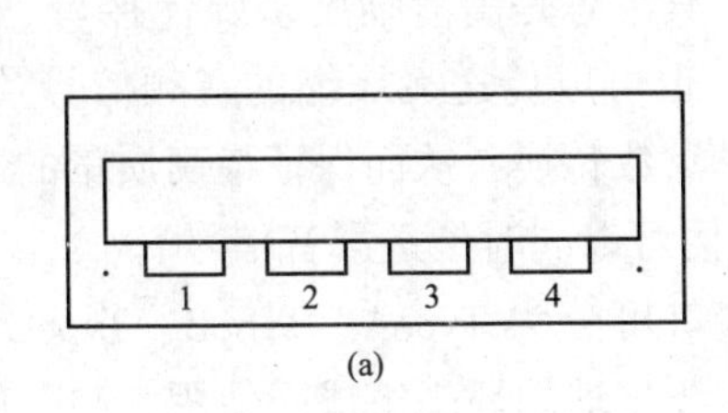

(a)

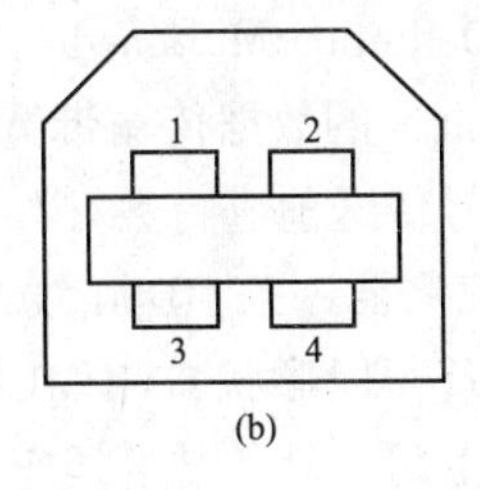

(b)

图 5-11　USB A、B 系列引脚正视图

（a）A 系列；（b）B 系列

23. VGA 接口

VGA（Video Graphics Array）接口，主要用于计算机、液晶电视的高清连接线，又叫作 D-Sub15 接口，并且有 15 针头（公头）与 15 孔座（母口）之分。

VGA 接口就是显卡上输出模拟信号的接口。VGA 接口的公头如图 5-12 所示。

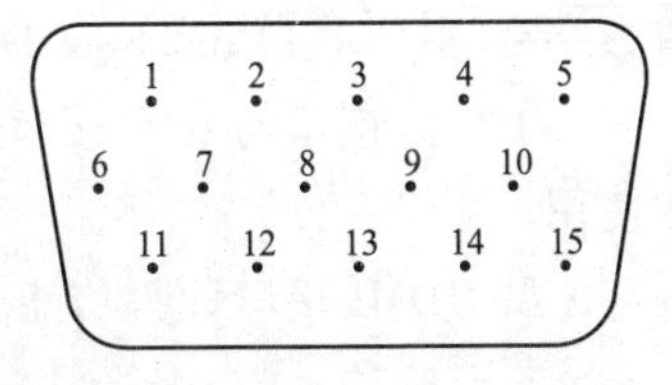

图 5-12　VGA 接口的公头

VGA 线分为 3+2、3+4、3+6、3+8 等多种规格，其中的

3 表示 3 根同轴线（粗线），一般为红色、绿色、蓝色。6 是指 6 根绝缘导线（细线），一般为棕色、橙色、黑色、白色、黄色、灰色（或红色、绿色、黑色、白色、黄色、灰色）等。不同规格的 VGA 线，其用途也不同。

（1）3+2 接线规格适用于绕平显示器，不适用大屏液晶、电视、投影。

（2）3+4 接线规格适用于大多数液晶，不适用定位屏幕数据的类型液晶等显示设备，也不适用投影。

（3）3+6 接线规格适用于大多数显示设备，也适用投影。

（4）由于各品牌设备间的差异，VGA 具体接法可能也存在差异，不过 3 基色十行场同步针脚一般都是相同的。

VGA 接口引脚定义见表 5-8。

表 5-8　VGA 接口引脚定义

脚位	定　义	脚位	定　义
1	RED（红基色信写）	9	无引脚或+5V（未使用）
2	GREEN（绿基色信号）	10	同步数字信号地
3	BLUE（蓝基色信号）	11	标识位 0 或地址码
4	标识位 2 或地址码	12	标识位 1 或 SDA 或地址码
5	GND（地）或地址码	13	行同步　HSYNC 信号
6	Red Ground（红色地）	14	场同步　VSYNC 信号
7	Green Ground（绿色地）	15	串行时钟 SCL 或地址码
8	Blue Ground（蓝色地）		

24. HDMI 接口

HDMI（High Definition Multimedia），其意思是高清晰度多媒体接口。HDMI1. 3V 接口，可以提供高达 10Gbit/s 的数据传输带宽，也可以传送无压缩的音频信号及高分辨率视频信号。同是无须在信号传送前进行数/模或模/数转换，从而保证最高质量的影音信号传送。

应用 HDMI，只需要一条 HDMI 线，便可以同时传送影音信号。

根据电气结构及物理形状，HDMI 接口可分为 TypeA、TypeB、TypeC 三种类型。每种类型的接口，分别由用于设备端的插座与线材端的插头组成，使用 5V 电压驱动，阻抗均为 100Ω。三种插头都可以提供 TMDS 连接。

（1）A 型是标准的 19 针 HDMI 接口。

（2）B 型有 26 个引脚，可提供双 TMDS 传输通道。可以支持更高的数据传输率与双通道数字视频接口（Dual Link DVI）连接。

（3）C 型接口与 A 型接口性能一致，只是 C 型接口体积小，适合紧凑型、便携型设备的使用。

A 型 HDMI 接口针脚功能表见表 5-9。

表 5-9 **A 型 HDMI 接口针脚功能表**

脚位	线色	信 号 定 义
1	白	TMDS 数据 2_+
2	地	TMDS 数据 2 屏蔽端
3	红	TMDS 数据 2
4	白	TMDS 数据 1_+
5	地	TMDS 数据 1 屏蔽端
6	绿	TMDS 数据 1_-
7	白	TMDS 数据 0_+
8	地	TMDS 数据+屏蔽端
9	蓝	TMDS 数据 0_-
10	白	TMDS 时针信号+
11	地	TMDS 时针信号屏蔽端
12	棕	TMDS 时针信号-
13	白	CEC
14	白	保留针脚（如探测设备是否正在运行）
15	黄	SCL 总线端
16	橙	SDA 总线端
17	地	DDC/CEC 接地
18	红	DC+5V 电源端
19	—	热插拔监测

B 型 HDMI 接口针脚功能表见表 5-10。

表 5-10 **B 型 HDMI 接口针脚功能表**

脚位	信 号 定 义	脚位	信 号 定 义
1	TMDS 数据 2_+	9	TMDS 数据 0_-
2	TMDS 数据 2 屏蔽端	10	TMDS 时针信号+
3	TMDS 数据 2_-	11	TMDS 时针信号屏蔽端
4	TMDS 数据 1_+	12	TMDS 时针信号-
5	TMDS 数据 1 屏蔽端	13	TMDS 数据 5_-
6	TMDS 数据 1_-	14	TMDS 数据 5 屏蔽端
7	TMDS 数据 0_+	15	TMDS 数据 5_-
8	TMDS 数据 0 屏蔽端	16	TMDS 数据 4_+

续表

脚位	信 号 定 义	脚位	信 号 定 义
17	TMDS 数据 4 屏蔽端	24	保留针脚（如探测设备是否正在运行）
18	TMDS 数据 4_-	25	SCL 总线端
19	TMDS 数据 3_+	26	SDA 总线端
20	TMDS 数据 3 屏蔽端	27	DDC/CEC 接地
21	TMDS 数据 3_-	28	DC+5V 电源端
22	CEC	29	热插拔监测
23	保留针脚（如探测设备是否正在运行）		

HDMI 接口 19 针与 DVI-D 的转换见表 5-11。

表 5-11　　HDMI 接口 19 针与 DVI-D 的转换

HDMI 针脚	信 号 定 义	线（Wire）	DVI-D 针脚
1	TMDS 数据 2_+	A	2
2	TMDS 数据 2 屏蔽端	B	3
3	TMDS 数据 2_-	A	1
4	TMDS 数据 1_+	A	10
5	TMDS 数据 1 屏蔽端	B	11
6	TMDS 数据 1_-	A	9
7	TMDS 数据 0_+	A	18
8	TMDS 数据 0 屏蔽端	B	19
9	TMDS 数据 0_-	A	17
10	TMDS 时钟信号+	A	23
11	TMDS 时钟信号屏蔽端	B	22
12	TMDS 时钟信号-	A	24
13	CEC	N. C	N. C
14	保留针脚	N. C	N. C
15	SCL 总线	C	6
16	DDC	C	7
17	DDC/CEC 接地	D	15
18	DC+5V 电源端	5V	14
19	热插拔监测	C	16
20	—	—	4
21	—	—	5
22	—	—	12
23	—	—	13
24	—	—	20
25	—	—	21
26	—	—	8

HDMI 接口 29 针与 DVI-D 的转换见表 5-12。

表 5-12　HDMI 接口 29 针与 DVI-D 的转换

HDMI 针脚	信　号　定　义	线（Wire）	DVI-D 针脚
1	TMDS 数据 2_+	A	2
2	TMDS 数据 2 屏蔽端	B	3
3	TMDS 数据 2_-	A	1
4	TMDS 数据 1_+	A	10
5	TMDS 数据 1 屏蔽端	B	11
6	TMDS 数据 1_-	A	9
7	TMDS 数据 0_+	A	18
8	TMDS 数据 0 屏蔽端	B	19
9	TMDS 数据 0_-	A	17
10	TMDS 时钟信号+	A	23
11	TMDS 信号时钟屏蔽端	B	22
12	TMDS 时钟信号$_-$	A	24
13	TMDS 数据 5_+	A	21
14	TMDS 数据 5 屏蔽端	B	19
15	TMDS 数据 5_-	A	20
16	TMDS 数据 4_+	A	5
17	TMDS 数据 4 屏蔽端	B	3
18	TMDS 数据 4_-	A	4
19	TMDS 数据 3_+	A	13
20	TMDS 数据 3 屏蔽端	B	11
21	TMDS 数据 3_-	A	12
22	CEC	N. C	N. C
23	保留针脚	N. C	N. C
24	保留针脚	N. C	N. C
25	SCL 总线端	C	6
26	DDC	C	7
27	DDC/CEC 接地	D	15
28	DC+5V 电源端	5V	14
29	热插拔监测	C	16
	—	N. C	8

25. 链路

链路通常分析研究复杂的计算机网络系统，常采用拓扑学中一种与大小、形状无关的点、线特性的研究方法。把网络单元定义为节点，两个节点间的连线称为链路（Link）。

26. dB（分贝）

dB（分贝）为有线电视网络的计算单位。

$$dB(分贝) = 10Lg[(U_o^2/75)(U_i^2/75)] = 10Lg(U_o/U_i)^2 = 20Lg(U_o/U_i)$$

式中 U_o——输出电压；

U_i——输入电压；

75——同轴电缆输入、输出阻抗均为75Ω。

27. 远程登录

当接在网络上的许多计算机，相互间进行程序交换运行的过程，在互联网的传输控制协议/网际协议（TCP/IP）体系中称作远程登录（Telnet），例如，你的计算机是DOS系统，而要做UNIX工作，这时需要有一台运行UNIX的计算机。可在远程计算机上运行程序，将相应的屏幕显示传送到本地机器，并将本地的输入信号送给远程计算机。尽管远程计算机是服务器，连接的这一端客户机，但双方仍然能建立连接。

28. 基带传输

在数字通信系统中，调制信号是数字基带信号，调制后的信号称数字调制信号。有时也可不经过调制而直接传输数字基带信号，这种传输方式称作数字信号的基带传输，信道的带宽称为基带。

基带传输是指在信道上传输的是没有经过调制的数字信号，基带传输有四种方式：

（1）单极性脉冲，是指用脉冲的有无来表示信息的有无。电传打字机就是用这种方式传输。

（2）双极性脉冲，是指两个状态相反、幅度相同的脉冲来表示信息的两种状态。在随机二进制数字信号中，0、1出现的概率是相同的，因此在其脉冲序列中，可视直流分量为0。

（3）单极性归0脉冲是指在发送“1”时，发送宽度小于码元持续时间的归0脉冲序列，而在传输“0”信息时，不发送脉冲。

（4）多电平脉冲是相对上面三种脉冲信号而言的。脉冲信号的电平只有两个取值，则只能表示二进制信号。如采用多电平脉冲则可表示多进制信号。

29. CRT显示器

CRT（Cathode Ray Tube），阴极射线管显示器，也称纯平显示器。CRT显示器可以在不同方位观看到清晰的计算机屏幕，除此之外CRT还具有色彩真实、画面清晰和价格便宜等优点，纵深体积稍大些。

30. LCD显示器

LCD（Liguid Crystal Display），液晶显示器，LCD显示器可以减少电磁辐射，并且具有机身薄、耗电少和占地面积小等特点。

第六章

综 合 布 线

第一节 有关规范和标准

一、国家标准

GB 50300—2013《建设工程施工质量验收统一标准》
GB 50303—2015《建筑电气施工质量验收规范》
GB 50339—2013《智能建筑工程质量验收规范》
GB 50314—2015《智能建筑设计标准》
GB 50311—2016《综合布线系统工程设计规范》
GB/T 50312—2016《综合布线系统工程验收规范》
JGJ/T 16—2008《民用建筑电气设计规范》
YD/T 1013—2013《综合布线系统电气特性通用测试方法》
YD/T 5138—2005《本地网通信线路工程验收规范》
YD 5103—2003《通信管道工程施工及验收技术规范》

二、国际标准

EIA/TIA 568《商用建筑结构化布线标准》（美国电子工业协会）
ISO/IEC 11801《建筑物通用布线标准》
EMC Standard EN 55022/ClassB
EIA/TIA TSB67《无屏蔽双绞布线系统现场测试传输性能规范》
ISO/IEC 11801：1995《信息技术——用户大楼综合布线》
ANSI/TIN/EIA-586-A：1995《商用楼通信布线标准》
ANSI/TIN/EIA-586-A-1：1997《对 100Ω 布线传输延迟及延迟偏离技术要求》
ANSI/TIN/EIN-586-A-2：1998《商用楼通信布线标准补充说明》
ANSI/TIN/EIN-586-A-3：1998《捆绑和混合线缆的技术要求》
ANSI/TIN/EIN-586-A-4：1999《非屏蔽双绞线布线系统的模块化快接跳线近端串扰测量方法和要求》
ANSI/TIN/EIN-586-A-5：1999《对 100Ω 超五类布线传输补充指南》
ANSI/TIN/EIN-569-A：1998《商用楼通信路由和空间标准》

ANSI/TIN/EIN-606：1993《商用楼通信设施管理标准》

ANSI/TIN/EIN-607：1994《商用楼通信接地和汇联要求》

ANSI/EIA/TIA-606《商业大楼通信基础设施管理标准》

ANSI/EIA/TIA-607《商业大楼通信布线接地与地线连接需要》

ANSI/TIA TSB-67《非屏蔽对绞线端到端系统性能测试》

EIA/TIA-570《住宅和N型商业电信布线标准》

ANSI/TIA TSB-72《集中式光纤布线指导原则》

ANSI/TIA TSB-75《开放型办公室新增水平布线应用方法》

ANSI/TIA/EIA-TSB-95《4对100Ω5类线缆新增水平布线应用方法》

ANSI/TIA/TSB-67：1995《非屏蔽双绞线电缆布线系统现场测试传输性能规范》

第二节 结　　构

综合布线系统（Premises Distribution System，PSS）全称为“建筑与建筑群综合布线系统”，又称建筑结构化布线系统（SCD）。

综合布线系统是通信网络系统中的终端传输介质（媒体），即分布于大楼内的传输介质。传统的电话、电视、音响、生产与管理的布线是各行其道，给日常维修造成了困难，同时也影响了大楼的结构布局，由于多次维修，会使布线杂乱无章，这样既不美观，又造成了安全隐患。

综合布线系统是一个模块化的，灵活性极高的建筑布线系统。它能连接语音、数据、图像、计算机与通信，以及各种用于合理投资的楼宇控制与管理大楼的建筑设备（动能设备）和生活起居的家用电器。

一、综合布线系统的功能

(1) 传输模拟与数字的语音。

(2) 传输数据。

(3) 传输传真、图形、图像资料。

(4) 传输电视会议与安全监视系统的信息。

(5) 传输建筑物安全报警。

(6) 传输建筑设备（动能设备）的监控信息，如供配电系统、给排水系统、空调系统等。

(7) 综合布线系统的设计应具有开放性、灵活性、可扩展性、实用性、安全可靠性和经济性。

二、综合布线系统

综合布线系统是一个模块化的结构，整个系统划分为六个独立的子系统。

1. 工作区子系统（Consolidation Point，CP）

工作区子系统分为甲级、乙级、丙级三级。

甲级标准应能满足传输高质量、高速率信息的要求，并应符合下列条件。

(1) 每 5~10m^2 办公工作区内应设置双孔及以上的五类及以上等级的信息插座，并根据需求可在办公工作区内采用多孔的光纤信息插座。

(2) 水平布线缆和配线器件应采用五类及以上等级的布线器件，并根据需求可采用光缆的布线器件。

(3) 主干线布线线缆和配线器件在支持语音业务信传输时，应采用五类等级的布线器件，在支持数据、图像业务信息传输时，应采用光缆布线器件。

(4) 布线系统宜按综合配置设计方法配置，每个办公工作区内每双孔信息插座的语音主干线（即楼层配线架至本建筑物内总配线架）宜配置两对对绞线，并适度预留日后发展的裕量。

(5) 建筑物进线间或总配线间内，当地信息通信部门应在公用通信网络设备接口处，配置自身所需并与大楼内布线系统相匹配的高质量布线器件，使建筑内外构成一个完整优良的信息传输通道。

(6) 布线系统中信息插座的平面布置，应根据各类建筑物各层不同使用功能要求进行适度超前的合理布局。系统应以支持语音、数据、图像业务信息传输为主，同时也可根据实际需求支持各相关弱电系统中信息的传输。

乙级标准应能满足高质量、较高速率信息的要求，并应符合下列条件。

(1) 每 10~15m^2 办公工作区内应设置双孔及以上的五类等级的信息插座，有特殊要求的办公工作区可按用户要求布局设置。

(2) 水平布线电缆和配线器件应采用五类或五类等级以上的布线器件。

(3) 主干线布线线缆和配线器件在支持语音业务信息传输时，应采用三类等级或三类等级以上的布线器件，在支持数据、图像业务信息传输时，应采用光缆布线器件或采用五类等级的布线器件。

(4) 布线系统宜按基本配置设计方法配置，每个办公工作区内每个双孔信息插座的语音主干线（即楼层配线架至本建筑物内总配线架）宜配置两对绞线，并适度预留日后发展的裕量。

(5) 建筑物进线间或总配线间内，当地信息通信部门应在公用通信网络设备接口处，配置自身所需并与大楼内布线系统相匹配的高质量布线器件，使建筑内外构成一个完整优良的信息传输通道。

(6) 布线系统中通信的信息插座平面布置，应根据各类建筑物各层不同使用功能要求进行适度超前的合理布局。并可适度超前地在建筑平面图适当合理的位置预留管道和信息插座盒（空盒）。系统应以支持语音、数据信号传输为主。

丙级标准应能满足传输高质量、较低速率信息的要求，并应符合下列条件。

(1) 每 15~20m^2 办公工作区内应设置双孔五类等级的信息插座，有特殊要求的办公工作区可按用户要求自定。

(2) 水平布线电缆和配线器件应采用五类等级的布线器件。

(3) 主干线布线电缆和配线器件在支持语音业务信息传输时，可采用三类等级的布线器件，在支持数据等业务信息传输时，应采用五类等级的布线器件。

(4) 布线系统可按最低配置设计方法配置，每个办公工作区内每个双孔信息插座的语音主干线（即楼层配线架至本建筑物内总配线架）宜配置两对对绞线，并可适度预留日后发展的裕量。

(5) 布线系统中通信的信息插座的平面布置，应根据各类建筑物各层不同使用功能要求进行合理的布局，并可适度超前地在建筑平面图适当合理的位置预留管道和信息插座盒(空盒)。系统应以支持语音、数据信号传输为主。

注：甲、乙、丙级工作区子系统的综合布线，摘自：国家标准 GB/T 50314—2000《智能建筑设计标准》。

工作区子系统由终端设备连接到信息插座的连续（或软线）组成，它包括装配软线、连接器和连接所需的扩展软线，并在终端设备 I/O 插座之间搭接，长度控制在 10m 以内。

常用设备是计算机、电话、传真机等设备，主要为工作人员的办公区域，面积一般平均每人 5~10m^2。

2. 水平子系统（Horizontal)

水平子系统（Horizontal)，又称水平干线子系统，或配线子系统。将垂直干线子系统线路从管理子系统的配线架上连接的电缆延伸到工作区子系统（信息插座），实现信息插座和管理子系统间（跳线架）的连接，常用 5 类或超 5 类非屏蔽双绞线实现这种连接，其长度一般控制在 90m 以内。

水平布线子系统中，布线电缆可采用 4 对（8 芯）非屏蔽对绞电缆，或采用 4 对（8 芯）屏蔽对绞电缆，也可采用多模或单模光缆以及对绞电缆与光缆组合的混合型线缆。楼层配线架与信息插座之间水平对绞电缆或水平光缆的长度不应超过 90m。当能保证链路性能时，水平光缆距离可适当延长。

水平布线子系统中，每根 4 对（8 芯）非屏蔽或屏蔽对绞电缆必须终接在一个非屏蔽或屏蔽的 8 位模块式通用插座上，每根光缆应终接在光缆连接插座上。

水平布线子系统中对绞电缆、光缆一般直接连接到信息插座的信息插口上。必要时，子系统中楼层配线架和信息插座之间允许有一个转接点，该转接点，具有 1∶1 配制的通信特性，应为永久性连接，不做配线用。对大开间办公室内有多个办公工作区，且工作区划分有可能调整时，允许在大开间内适当部位设置集合点（CP）或设置多用户信息插座。

水平子系统传输介质的敷设方式如下。

采用 5 类或超 5 类 4 对 UTP（非屏蔽双绞线）时，应穿镀锌钢管理地敷设（现浇注的楼板内)，镀锌钢管的配线架间（即管理子系统）端应做好接地保护（PE)，信息插座端(即工作区子系统）不做接地保护（PE)，但信息插座的接地点应和镀锌钢管连接起来。

采用 5 类或超 5 类 4 对 UTP（非屏蔽双绞线）时，也可敷设在金属线槽内，金属线槽可敷设于天花板吊顶内或明敷（在不影响周围的环境下）。金属线槽的配线架间端（即管理子系统）应做接地保护（PE)。信息插座端（即工作区子系统）不做接地保护（PE)，但信息插座接地点应和金属线槽连接起来。

水平子系统穿线管如采用 PVC 管，应选用 STP（屏蔽双绞线）5 类或超 5 类对绞线缆。线缆的屏蔽层在配线架端（即管理子系统）应做接地保护（PE)。信息插座端（即工作区子系统）不做接地保护（PE)，但信息插座的接地点应和屏蔽层连接起来。

3. 管理子系统（Administration)

管理子系统，又称管理间子系统，设置在每层楼的配线间内，是连接垂直干线子系统和水平干线子系统的设备，主要有铜缆配线架、光纤配线架。利用配线架上的跳线管理方式，可以使布线系统具有灵活、可调整的能力。当布置要求出现变化时，仅仅将相关跳线进行改动即可。管理子系统应该具有足够的空间放置配线架和网络设备（交换器、集线器、理线器、机柜等）。

一般在每层楼都应设计一个管理间或配线间，其主要是对本层所有的信息点实现配线管理及功能变换。

管理间设置在每层垂直干线的垂直穿入处，管理间的面积应足够大，双绞线的配线架、光纤的配线架，安放的位置、高度应便于日后接线、维修。

管理间的垂直干线、水平干线的金属线槽、穿线管的穿入孔应做防火封堵。

管理间应设有均压接地板，各种配线架、金属线槽、穿线钢管均应在此做接地保护（PE），均压接地板处的接地电阻值应≤1Ω。

管理间内应设有 50Hz、AC220V/16A 五孔插座。

管理间应有照明，照明不应有眩光，照度应满足维修接线、线路测试的需要。

管理间的配线架的线端应有标号，标号内容应能反映导线去向及导线规格、导线长度。

管理间的门应向外开，门上应有反映楼层和房间顺序的编号。

4. 垂直干线子系统（Riser Backbone Subsystem）

垂直干线子系统，又称主干线，提供建筑物的干线电缆的路由，采用光缆，大对数双绞线分别实现高速计算机网络以及程控交换机（PBX）和各管理子系统的连接。常用通信介质是光纤，系统传输率可达到 1000Mbit/s。

垂直干线子系统的范围包括：管理间与设备间之间的连接电缆、设备间与网络引入口之间的连接电缆、主设备间与计算机主机房之间的连接电缆。垂直干线（光缆或双绞线电缆）应敷设在竖井内，根据实际设计情况敷设于桥架、托盘、线槽或穿线管敷设。每层的竖井既是竖井又是管理间。

5. 设备间子系统（Equipment Subsystem）

设备间子系统，又称总机房，是在大楼内的适当地点设置进、出线设备、网络互联设备的场所。为了便于布线、节省投资，设备间最好位于大楼的中间位置。

设备间子系统由设备间中的电缆、连接器和相关支撑硬件组成，实现布线系统与设备的连接。主要为配合设备有关的适配器。

设备间设有管理人员值班室和工具、仪表存放柜。

市话电缆的引入点与设备间的连接电缆长度应控制在 15m 之内，数据传输引入点与设备间的连接电缆长度应控制在 30m 之内。

对设备间的要求如下：

（1）设备间应尽量建在干线子系统的中间位置。

（2）设备间应尽量靠近建筑物电缆引入区和网络按口。

（3）设备间应尽量避免设在建筑物的高层或地下室以及用水设备的下层。

（4）设备间应尽量远离强振动源和强噪声源。

（5）设备间应尽量避开强电磁场的干扰源。

（6）设备间应尽量远离有害气体源以及存放腐蚀、易燃、易爆物的地点。

（7）设备间周围地下，应砸设接地极（接地网），接地电阻≤1Ω。接地极的砸设应在大楼做地基时同时进行，接地网应和大楼结构主钢筋、变电站接地网接在一起。

各楼层管理间的均压接地钢板，均应由设备间接地网通道4×60mm镀锌扁钢引出。镀锌扁钢同主干线同位置敷出。

（8）设备间根据需要应配置50Hz、380V/220V电源柜，直流DC电源柜。

（9）设备间冬夏季节应保证一定的温度和湿度，温度应在20~30℃，相对湿度在20%~80%，并能实现有动调节和控制。

（10）设备间的净高不应小于2.7m。

（11）设备间地面应铺设活动地板（网络地板），活动地板高度为30cm（高度可调节），活动地板为防静电地板，活动地板各金属支架均应做接地保护（PE）。交换机等网络设备的进、出线双绞线、光纤等均应敷设于活动地板下，接地（PE）网也应敷设于活动地板下。

（12）设备间的门应向外开。

（13）设备间周围结构和材料应满足保温、隔热、防火等要求。

（14）设备间室内装饰应选用气密性好、不起尘、易清洗，在温度、湿度变化作用下变形很小的材料。

（15）设备间的四周墙壁、天花板上不应有各种线缆的敷设。

（16）设备间内应禁止不相关的管道穿过。

（17）设备间内距地0.8m处的照度不应低于200lx，事故照明距地0.8m处的照度不应低于5lx。

6. 建筑群子系统（Campus Backbone Subsystem）

建筑群子系统，是将一栋建筑物内的电缆延伸到另一些建筑物内的通信设备和装置上，实现综合布线系统在建筑群中大楼之间的连接。主要构成是建筑之间所敷设的光缆，同时也包括防止浪涌电压侵害的保护设备，其光缆长度一般控制在1500m以内。

第三节 传 输 介 质

一、有线传输

任何一个数据传输系统，均可视为由发送设备、传输介质及接收设备三部分组成。所谓传输介质是指以传输媒介为基础的网络通路。具体地说，它是由有线或无线线路提供的网络通路。抽象地说，它是指定的一段频带，即带宽。它允许信号通过，又给信号以限制与损害。

网络按传输媒质可分为有线网络与无线网络两种。有线网络包括同轴电缆、屏蔽双绞线、非屏蔽双绞线及光纤等。无线传输有微波无线电接力、人造卫星中继以及各种散射信道。

解决网络传输有两个基本途径。第一个途径是设计新的构成新的专门传输数据的网络，则投资是相当可观的。第二个途径是利用现成的信道传输数据，例如闭路电视的HFC网；电话线路的ADSL网有着现成的传输介质（即原来的电话线），这将省去一笔费用。

1. 同轴电缆（Coaxtal Cable）

如图6-1所示。同轴电缆分为4层，分别由中央铜芯、塑料绝缘层、屏蔽层和外包皮组成。中央铜芯可以是整体的单股实心铜线，也可以是多股细铜丝。从内到外依次是塑料绝缘层（白色）、金属屏蔽层（金属箔屏蔽或网状金属屏蔽层）、外包皮（黑色的橡胶或塑料绝缘层）。

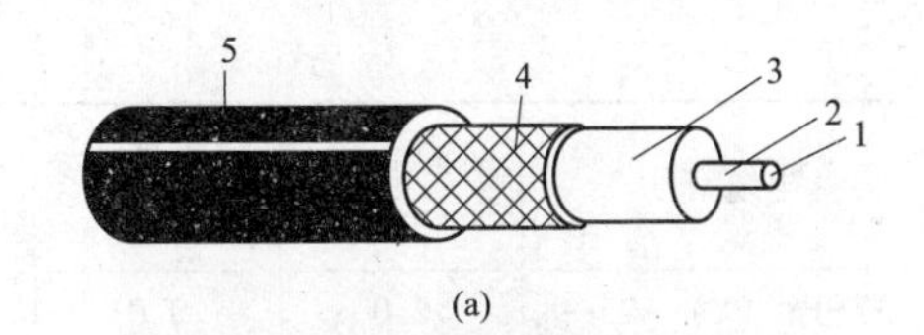

(a)

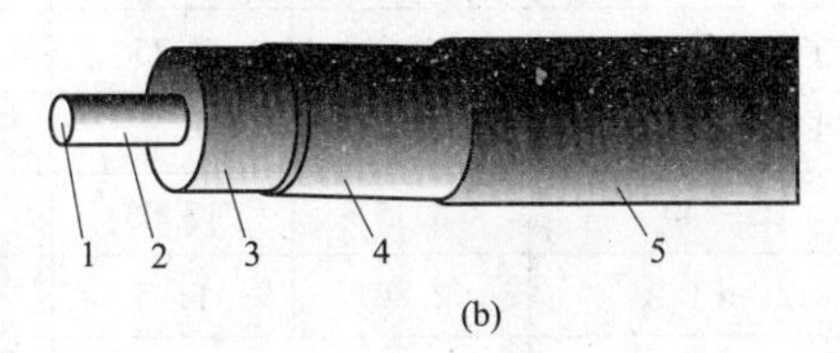

(b)

图 6-1 同轴电缆的结构

（a）带金属网状屏蔽层的同轴电缆；

（b）带金属箔状屏蔽层的同轴电缆

1、2—中央铜芯；3—塑料绝缘层；

4—金属屏蔽层；5—外包皮（绝缘保护套层）

目前广泛使用的同轴电缆有两种。一种是 50Ω 电缆，用于数字传输，由于多用于基带传输，故叫作基带同轴电缆。另一种是 75Ω 电缆，用于模拟传输，也叫作宽带同轴电缆，这种区别只是应用习惯上的区别。

同轴电缆的中央铜芯又称内导体，金属屏蔽层称外导体。内导体传输信号，外导体是接地的，由于它的屏蔽作用，使其抗干扰能力强，外界噪声很少进入其他内部。

同轴电缆中，电波的传播速度，在频率 60kHz 以上近似等于光速，只是略微地随频率而变化，因而时延失真将很小。

（1）基带同轴电缆。由于 50Ω 同轴电缆多用于基带传输，因此也叫作基带同轴电缆。基带同轴电缆易于连接，数据信号可以直接加载到电缆上，阻抗均匀，抗干扰性好，误码率低，适用于各种 LAN 网。基带同轴电缆，速率最高为 10Mbps。对于 50Ω 的基带同轴电缆，有粗细两种类型。细缆直径为 5mm，粗缆直径为 10mm。在 10Mbps 传输速率下，其最大传输距离可达 500~1000m，而细缆只在 200m 左右。

（2）宽带同轴电缆。应用有线电视（闭路电缆）进行模拟信号传输的同轴电缆系统，被称为宽带同轴电缆。在电话系统中，比 4kHz 宽的频带称为宽带。而在计算机网络系统中，使用模拟信号进行传输的电缆网均称为宽带同轴电缆。

宽带同轴电缆的传输性能高于基带同轴电缆，但它需要附加信号处理设备。适用于长途电话网、电缆电视系统和宽带计算机网络。

常用的宽带同轴电缆是 75Ω 同轴电缆，速率最高为 20Mbps，可以传输数据、语音和影像，传输距离可达几千米。

同轴电缆应用时，屏蔽层应有良好接地［最好是在起始端接地（PE），在终端不再接地（PE），目的是减少可能产生的接地环流］；同轴电缆两端还装有 50Ω 或 75Ω 终端匹配器以减小信号反射。

（3）同轴电缆的技术参数。同轴电缆部分技术参数见表 6-1。

表 6-1　　常用同轴电缆部分技术参数

电缆型号	内导体/mm	绝缘外径/mm	外导体/mm	护套外径/mm	衰减量/（dB/100m）		
					50MHz	300MHz	550MHz
QR540	3.15	—	13.72	15.49	1.44	3.74	5.18
SYPFV（Y）-75-12	2.60	11.5	—	15.0	1.91	4.95	6.92

续表

电缆型号	内导体/mm	绝缘外径/mm	外导体/mm	护套外径/mm	衰减量/(dB/100m)		
					50MHz	300MHz	550MHz
SYPFV (Y) -75-9	2.0	9.0	—	12.2	2.49	6.38	8.86
SYPFV (Y) -75-7	1.6	7.25	—	10.3	3.0	7.8	11.0
SYPFV (Y) -75-5	1.0	4.8	—	7.0	4.6	11.5	16.8
HS-540	3.15	13.03	13.72	15.93	1.45	3.70	5.10
12C-FT/A	2.80	11.5	12.3	14.3	1.6	4.20	5.80
9C-FB	2.05	8.6	9.2	11.2	2.3	5.70	8.10
7C-FB	1.60	6.8	7.4	9.2	3.0	7.40	10.4
5C-FB	1.0	4.8	5.4	6.8	4.4	11.20	15.6
SYWLY-75-12	2.77	11.50	12.8	15.0	1.70	4.30	6.10
SYMLY-75-9	2.15	9.0	10.3	12.2	2.20	5.50	7.80
SYPFV-75-5-2P	1.02	4.57	5.8	7.4	5.25	11.70	16.10
SYPFV-75-7-2P	1.63	7.11	8.7	10.5	3.15	7.36	9.97
RG6	1.05	4.57	6.13	7.54	5.25	12.14	16.70
RG11	1.63	7.11	8.67	10.34	3.38	7.97	11.02

(4) 同轴电缆的阻抗。同轴电缆的特性阻抗取决于内外导体的直径和内外导体间绝缘材料的介电常数。同轴电缆的阻抗有 75Ω 和 50Ω 两种。同轴电缆系统常采用损耗最小的 75Ω 电缆。

实际中，由于工艺水平的限制，其阻抗不可能刚好等于 75Ω，且各段的阻抗值也不一定完全相等。选用时应注意尽量选取阻抗值均匀，接近 75Ω 的电缆，否则将会造成阻抗失配。当阻抗失配严重时，将会引起多种反射，造成重影和失真。

(5) 同轴电缆的衰减特性。同轴电缆在传输信号过程中，会产生信号衰减作用。衰减由导体损耗和介质损耗两部分组成，由于导体损耗的增加与频率的平方根成正比，介质损耗的增加与频率成正比，所以随着频率的升高，总损耗将增大。在有线电视所传输的频率范围内，介质损耗约小于 10%。

(6) 同轴电缆的温度特性。同轴电缆与其周围环境的温度有关，温度升高则损耗增加，电缆的温度系数一般为 0.2%左右，当温度变化 1℃时，电缆的衰减变化量为 0.2%左右。如夏天最高气温为+40℃，冬天最低气温为-10℃，则同一根电缆夏天与冬天的温差为 50℃，则电缆衰减量的变化为：50℃×0.20%/℃=10%。如果一根同轴电缆干线全程衰减量为 180dB，则夏天的衰减量比冬天衰减量增加 18dB。

(7) 同轴电缆的屏蔽性。电缆的屏蔽性能的好坏，主要决定于外导体的密封程度。屏蔽层网状编织层的密度越大、层数越多、铝管越厚，屏蔽性能越好。一般铝管电缆屏蔽衰减在 120dB 以上。目前在接入网中采用四屏蔽电缆能具有很好的屏蔽特性。四屏蔽电缆衰减在 110dB 以上。

屏蔽层的接地很重要，屏蔽层的接地最好在系统同轴电缆送出的始端接地，接地线为铜线横截面积应足够大。同轴电缆的末端不再接地，保持一端接地，避免在屏蔽层中产生不必要的环流。在大系统中，屏蔽层的接地电阻应≤1Ω。

(8) 同轴电缆的直流回路电阻。直路回路电阻是指单位长度内导体与外导体形成的回路的电阻值，通常用Ω/km表示。由于内、外导体的电阻在50Hz交流电测得的值与直流回路电阻差别很小，因此，当需要确定由电源到任一电源负载的电压降时，应要考虑直流回路电阻的影响。

(9) 同轴电缆的最小弯曲半径。由于材质的差异，其同轴电缆的弯曲半径差别也较大。为了避免破坏同轴电缆的内部结构，在敷设同轴电缆时，对转弯处的同轴电缆，其弯曲半径不应小于其直径的5~10倍。

(10) 同轴电缆结构的整体性。同轴电缆内外要连成一个整体，耐折弯，不易变形，变形后会破坏其对称性和阻抗特性，使电磁波的传播受到影响。

(11) 同轴电缆防水防潮性能。同轴电缆受潮后，会使绝缘受到破坏，导体及屏蔽层受到腐蚀，这些都会使电缆的寿命降低，衰减增大。

(12) 同轴电缆的老化。随着时间的增长，电缆将一天天老化，随着电缆的老化，电缆衰减将增大，3年后的电缆衰减大约增加1.2倍，6年后增加1.5倍。

(13) 防污染。同轴电缆的防护套，应采用无毒的塑料。

2. 双绞线

双绞线又称对绞线、双粗线，是传统的最常用的传输介质。把两根相互绝缘的铜导线并排放在一起，然后用绞线机有规则地把两根线胶合起来就构成了双绞线。双绞线的结构示意图如图6-2所示。

使用双绞线最多的地方就是电话线，其次是智能楼宇弱电系统和通信网络中的综合布线系统。模拟信号传输和数字信号传输都可以使用双绞线，其通信距离一般为几公里到几十公里。对于模拟信号传输，距离太长时，就要加放大器，以便将衰减了的信号放大到合适的数值；对于数字信号的传输，就要加上中继器，以便将失真了的数字信号进行整形。局域网中经常使用的双绞线有非屏蔽和屏蔽两种。屏蔽双绞线在绝缘线外采用铜箔或铜网包裹（敷设时，屏蔽层应永久接地），其抗扰性能好，但成本较高。双绞线的特点如下：

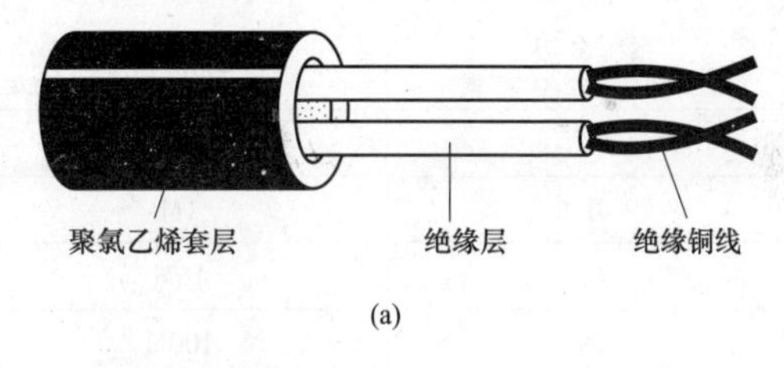

(a)

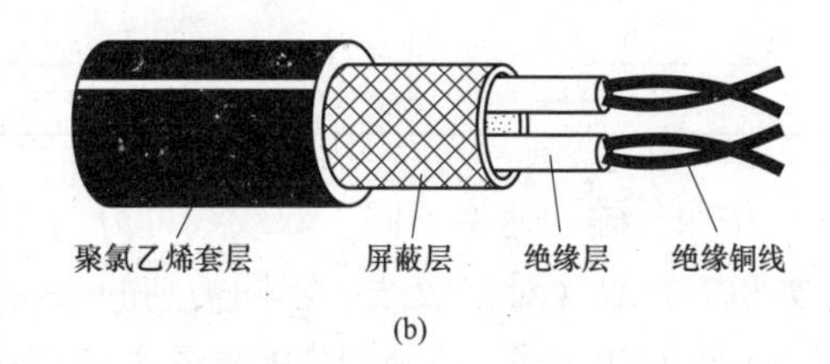

(b)

图6-2　双绞线的结构示意图

(a) 无屏蔽层双绞线；(b) 有屏蔽层双绞线

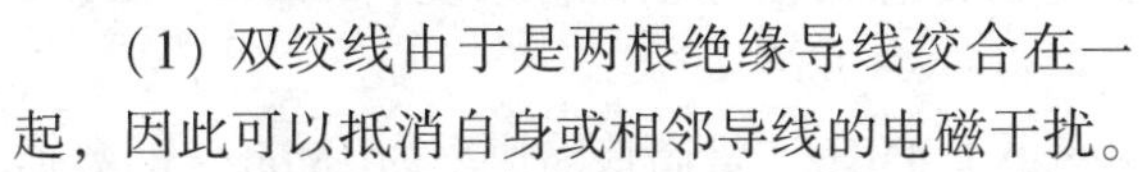

(1) 双绞线由于是两根绝缘导线绞合在一起，因此可以抵消自身或相邻导线的电磁干扰。

(2) 屏蔽双绞线用于远程中继线时，最大传输距离可达几十公里，非屏蔽双绞线的传输距离只有100m左右。

(3) 双绞线根据质量不同，可以分为1~7类，被广泛地应用于综合布线系统。

(4) 网络通信线路中，双绞线被广泛地采用，因为双绞线在满足使用要求方面，安装简易，价格便宜等方面占有绝对优势。

3. 综合布线系统的级别与类别

双绞线按绝缘层的不同分为：非屏蔽双绞线（Unscreened Twisted Pair，UTP）如图 6-2（a）所示。

屏蔽双绞线（STP）如图 6-2（b）所示。STP 是指每条外层有一层由金属线编织的屏蔽层，安装时，屏蔽层应做永久性接地，屏蔽层的接地最好在 STP 送出的始端接地，接地线为铜线横截面积应足够大。STP 的末端不在接地，保持一端接地，避免在屏蔽层中，产生不必要的环流。屏蔽层的接地电阻应≤1Ω。有了屏蔽层就能防止外来电磁波的干扰，同时也能防止本身信号干扰其他设备。但要求不高的场合可以采用 UTP 双绞线，因非屏蔽双绞线（UTP）具有如下优点。

（1）无屏蔽外套，直径小，节省占用的空间，敷设方便。

（2）重量轻、易弯曲、易安装。

（3）将串扰减至最小加以消除。

（4）可具有阻燃性。

（5）具有独立性和灵活性，适用于结构模块化的综合布线。

（6）同系统、同电压级 UTP 双绞线，可以穿钢管敷设，钢管做接地保护（PE），同样可以起到屏蔽作用。

综合布线铜线缆的分级见表 6-2。

表 6-2　　综合布线铜线缆的分级

系统分级	支持带宽/Hz	支持应用器件	
		电缆	连接硬件
A	100k	—	—
B	1M	—	—
C	16M	3 类	3 类
D	100M	5/5e 类	5/5e 类
E	250M	6 类	6 类
F	600M	7 类	7 类

按照传输的速率不同，双绞线可分为 1 类、2 类、3 类、4 类、5 类、5e 类（超 5 类）、6 类和 7 类双（对）绞线。不同类别的双绞线价格相差悬殊，应用范围也不相同。

1 类 UTP 线缆。1 类 UTP 线缆主要用来支持工作频率在 100kHz 及以下，传输速率为 20Kbps 的应用，如模拟语音、门铃、自控系统的传感器信号、报警系统、RS232、RS242 接口等。

2 类 UTP 线缆。2 类 UTP 用来支持工作频率小于 4MHz，最高传输速率为 1Mbit/s 的数据传输。同 1 类 UTP 的应用，还应用于综合业务数字网、数字用户线、非对称数字用户线等。

3 类 UTP 线缆。3 类 UTP 用支持最高频率达到 16MHz 的应用。用于语音传输及最高传输速率为 10Mbit/s 的数据传输。主要用于数字和模拟语音、10Base-T 以太网、4Mbit/s 令牌环、100Base-T 快速以太网、综合业务数字网、数字用户线、非对称数字用户线等。对于大多数的数字语音的应用来说，使用 3 类 UTP 是最低限度，适用于综合布线系统的水平干线和垂直干线。

3 类 UTP 线缆是硬铜导线，并用彩色编码的 PVC 绝缘，技术数据见表 6-3。

表 6-3　3 类 UTP 非屏蔽双绞线技术数据

项　目		技术数据
最大直流电阻/(Ω/100m)		9.4
最大电容/(nF/100m)		5.9
最大直流电阻偏差/(%)		5
最大电容偏差（成对入地）/(PF/100m)		328
衰减/(dB，305m)	0.772MHz 时	6.0
	1.0MHz 时	7.0
	4.0MHz 时	15.0
	8.0MHz 时	23
	10.0MHz 时	26
	16.0MHz 时	35
特性阻抗/Ω	0.772MHz 时	105±15
	1.0~16.0MHz 时	100±15
线对之间近端串音衰减 NEXT/(dB，305m)	0.772MHz 时	43
	1.0MHz 时	42
	4.0MHz 时	34
	8.0MHz 时	32
	10.0MHz 时	31
	16.0MHz 时	28

3 类 UTP 为通用线缆，用于许多综合布线系统的语音和 16Mbit/s 数据传送，在工作站和配线间之间提供互连服务。当用在局域网时，对多达 72 个工作站的网络无误码传输距离为：10Mbit/s 时达 100m，16Mbit/s 时达 38m。

4 类 UTP 线缆。4 类 UTP 用来支持工作频率 20MHz 的应用。4 类 UTP 和 5 类 UTP 的价格几乎相同，所以一般都选用 5 类 UTP。设计 4 类 UTP 的初期是用来支持 10Base-T、100Base-T 以太网、4Mbit/s 令牌网、16Mbit/s 令牌环以及数字语音的应用。

5 类 UTP 线缆。5 类 UTP 线缆是目前以太网常用的传输介质。5 类 UTP 用来支持带宽为 100MHz 的应用。该类线缆增加了绕线密度，外套一种高质量的绝缘材料，用于语音传输和最高传输速率为 100Mbit/s 的数据传输。主要用于 10Base-T 和 100Base-T 网络。对于 150m（492ft）距离可以传输 10Mbit/s 的数据。5 类 UTP 技术数据见表 6-4。

表 6-4　5 类 UTP 技术数据

项　目	技术数据
最大直流电阻/(Ω/100m)	9.38
最大直流电阻偏差/(%)	5
1kHz 时的互电容/(nF/100m)	4.59

续表

项　目		技术数据
衰减/(dB, 305m)	0.772MHz 时	5.5
	1.0MHz 时	6.3
	4.0MHz 时	13
	8.0MHz 时	18
	10.0MHz 时	20
	16.0MHz 时	25
	20.0MHz 时	28
	25.0MHz 时	32
	31.25MHz 时	36
	62.25MHz 时	52.5
	100MHz 时	67
特性阻抗/Ω	0.772MHz 时	105±15
	1.0~100MHz 时	100±15
线对之间近端串音衰减 NEXT/(dB, 305m)	0.772MHz 时	70
	1.0MHz 时	68
	4.0MHz 时	59
	8.0MHz 时	54
	10.0MHz 时	53
	16.0MHz 时	50
	20.0MHz 时	48
	25.0MHz 时	47
	31.25MHz 时	46
	62.5MHz 时	41
	100MHz 时	38

5 类 UTP 非屏蔽线缆，是用在综合布线系统上的高速、高性能、100Ω 电缆。该电缆由硬铜导线构成，采用高密聚乙烯绝缘（HDPE）。

超 5 类 UTP 线缆。超 5 类 UTP 非屏蔽双线用来支持工作频率为 155MHz 的应用。超 5 类 UTP 与 5 类 UTP 比较具有更高的衰减与串扰的比值（ACR）和信噪比（SRL），以及更小的时延误差，性能得到了提高。超 5 类 UTP 的传输带宽仍为 100MHz。超 5 类 UTP 不仅支持 100Mbit/s 以太网，还支持 1000Mbit/s 以太网。超 5 类 UTP 非屏蔽双绞线技术数据见表 6-5。

表 6-5　超 5 类 UPT 非屏蔽双绞线技术数据

项　目	技术数据
最大直流电阻/(Ω/100m)	9.38
最大电流电阻偏差/(%)	2

续表

项　目		技术数据
1kHz 时的互电容/(μF/100m)		5. 58
衰减/(dB/100m)	1. 0MHz 时	1. 9
	4. 0MHz 时	3. 7
	10. 0MHz 时	5. 9
	16. 0MHz 时	7. 6
	20. 0MHz 时	8. 5
	31. 25MHz 时	10. 8
	62. 5MHz 时	15. 7
	100MHz 时	20. 3
特性阻抗/Ω	1. 0~125MHz 时	100±5
线对之间逝端串音衰减 MEXT/(dB/100m)	1. 0MHz 时	73. 3
	4. 0MHz 时	64. 3
	10. 0MHz 时	58. 3
	16. 0MHz 时	55. 2
	20. 0MHz 时	53. 8
	31. 25MHz 时	50. 9
	62. 5MHz 时	46. 4
	100MHz 时	43. 3

6 类 UTP 线缆。6 类 UTP 支持工作频率为 1~250MHz。6 类双绞线在外形上和结构上与 5 类或超 5 类双绞线都有一定的差别，不仅增加了绝缘的十字骨架，将双绞线的 4 对线分别置于十字骨架的 4 个凹槽中，而且线缆的直径也更粗，各项参数都有大幅提高，带宽也扩展至 250MHz 或更高，目前正慢慢被综合布线系统广泛采用。

7 类 STP 线缆。7 类 STP 屏蔽对绞线是一种全新的布线系统，带宽为 600MHz，但由于价格昂贵、施工复杂，且可选择的产品较少，因此很少在布线工程中采用。

4. 双绞线的技术参数

（1）衰减。衰减是指信号通过传输后幅值的减少。传输距离越长，信号频率越高，衰减越大，信号损失也越多。要使信号不失真被识别，就要保证传输信号的衰减在规定的指标范围内，因此，就必须限制传输介质的长度。例如，双绞线的传输距离一般不应超过 100m。如距离不远时，就应加中继器或有源集线器（HUB）。

传输介质的误差单位一般用 dB（分贝）表示。例如，一条传输介质在一定频率下，衰减为 20dB，输入功率为 5W，则输出功率为 0. 05W；如衰减为 10dB，则输出为 0. 5W。因此，人们希望在信号传输时，得到低分贝的衰减。

用测试仪测传输介质的衰减时，应在环境为 20~30℃、湿度在 30%~85%RH 情况下进行。因为传输介质的指标都是规定为 20℃的标准值，在实际测试时，可根据现场情况修正。对于 3 类双绞线和插接件构成的链路，温度每增加 1℃，衰减量增加 1. 5%；对于 4 类、5 类线和插接件构成的链路，温度每增加 1℃，衰减量增加 0. 4%；缆线的走向靠近金属表面时，衰减量增加3%。

20℃时双绞线在不同连接方式下允许的最大衰减值见表6-6。

表6-6　双绞线在不同连接方式下允许的最大衰减值

频率/MHz	3类/dB		5类/dB		5e类/dB		6类/dB	
	信道	基本链路	信道	基本链路	信道	基本链路	信道	基本链路
1.0	4.2	3.2	2.5	2.1	2.4	2.1	2.2	2.1
4.0	7.3	6.1	4.5	4.0	4.4	4.0	4.2	3.6
8.0	10.2	8.8	6.3	5.7	6.8	6.0	—	5.0
10.0	11.5	10.0	7.0	6.3	7.0	6.0	6.5	6.2
16.0	14.9	13.2	9.2	8.2	8.9	7.7	8.3	7.1
20.0	—	—	10.3	9.2	10.0	8.7	9.3	8.0
25.0	—	—	11.4	10.3	—	—	—	—
31.25	—	—	12.8	11.5	12.6	10.9	11.7	10.0
62.25	—	—	18.5	16.7	—	—	—	—
100.0	—	—	24.0	21.6	24.0	20.4	21.7	18.5
200.0	—	—	—	—	—	—	31.7	26.4
250.0	—	—	—	—	—	—	32.9	30.7

（2）电容。传输介质的电容会使信道上的信号失真。双绞线的电容值为17~20pF。缆线的弯折或拉伸都会改变信道的电容值。

（3）特性阻抗。特性阻抗是具有一定直流电阻值的传输介质在传输1~100MHz的频率时，在电阻、电抗、电容的作用下，所产生的总的阻抗值。特性阻抗与传输介质的材料、导线截面积、长度、导线之间的距离及绝缘体的电气性能、传输频率等因素有关。不同的电缆有不同的特性阻抗，例如，双绞线电缆有100Ω、120Ω、150Ω等；同轴电缆有50Ω、75Ω等。

（4）阻抗与延迟失真。阻抗引起的延迟失真，主要是由各种频率组成的信号产生的。阻抗是随频率改变的，可能导致信号有不同频率的成分，使之到达接收端不同步，造成接收方不能正确识别信号。为此，可以减小缆线传输长度或降低频率来解决。通过检测传输介质的阻抗值可以判断传输介质通、断、接牢、短路情况。

传播延迟在不同频率范围和特征频率点上的极限值见表6-7。

表6-7　传播延迟在不同频率范围和特征频率点上的极阻值

频率/MHz	5类/ns		6类/ns	
	信道	基本链路	信道	基本链路
1.0	580	521	580	521
10.0	555	—	555	—
16.0	553	496	553	496
100.0	548	491	548	491
250.0	—	—	546	490

（5）近端串扰（NEXT）。近端串扰是指在非屏蔽双绞线的链路中，从一对双绞线对另一对双绞线的耦合的影响，即传送信号与接收信号同时进行的时候产生干扰的信号，就叫作近端串扰。

串扰的大小决定线路本身，连接头、接收器以及安装时的技术水平。

对于 UTP 链路，NEXT 是一个很重要的性能指标。NEXT 的大小，用 dB 表示。NEXT 的测量通常是在一条线路上发出已知信号，在另一条线路上进行串扰测量，测得串扰越小，传输的质量越好。

在 UTP 的链路上，NEXT 的测量要在每一对线之间进行，就是说，对于 4 对 UTP，要有 6 对线关系的组合，即测试 6 次。串扰分近端 NEXT、远端 FEXT，由于线路损耗，FEXT 的量值影响较小，所以主要测量近端串扰。一般情况只有在 40m 的测量值是准确的，所以要在同一端进行两端的 NEXT 的测量。

不同频率下近端串扰的最小值见表 6-8。

表 6-8　　不同频率下近端串扰（NEXT）的最小值

频率/MHz	3 类/dB		5 类/dB		5e 类/dB		6 类/dB	
	信道	基本链路	信道	基本链路	信道	基本链路	信道	基本链路
1.0	39.1	40.1	60.0	60.0	63.3	64.2	65.0	65.0
4.0	29.3	30.7	50.6	51.8	53.6	54.8	63.0	64.1
8.0	24.3	25.9	45.6	47.1	48.6	50.0	58.2	59.4
10.0	22.7	24.3	44.0	45.5	47.0	48.5	56.6	57.8
16.0	19.3	21.0	40.6	42.3	43.6	45.2	53.2	54.6
20.0	—	—	39.0	42.7	42.0	4.37	51.6	53.1
25.0	—	—	37.4	39.1	40.4	42.1	50.0	51.5
31.25	—	—	35.7	37.6	38.7	40.6	48.4	50.0
62.5	—	—	30.6	32.7	33.6	35.7	42.4	45.1
100.0	—	—	27.1	29.3	30.1	32.3	39.9	41.8
200.0	—	—	—	—	—	—	34.8	36.9
250.0	—	—	—	—	—	—	33.1	35.3

（6）背景噪声和信号噪声比（SNR）。局域网（LAN）的传输介质，将会受日光灯、微波炉等电气设备的电磁干扰，这些干扰的电磁噪声和传输的信号结合，会影响信号的传输。信号最初由发送器发出时的信噪比较高，传输过程中由于衰减，信号变弱，当传输距离较远时，信号和噪声两者变得几乎相等，则造成信号的传输错误。如果双绞线绞合密度合适，则对减少背景噪声的影响是非常有效的。

在不连接有源器械及设备的情况下，布线链路的杂信噪声电平应不大于 30dB。

（7）电缆特性。信道的品质是由电缆特性决定的。信噪比（SNR）过低，将会使数据信号在接收时，接收器分辨不出数据信号和噪声信号，引起数据错误。信噪比（SNR）过高同样会造成信号的传输错误。因此，为了将数据错误限制在一定范围内，就必须确定最佳的 SNR 数值。

5. 双绞线的质量判定

例如，在选购 5 类双绞线时，一般从以下几方面来判定线的质量。

(1) 包装好。一般以箱为单位出售，每箱双绞线长度为 305m。外包装都贴有防伪标志。如 AMP（安普）的防伪标志是红色方块，在常温下，其红色方块随温度变化，当温度升至 60℃时，出现“蓝色 AMP”字样；当温度下降为常温时，“蓝色 AMP”字样不消失；只有当环境温度下降为-10℃时，“蓝色 AMP”字样才消失，并恢复为初始的红色方块状态。

(2) 有标记。5 类双绞线，一般为 8 芯电缆，并且在电缆的塑料外皮上每隔 40~50cm 都印有一般文字，如 AMP 公司线缆上皮标注的文字为：

AMP SYSTEMS CABLEE 138034010 24AWG（UL）CMR/MPR OR C（UL）PCC FT4 VERIFIED ETL CAT5 044766FT9907

其中：① AMP 为安普公司名；② 010 为双绞线的特性阻抗是 100Ω；③ 24 为 24 号线芯（有 22、24、26 三种）；④ AWG 为美国线规标准；⑤ UL 为通过认证的标记；⑥ FT4 表示 4 对线；⑦ CAT5 表示 5 类线；⑧ 044766 表示线缆当前所处位置的英尺数；⑨ 9907 表示 1999 年 7 月生产。

(3) 颜色清新。线缆的塑料外包皮清新明亮、平滑，不是再生塑料；剥开双绞线外层的包皮，可看到里面有颜色不同的 4 对 8 根细线，其绝缘层更应是清新、明亮、平滑，不是再生塑料，颜色分别为橙色、绿色、蓝色、棕色。每一个线对中，一根是纯颜色，另一根是白色或是与白色相间的。这些颜色的区分是网络应用中的关键，否则将会给布线安装、应用、故障查找带来困难。

(4) 绞合紧密。双绞线的每一线对都是由两根绝缘的铜导线以逆时针方向绞合而成的，同一电缆中的不同线对具有不同的绞合度。通常橙色对和绿色对用于发送和接收数据，绞合密度紧密，蓝色次之；棕色对用于校验，绞合密度低。如果绞度不符合技术要求，将会引起电缆阻抗的不匹配，导致严重的近端串扰，则会使传输距离变短，传输距离变低。

(5) 韧性好。整条电缆或里层的线对都要有一定韧性，这也是直观检验导线铜的质量、塑料绝缘层的最好方法。

(6) 有阻燃性。为了耐高温和防火灾，对绞线电缆的外包皮应有拉伸性、阻燃性。

6. 光缆

光缆，即光导纤维通信电缆，它由 1 捆光导纤维组成。在网络传输介质领域发展最为迅速。光导通信就是利用光导纤维，简称光纤（Fiber）传递光脉冲进行通信。

光纤是由制造玻璃的原材料砂石制造的，因此，远比铜廉价。但光在玻璃光纤中传输，衰减很厉害。2009 年诺贝尔物理学奖获得者，1933 年生于中国上海的华人科学家黄锟，人称“光纤之父”，他 1966 年时，就取得了光纤物理学上的突破性成果，他计算出如何使光在光导纤维中进行远距离传输，这项成果最终促使光纤通信系统问世，为当今互联网的发展铺平了道路。

在进行光脉冲通信中，“1”表示有光脉冲，“0”表示无光脉冲。可见光的频率为 10^8MHz 的量级，因此，光纤通信系统的信道带宽远远大于目前其他各种通信介质的带宽。

光纤和同轴电缆相似，只是没有屏蔽层。光纤通常是圆柱形的，主要由三部分组成：光纤线芯、包层（保护层）和护套。

光纤线芯是光纤最内层部分，也是传输光脉冲部分，通常由一根或多根非常细的石英玻璃制成的纤维组成，质地软脆，易断裂。在多模光纤中，光纤芯的直径是：15～50μm [(15～50)×10^{-3}mm]，大致与人的头发的粗细相当。而单模光纤的光纤线芯直径为8～15μm。

每一根光纤都由各自的包层包着，包层是玻璃或塑料涂层，具有与光纤线芯不同的光导特性，使得在折射率较高的光纤线芯外面，由折射率较低的包层包裹着，以保证在界面上光波可以发生余反射。

光纤的最外层是护套，它包着一根或一捆（束）已加包层光纤线芯。护套通常是用塑料或其他材料制成。

光纤技术比传统铜介质复杂得多，因为主要是光纤传输的不是电压信号，而是利用全内反射反束传输经信号编码的光束（光信号）。光纤传输将网络数据的“1”和“0”转换为某种光源的亮和灭，这个光源一般是发光二极管（LED）或激光注入二极管（ILD），光源发出的光按照被编码的数据亮和灭传输。

光脉冲通过光纤芯，因为光纤芯涂有包层，其包层的折射系数比光纤芯要小，它就像一面镜子，将光信号反射回光纤线芯里。包层使信号有可能沿一个角度而不是笔直在光纤线芯中传输，看上去就像是光照射在一面镜子上，然后又被反射到另一面镜子上，这样不停地反射下去，直至到达预定的目的地。

当光脉冲到达了目的地，一个传感器会检测出光信号是否出现。将光信号的亮和灭转换为电信号的“1”和“0”。

应注意的是：光信号反射的次数越多，信号损失的可能性就越大，而且在信号源至目的地之间的每个光纤连接器处都可能发生信号损失。

光信号在光纤线芯中，只能沿一个方向传输，所以大多数LAN和WAN的光纤传输系统都采用两根光纤，一根用来发送，另一根用来接收。

（1）单模光纤。按传输点模数分，光纤可分为单模光纤（Single Mode Fiber）和多模光纤两种。模（Mode），指以一定角速度进入光纤的一束光。单模光纤电缆只以单一模式光传播，而多模光纤允许使用多个模式光传播。

在实际应用中，单模光纤线芯直径为9～10μm。在给定的工作波长上，只能以单一模式传输，因此，模间色散（频散）很小，传输频带宽、传输容量大，适用于远程通信，但是存在着材料色散和波色导散。这样，单模光纤对光源的谱宽和稳定性有较高的要求，即谱宽要窄，稳定性要好。单模光纤一般采用激光注入二极管为光源，光信号可以沿着光纤轴向传播，因此光信号的损耗小，离散也小，传播距离较远，通常用在主干布线和电话系统中，布线的最大距离规定为3000m。TIA/EIA－568认可62.5μm/125μm（芯径/包层直径）、50/125μm和8.3/125μm三种单模光纤。

（2）多模光纤（Multi Mode Fiber）的线芯比单模的粗，光信号与光纤组成多个可辨角度传输，存在多条光通路。多模光纤线芯直径为50μm或62.5μm，在给定的工作波长上，能够以多个模式同时传输。多模光纤的模间色散较大，限制了传输数字信号的频率，随距离的增加色散更严重。

多模光纤有两种类型。

1）阶跃折射率型。阶跃式光纤的纤芯折射率高于包层折射率，使得输入的光信号能在纤芯与包层的界面上不断产生全反射而前进。纤芯的折射率是均匀的，包层的折射率稍低一些。纤芯到玻璃包层的折射率是突变的，只有一个台阶，所以称为阶跃式多模光纤，亦称突变光纤或跳变式光纤。这种光纤传输模式多，各种模式传输路径也不一样，传输后到终点的时间也不相同，因而产生时间差，使光脉冲传输受到一定限制。所以这种光纤的模间色散高，传输频带不宽，传输速率不高，用于通信不够理想，只适用于短途低速通信，例如工控。目前阶跃式光纤已经逐渐被淘汰了。

2）渐变折射率型光纤。渐变折射率型光纤纤芯到玻璃包层的折射率是逐渐变小的，使高次模的光按正弦函数形式传播，减少了模间色散，提高了光纤带宽，增加了传输距离，但成本较高。目前的多模光纤多为渐变式光纤。渐变式光纤的包层折射率分布和阶跃式一样，为均匀的，其纤芯折射率中心最大，沿纤芯半径方向逐渐减小。由于高次模和低次模的光线各自在不同的折射率层界面上，按折射定律产生折射，进入低折射率层中去，因此光信号的行进方向与光纤轴方向所形成的夹角逐渐变小。同样的过程不断产生，直至光在某一折射率层产生全反射，使光改变方向，朝中心较高的折射率层行进。这时，光的行进方向与光纤轴方向所构成的夹角，在各折射率层中每折射一次，其值就增大一次，最后达到中心折射率最大处。在此以后，重复上述过程，由此实现了光波的传输。光信号在渐变式光纤中，会自动地进行调整，从而到达目的地，这叫作自聚焦。

（3）光缆的特点。

1）光纤传输频带非常宽，通信容量大。

2）光纤传输损耗小，中继距离长，适合远距离传输。

3）抗雷电和抗电磁干抗性能好。

4）无串音干扰，保密性能好，不易被窃听和截取数据。

5）体积小、重量轻。

6）连接较困难，且光电接口也比较贵。

（4）光纤的技术数据。

1）多模光纤是带缓冲层渐变折射率的光纤，有62.5μm的芯和125μm的包层，技术数据见表6–9。

表6–9　多模光纤的技术数据

光纤尺寸/μm	纤芯	62.5
	包层	125
	外套	250
	缓冲	900
最大光纤损耗/（dB/km）	3.4［在850nm（典型范围2.8~3.2）］	
	1.0［在1300nm（典型范围0.5~0.8）］	
最小带宽/（MHz·km）	200（在850nm）	
	500（在1300nm）	

2）单模软线光纤带缓冲层，有单模芯体和125μm的包层，技术数据见表6-10。

表6-10 单模光纤的技术数据

光纤尺寸/μm	纤芯	8.3
	包层	125
	外套	250
	缓冲	900
最大光纤损耗/(dB/km)	凹陷型	0.4（在1310nm）
		0.3（在1550nm）
	匹配型	0.5（在1310nm）
		0.5（在1550nm）

金属光缆结构见图6-3。技术数据见表6-11。

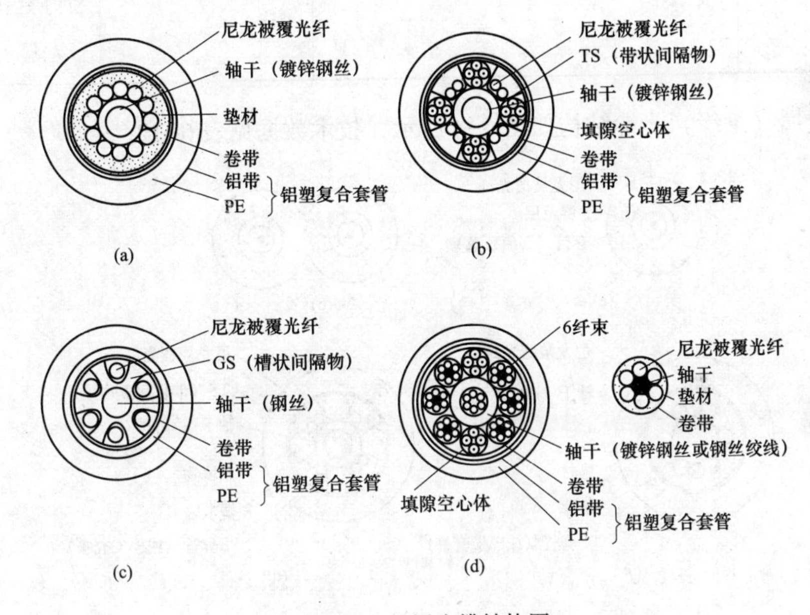

图6-3 金属光缆结构图

（a）12纤绞光缆（12-L-LAP）；（b）8纤TS型光缆（8-TS-4Q-LAP）；

（c）6纤GS型光缆（6-GS-LAP）；（d）36纤束型光缆（36-UL-2Q-LAP）

表6-11 金属光缆技术数据

型号	单芯	双芯	12纤绞光缆	6纤GS型光缆
			12-L-LAP	6-GS-LAP
外径/mm	3	3×6	12	9.5
质量/(g/m)	8	16	140	70
可抗拉张力/kg	30	60	150	80
可弯曲半径/mm	20	20	120	75

续表

型号	单芯	双芯	12纤绞光缆	6纤GS型光缆
			12-L-LAP	6-GS-LAP
可受压缩力/(kg/mm)	30/50	30/50		
标准单位长度/m	1000	1000		
特性	光纤芯线细、轻、耐拉、耐压，经得起弯曲，使用方便，连接光端机的方法简单，一接即通		这种光缆可容纳1~12根光纤，不需全部使用12根光纤的光缆可换塑料纤维或填隙铜导线，这些铜导线可用于简单通信 12-L-LAP型为金属光缆，轴干加有镀钢丝	光纤藏在螺旋U型槽状间隔体中，得到充分保护，不怕外力挤压碰撞。光纤径轻、细，适用于电视中继，热稳定性好。6-GS-LAP型轴干加有钢丝和LAP套管，可使抗拉抗张强度加大

3）非金属（绝缘）光缆结构如图6-4所示，技术数据见表6-12。

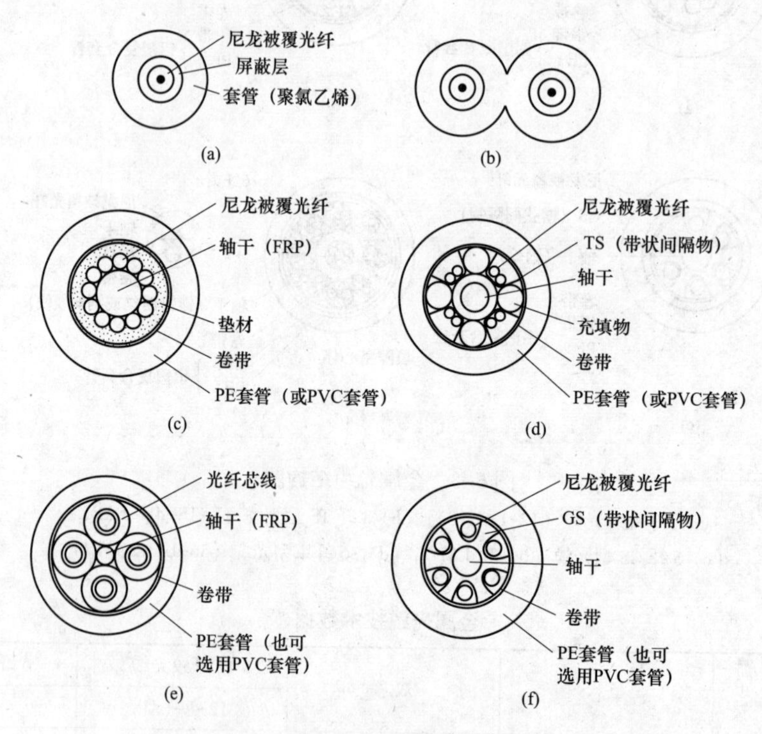

图6-4 非金属（绝缘）光缆结构图

（a）单纤芯线；（b）双纤芯线；（c）12纤绞光缆（NM12-L-E）；

（d）8纤TS型光缆（NM8-TS-E）；（e）4纤芯型（NM4-C-V）；

（f）6纤芯GS型光缆（NM6-GS-E）

表 6-12　SUMIGUIDE 非金属（绝缘）光缆技术数据

型号	芯线径/μm	包层径/μm	波长/μm	传送损失/(dB/km)	传送带域/(MHz·km)	开口数/ $N\cdot A=n_0\sin Q_0$
EG-5/2510	50	125	0.85	2.5	1000	0.2
2508	50	125	0.85	2.5	800	
2506	50	125	0.85	2.5	600	
2504	50	125	0.85	2.5	400	
3008	50	125	0.85	3.0	800	
3006	50	125	0.85	3.0	600	
3004	50	125	0.85	3.0	400	
3002	50	125	0.85	3.0	200	
EG-5/0710	50	125	1.3	0.7	1000	0.2
0708	50	125	1.3	0.7	800	
0706	50	125	1.3	0.7	600	
0704	50	125	1.3	0.7	400	
1008	50	125	1.3	1.0	800	
1006	50	125	1.3	1.0	600	
1004	50	125	1.3	1.0	400	
1002	50	125	1.3	1.0	200	
ES-1/05	~9	125	1.3	0.5	—	0.1
07	~9	125	1.3	0.7	—	
10	~9	125	1.3	1.0	—	
ET-8/50	80	125	0.85	5.0	30	0.25
ET-10-60	100	140	0.85	6.0	10	0.28

注　SUMIGUIDE 是住友光纤和光缆的商标。

二、无线传输

无线传输不需要光纤、同轴电缆或双绞线。无线传输指的是利用大气和外层空间作为电磁波传播通路。目前主要有三种无线电传输技术，即微波、红外线和激光。

1. 无线电的频段

（1）低频（LF）。低频（Low Frequency，LF）。LF 波段的频率 f 为：$3\times10^3\sim10^5$Hz。

电磁波：无线电波 AM。

传输方式：双绞线；无线电。

（2）中频（MF）。中频（Medium Frequency，MF）。MF 的波段的频率 f 为：$3\times10^4\sim3\times10^6$Hz。

电磁波：无线电波，FM。

传输方式：双绞线；无线电。

（3）高频（HF）。高频（High Freguency，HF）。HF 波段的频率为：$3\times10^6\sim3\times10^8$Hz。

电磁波：无线电波，微波。

传输方式：双绞线，同轴电缆。

（4）甚高频（VHF）。甚高频（Very-High Frequncy，VHF）。VHF 波段的频率为：$3\times10^7\sim3\times10^9$Hz。

电磁波：微波。

传输方式：同轴电缆，卫星。

(5) 超高频（UHF）、(SHF)。超高频（Ultra-High Frequency，UHF），UHF 波段的频率为：$3\times10^{8}\sim3\times10^{11}$Hz。

超高频（Super-High Frequency，SUF），SHF 波段的频率为：$3\times10^{11}\sim3\times10^{12}$Hz。

电磁波：UHF 为微波；SHF 为红外线。

传输方式：UHF 微波，卫星。

SHF 红外线，地面微波。

(6) 极高频（EHF）。极高频（Extra-High Frequency，EHF）。EHF 波段的频率为：$3\times10^{10}\sim3\times10^{14}$Hz。

电磁波：可见光。

(7) 调谐高频（THF）。调谐高频（Tuned High Frequency，THF）。THF 波段的频率为：$3\times10^{15}\sim3\times10^{16}$Hz。

电磁波：紫外线。

微波通信的载波频率范围为 2~40GHz，因频率高，可同时传送大量信息。如带宽为 2MHz 的频率可容纳 500 条语音线路，用其传输数字信号，可达若干 Mbps，携带信息容量大。但微波与通常的无线电波不一样，微波通信是沿直线传播的，即点对点传播。由于地球表面是曲面，所以微波在地面的传输距离有限，传输的距离与天线高度有关，天线高则距离远，但超过一定距离后就要有中继站来接力。微波受金属物体屏蔽，但能穿越非金属物体，损耗大；微波可穿透大气层，向外空传播，但在大气层中产生衰减。

2. 卫星通信

卫星通信是微波通信的特殊形式。地球同步卫星来作为微波通信的中继站，为此，可以克服地面微波通信的距离限制。一个同步卫星可以覆盖地球的 1/3 表面，因此三个同样的卫星就可以覆盖地球上全部通信区域。为此，地球上各个地面站之间就可以相互通信了。卫星通信一般采用的是频分多路复用技术分为若干子信道，用于由地面向卫星发送，称为上行道，由卫星向地面转发称为下行道。

卫星通信的特点是容量大、距离远，但传播延迟时间长。

卫星电视广播实际上是利用同步卫星作为一个具有超高发射天线的转播台。位于赤道上空 35 800km，与地球自转同步的卫星，就相当于地球上的一座高 35 800km 的高塔。

卫星电视广播由地面上行站、卫星上的转发器、地面接收站组成。电视台把电视节目信源调制到载波上，用大口径定向天线向太空中的卫星发射电视信号（上行频率为 f_1），卫星上的卫星转发器收到 f_1 载波信号后，进行变频、功率放大等信号处理后，用下行频率 f_2 向地面服务区卫星信号接收天线转发电视信号。这样地面上一定区域内的地面接收站便可收到电视广播的电视节目。处于此范围的地面站卫星接收天线把接收到的下行载波信号解调，还原成信源，供人们视、听、记录，并可以再传输，例如，利用同轴电缆的闭路电视。

目前世界各国卫星电视广播普遍采用 C 频段（3.7~4.2GHz）和 Ku 频段（11.7~12.75GHz）。由于 C 频段和地面通信业务是共用的，所以卫星电视信号对地面通信业务会有干扰，卫星发射到地面的功率量密度也会受到限制。为保证电视的图像质量，一般采用口径为 1.8~3.0m 的接收天线。

Ku 频段的特点是频率高、范围宽、信道容量大，是卫星电视广播的优选频段。Ku 频段从卫星发射到地面，其功率通量密度不受限制，加之信号波长短，同样口径天线的增益比 C 频段高，因而采用 0.5~1.2m 较小口径的天线就能得到满意的图像。

卫星电视广播比地面电视广播，有以下特点：

（1）卫星电视广播使用的频率在 700~486GHz，使用 C 波段和 Ku 波段；地面电视广播使用 30~900MHz。

（2）三颗卫星就可覆盖全球的卫星电视广播。地面电视广播的覆盖半径是 40km 左右。

（3）卫星发射天线在距地面 36 000km 的高度上，受山峰和高大建筑物的阻抗少，能避免重影干扰，图像质量好。

3. 卫星电视天线接收设备

卫星电视接收系统如图 6-5 所示。

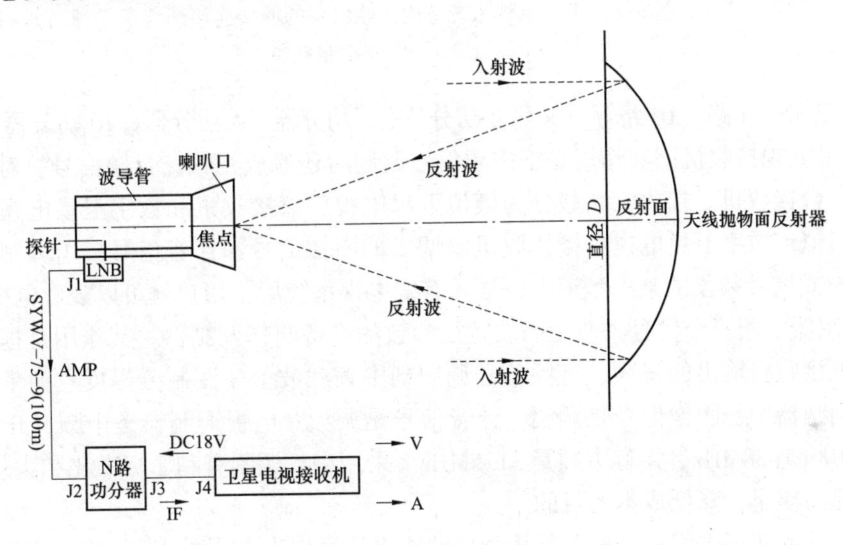

图 6-5　卫星电视接收系统

LNB—高频头；J1、J2、J3、J4—接口；AMP—放大器；
SYWV-75-9（100m）—同轴电缆使用长度≤100m
（或采用 SYWV-75-5，SYWV-75-7 电缆）；IF—中频

（1）室外设备如下：

1）天线。用于聚集空间电磁能量。

2）馈源。亦称喇叭口，装在接收天线上，上有耦合探针。馈源的作用是完成能量转换过程，把场能转换成交流电。

3）LNB（高频头）。又称低噪声降频放大器。其作用是把微波信号的频率由高频降为中频（中频的频率范围是 950~2150MHz），再将中频信号送入功率分配器，其指标之一是噪声温度。

（2）室内设备。卫星电视系统室内接收设备的插接连接图，如图 6-6 所示。

1）功分器。功率分配器的简称，其作用是把中频信号（950~1450MHz）均等地分成若干路，实现一个卫星天线能够同时接收几个电视节目或供多个用户使用。功分器的分配路

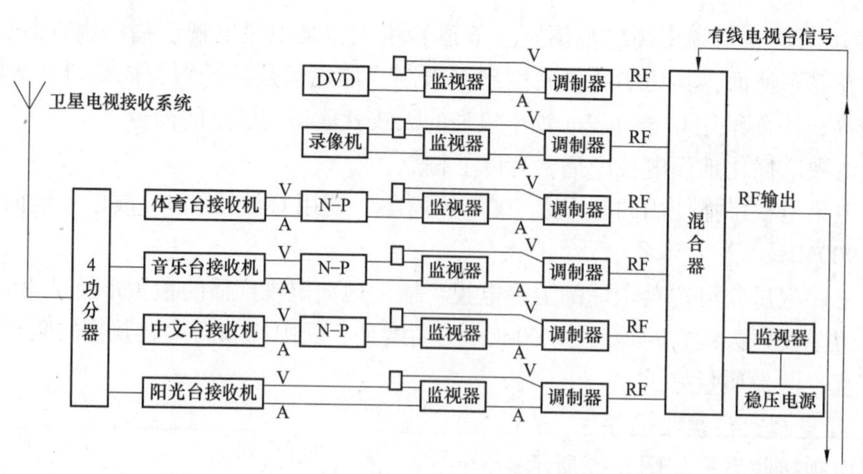

图6-6 卫星电视系统室内接收设备的插接连接图

V—图像信号；A—伴音信号

数有2路、3路、4路、10路等，又称2功分器、3功分器、4功分器、10功分器等。

2）卫星电视接收机。其作用是把中频信号调制后还原成视频、音频信号。对应每一个频道，有一台接收机。接收机一般分为模拟卫星电视广播接收机和数字卫星电视广播接收机两类。模拟或数字卫星电视广播接收机解调出的图像信号和伴音信号，用调制器调制到VHF、UHF或增补频段的某一频道上，送入有线电视系统后，用户就可以观看电视节目了。

3）调制器。用一个信号去改变载波特征参数的设备叫作调制器。其作用是把自办节目或卫星电视接收机输出的视频、音频信号调制到中频载波上。调制分幅度、频率、相位调制。电视调制器中，图像信号是调幅，伴音信号是调频。电视调制器是中频（IF）调制方法，图像中频是38MHz，伴音中频是31.5MHz。采用中频调制有利于标准化和大规模生产，使其达到提高质量，降低成本的目的。

有线电视的实用方案是，把卫星接收机的输出信号作为RF调制器的输入信号。调制器的输出信号是被卫星接收机输出信号调制的载波信号，占用一个固定频道，有多少台卫星接收机，就有多少台调制器。

4）混合器。在有线电视系统中，把两个及以上的输入信号混合在一起，馈送到一根电缆的设备，称为混合器。混合器应具有：滤除干扰和杂波的能力；实现设备之间，设备和电缆之间的阻抗匹配。

4. 卫星电视天线的电源与防雷接地

（1）电源。接收机电源由AC 220V供电，同时有DC 18V（或DC12V）输出端口供给高频头，此电源与同轴电缆供缆。

（2）防雷接地。卫星天线处于建筑物避雷针保护范围之内时，接收天线可以不再设置避雷针。

卫星天线处于建筑避雷针保护范围之外时，应另外设计避雷针。接地极可以和建筑系统使用公共接地极，但接地电阻应满足≤1Ω。接地引线应单独引向接地干线，不应和其他设备供用。

进建筑物内的同轴电缆要经过SPD防浪涌保护器，注意：SPD的地线端连接要牢固。

第七章

门禁及停车场管理系统

第一节　门禁系统的分类和功能

门禁系统，即门禁监控系统（Access Control System），是对人员进出通道的控制，亦称出入口控制。出入口控制就是对建筑内外正常的出入通道进行管理。可以控制人员的出入，还能控制人员在楼内及其相关区域的行动。以前此项任务是同保安人员、门锁和围墙来完成的。但是人有疏忽的时候，钥匙会丢失、遗忘、被盗和复制。智能大楼采用的是电子出入口控制系统，来解决上述问题。

楼宇对讲系统的产品可分联网型和非联网型。从功能上又分可视与不可视，可视与不可视可以共用同一系统。同时，又可分独户型和大楼型两种。

独户型特别墅小区制作。1 台室外机可接 3 台室内机，2 台室外机可接 8 台室内机。室内机具有对讲、相互呼叫功能，无极性 2 线式配线方式，夜间经外照明，清晰度 420 线，防尘、防雾。

大楼型对讲系统是公寓式小区、社区住宅楼的理想型号。可视室外机（装有摄像机）5 个单元楼门，可视对讲用户可达 9999 户。其功能是安全密码开门；可视与不可视系统可以共用；用户可选择 2 台以上可视与不可视室内机；1~4 个室外机可接 9999 台数字式或按键式室内机；夜间红外照明；管理中心可同时监控 4 个门口。

可视对讲室内机可配置报警控制器，并同报警控制器一起接到小区管理机上。管理与计算机连接，可以通晓发生警情的详细情况。

可视对讲系统，亦称门禁系统、楼宇对讲系统、访客系统。其作用是对来访客人之间提供双向通话或可视通话，且由住户遥控防盗门开关或向保安管理中心进行紧急报警的一种安全防范系统。

公寓楼、住宅小区楼的门禁系统形式，主要有：直按式对讲系统；小户型套装对讲系统；普通数码对讲系统；直按式可视对讲系统；联网型可视对讲系统。

一、直按式对讲系统

直按式对讲系统是一种单对讲结构，由电控防盗门、对讲系统、电源等组成。其功能主要如下：

（1）单键直按式操作，方便简单。

（2）铝合金型主机面板，实用、结实、大方。

(3) 带 LED 补光装置，不锈钢按键，房号可自行变动。

(4) 双音振铃或“叮当”门铃声。

(5) 待机耗电少。

(6) 面板可根据房数灵活变动。

(7) 用户操作简单。

当有来客时，客人按动主面板对应房号键，室内分机即发出振铃声。夜间时，来客可按动主机板的灯键作照明。主人提机与来客对讲后，主人可通过室内分机的开锁开关遥控大门的电磁锁 Y 开门。来客进入大门后，闭门器（自在器）使大门自动关闭，电磁锁自动锁门。

当停电时，系统可由 UPS 继续维持工作。

直按式对讲系统的构成如图 7-1 所示。

图 7-1 所示的系统，电源线应采用≥1.5mm² 塑料绝缘铜线。

DF-10B-938 型直按式对讲系统接线图如图 7-2 所示。

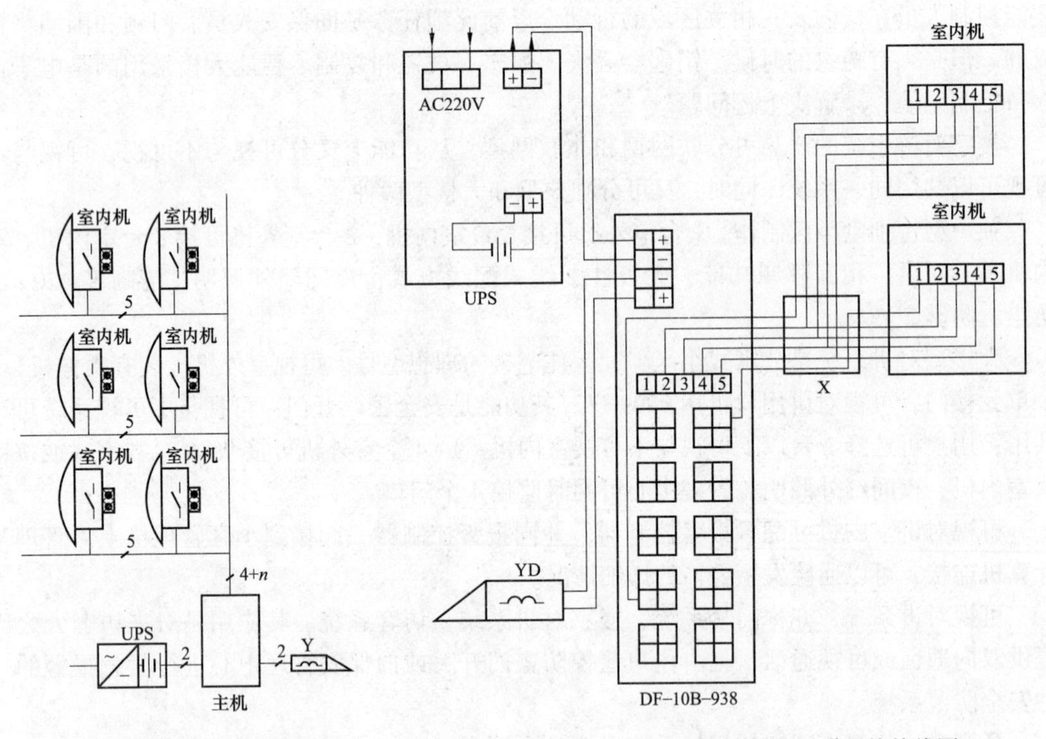

图 7-1　直按式对讲系统的构成

UPS—不停电装置；Y—电磁锁

图 7-2　DF-10B-938 型直按式对讲系统接线图

1—呼叫线；2—开锁线；3—地线；4—送话线；5—受话线；YD—电磁销；UPS—不停电装置；DF-10B-938—直按式对讲主机（室外机）；X—接线盒

二、小户型套装对讲系统

小户型套装对讲系统是针对小户型及别墅式住宅设计的套装系统，用户可以自己安装。小户型套装对讲系统构成如图 7-3 所示。

小户型套装对讲系统的接线图，如图 7-4 所示。

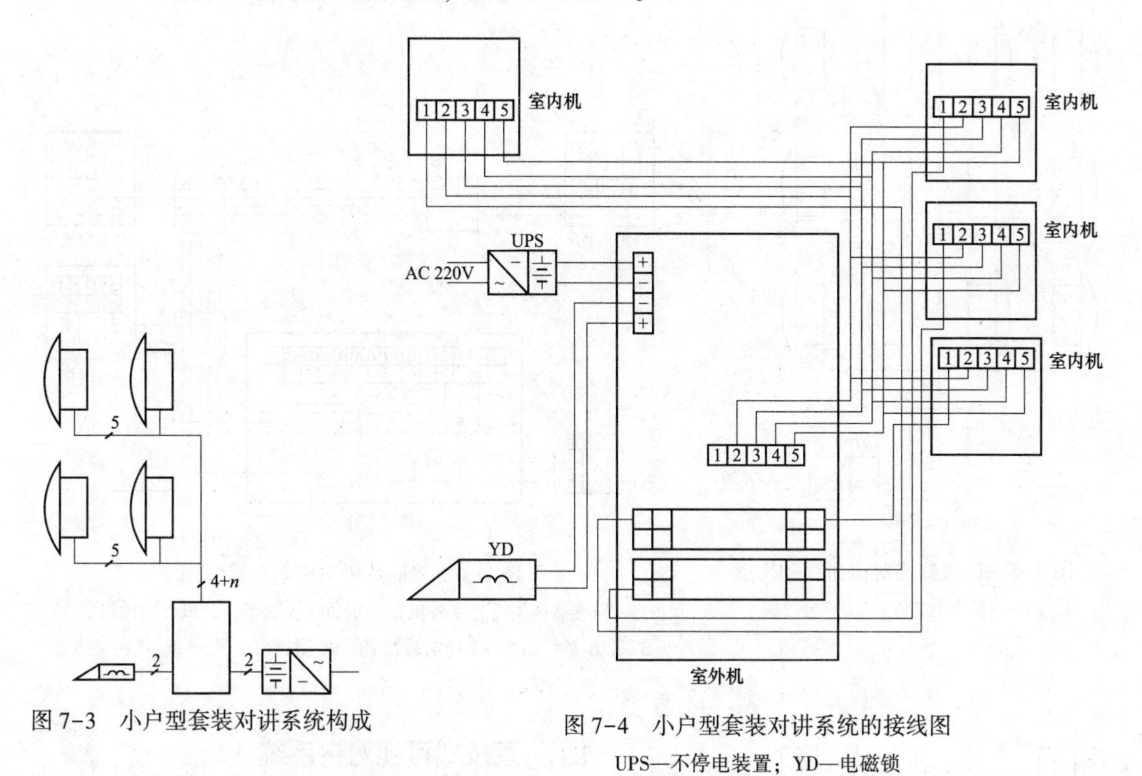

图 7-3　小户型套装对讲系统构成

图 7-4　小户型套装对讲系统的接线图

UPS—不停电装置；YD—电磁锁

三、 普通数码对讲系统

普通数码对讲系统比直按式对讲系统使用方便，负载能力强，分机采用插线式结构，能够用于 63 层以下的大厦。

数码式对讲系统的主机（室外机）为不锈钢面板；铝合金按键；室内机、室外机内部电路为专用集成电路控制板，传输电路为四总线结构，四位房号显示，具有自动关机功能，自动电源保护装置，自动夜光。

操作方便：当有客人来访时，客人先按主机（室外机）“开”键，再按数字键输入房号，对应分机即时发出振铃声。主人提机与客人对话后，此时，主人可通过室内机上的开锁开关遥控大门电磁锁开锁，门即可打开。客人进门后，闭门器（自在器）使大门自动关闭，电磁锁又自动把门锁上。

当停电时，系统由 UPS 电源维持工作。

普通数码对讲系统的构成如图 7-5 所示。

普通数码对讲系统的主要设备和器件有数码式主机（室外机）DF2000A/2 型、UPS 电源 DE-98 型、分机（室内机）ST-201 型、电磁锁 1 把、闭门器（自动器）、隔离器等。

普通数码对讲系统接线图如图 7-6 所示。

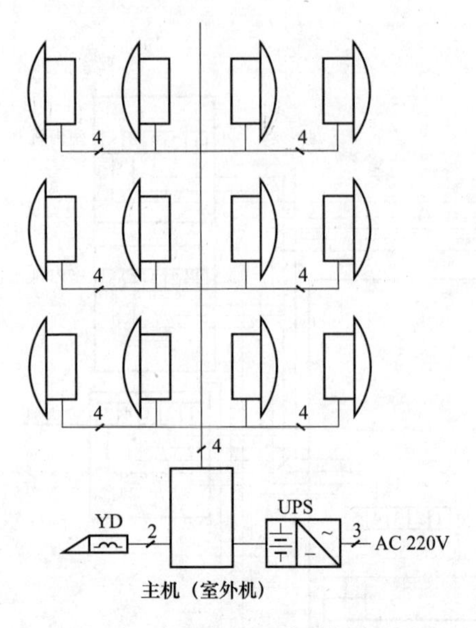

图 7-5 普通数码对讲系统的构成

UPS—不停电装置；YD—电磁锁

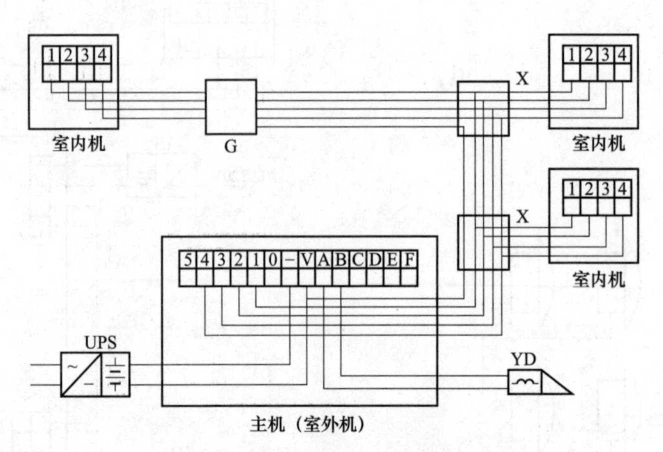

图 7-6 普通数码对讲系统接线图

G—隔离器；主机（室外机）—DF2000A/2 型；分机（室内机）—ST-201 型；UPS—不停电装置 DE-98 型；YD—电磁锁；X—接线盒

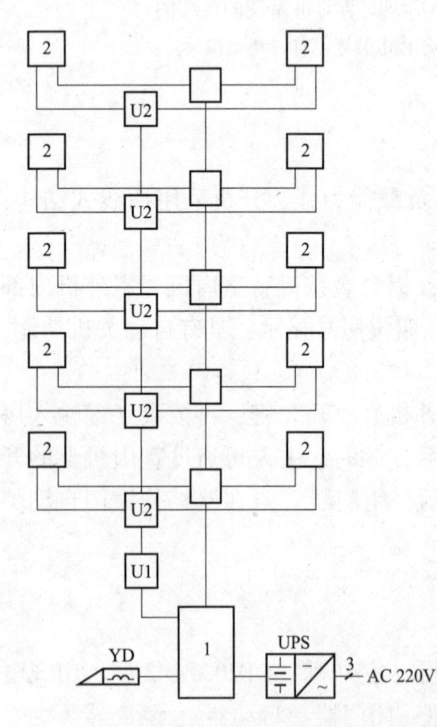

图 7-7 直按式可视对讲系统的构成

YD—电磁锁；UPS—不停电装置；

1—主机（室外机）；2—室内机；

U1—视频放大器；U2—视频分配器

四、直按式可视对讲系统

直按式可视对讲系统是在直按式对讲系统的基础上发展起来的。它不但具有对讲功能，还能视观客人的图像，使主人对客人一目了然。

直按式可视对讲系统，在主机（室外机）增加了红外补光摄像头，在室内分机上增加了显示器，视频信号通过同轴电缆输送到室内分机上。

当来客按动主机板上对应房号时，室内的分机即发出振铃声，同时显示屏自动打开，显示来客图像，主人提机与客人对讲及确认身份后，可通过分机上的开锁键遥控大门的电磁锁开锁，客人推门进入大门后，闭门器（自在器）使大门自动关闭，电磁锁自动锁门。

当停电时，系统由 UPS 维持工作。

住户还可通过显示键在显示器上观察楼外情况。

直按式可视对讲系统的构成，如图 7-7 所示。

从图 7-7 可知直按式可视对讲系统主要由下列部件组成：主机（室外机）、主机面板左上方圆孔内红外补光摄像头、不停电装置 UPS、信号总线、视频线（同轴电缆）、视频分配器、视频放大器、户机、可视主机。

直按式可视对讲系统中的视频放大器为可选配件，一般在 12 户以内可不用；视频分配器有二分配器、四分配器，根据用户多少选用；不停电装置 UPS 可供 2~4 台可视用户机，如采用小直流电源供电，停电时，则图像不能显示，但对讲系统可照常工作。视频线（同轴电缆）一般采用 SYV-75-3，即可满足图像的要求，如距离较远，可选用 SYV-75-5 同轴电缆。

直接式可视对讲系统的接线如图 7-8 所示。图中是 DF108B-938V/2 型，该产品适合于单元楼门。

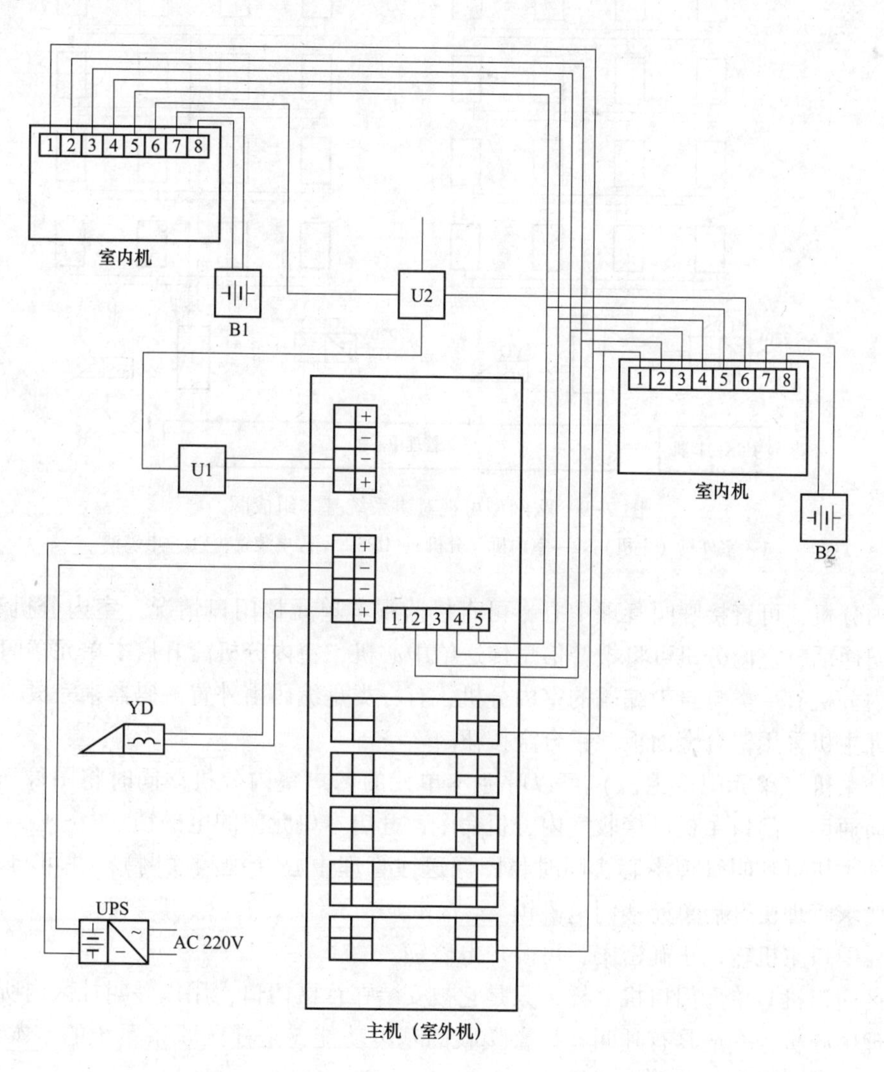

图 7-8 直按式可视对讲系统

主机—DF108B-938V/2 型；YD—电磁锁；UPS—不停电装置；1—呼叫线；2—开锁线；3—地线；4—送话线；5—受话线；6—视频线；7—地线；8—电话线；U1—视频放大器；U2—视频分配器；B1、B2—小电源

五、联网型可视对讲系统

联网型可视对讲系统，采用单元机技术，进行中央计算机控制，该系统具有通话频道和多路可视视频监视线路，可全方位地管理住宅小区的可视对讲。

联网型可视对讲系统主要组成部分：可视室内分机、单元门口主机（室外机）、社区门口机、管理中心机等。联网型可视对讲系统基本组成图如图 7-9 所示。

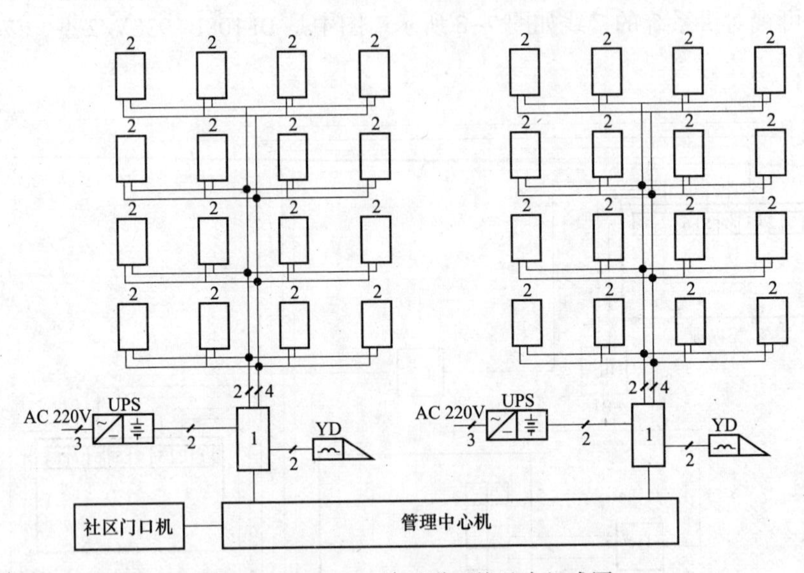

图 7-9　联网型可视对讲系统基本组成图

1—室外机（主机）；2—室内机（分机）；UPS—不停电装置；YD—电磁锁

室内分机，可直接呼叫管理中心，可直接监视本单元楼门口情况，室内分机和室内分机可双向通话，室内分机可将报警信息传送给中心机，室内分机能开启本单元楼门电磁锁。

室内分机有一类是自带编码的室内分机，有一类是编码由外置解码器来完成。

室外主机采用铝合金面板、铝合金按钮。

室外主机（单元门口主机）可以呼叫本单元的名户室内分机，同时将图像送往各户，与之双向通话。门口主机可接收室内分机命令，开启本单元门的电磁锁。

室外主机可呼叫管理中心，同时将图像送往管理中心（视频联网），并可与之双向通话，可要求管理机开启单元楼门电磁锁。

单元门口主机输入正确密码，可开户电磁锁。

社区门口机与单元门口机一样，只是它被安装在社区门口，用以呼叫社区内所有住户。

管理中心机，一般具有呼叫、报警接收的基本功能，是社区联系系统的基本设备。目前已有使用计算机作为管理中心机。

管理中心机，可呼叫任一联网单元的住户室内分机，并与之双向通话。

管理中心机，可接收任一联网单元住户室内分机的呼叫信息并储存。

管理中心机，可接收任一联网单元住户室内分机的报警信息并储存。

管理中心机可呼叫、监视任一联网单元楼室外门口机。

管理中心机，可接收任一联网单元楼室外门口机的呼叫，并双向通话及开启任一单元楼门的电磁锁。

门禁系统干线，采用4总线结构（4芯线），加1根视频线。

联网方式的总线联网方式，也有采用无线方式。

系统可通过“中央联网终端控制机”进行联网，形成一个大型系统，最多可连接63个系统及最多可接31500台住户室内可视对讲机，满足了大型住宅社区的需要。

第二节　室内机与室外机

一、可视对讲型门禁系统电路分析

可视对讲型门禁系统的元器件主要有：黑白摄像机55mm×38mm1只，黑白显示屏4英寸1只，室内机外壳、室外机外壳、DC18V电源外壳共3套，室内机电路板1块，室外机电路板1块，电源电路板1块，电子元器件若干，电磁锁1把，自动闭门器（自在器）1台。

1. 室外机工作原理

室外机（可视门铃门口机）工作原理图如图7-10所示。

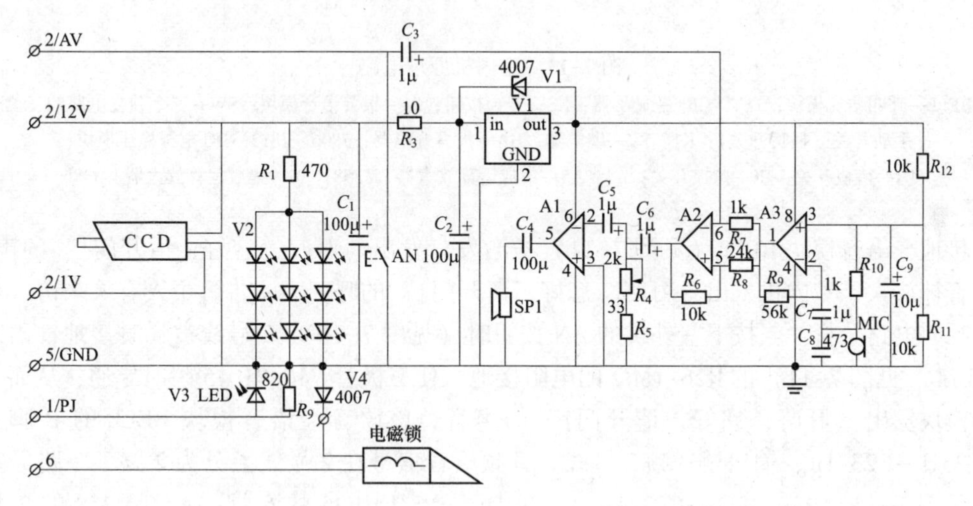

图7-10　室外机（可视门铃门口机）工作原理图

CCD—摄像机；AN—室外机呼叫按钮；A1—集成运算放大器LM386；A2、A3—集成运算放大器LM358；SP1—传声器；MIC—传声器；V1—稳压模块

室外机、室内机的工作过程如下。

当来客按下室外机上的呼叫按钮AN时，则室内机送出“叮咚，你好，请开门!”的声音，该声音通过2号线送到室外机的2号端子上。室内主人的讲话声也通过此通路送出。

2. 室内机工作原理

室内机原理电路如图7-11所示。

（1）呼叫过程。当来客按下室外机（见图7-10）上的呼叫按钮AN时，则使2号呼叫

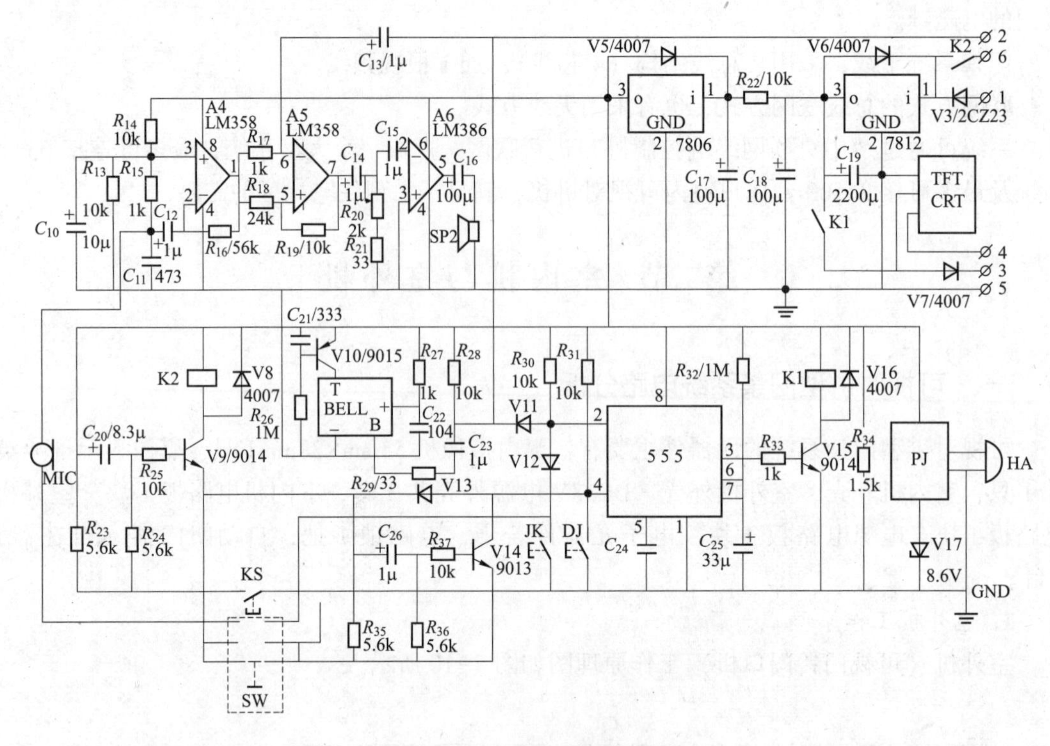

图 7-11 室内机原理电路

BELL—呼叫语音模块；TFT CRT—显示器；KS—开锁按钮；PJ—报警语音模块；SW—三个独立电路的三位手动开关（插簧开关）；K1、K2—继电器；HA—报警蜂鸣器；7806、7812—DC 电源稳压模块；DJ—待机开关；JK—监控开关；A4、A5—集成运算放大器 LM358；A6—集成运算放大器 LM386

线路接地，语音模块 BELL（见图 7-11）被激发，发出“叮咚，您好，请开门!”的声音，该声音被放大，室内机发出“叮咚，您好，请开门!”的呼叫声，告诉主人有人来访。

呼叫电路分析：当按下室外机的 AN 按钮时（见图 7-10），2 号线被瞬时接地，语音模块 BELL（见图 7-11）的 R26/1MΩ 的电阻接地，使三极管 V10/91015 瞬时导通，从而激发语音模块发出“叮咚，您好，请开门!”的声音，该语音经语音模块 BELL 的 B 脚，经 R29/33Ω→C23/1μ，输出至音频 2 号线。音频语音信号在 2 号线上分为 2 路，一路经室内机（见图 7-11）R29/33Ω→C23/1μ→C13/1μ→A5/LMB35 的 6 脚→A5/LM358 的 7 脚→C14/1μ→C15/1μ→A6/LM386 的 2 脚→A6/LM386 的 5 脚→C16/100μ→SP2（扬声器）→5 号（地）线，组成了语音回路，则室内机内 SP2 扬声器发出“叮咚，您好，请开门!”便于主人听到有客人来访。在图 7-11 中，R20/2kΩ 电位器，主要用来调节来客讲话声的大小。另一路经室外机（见图 7-10）2 号线→C3/1μ→A2/LM358 的 6 脚→A2/LM358 的 7 脚→C6/1μ→C5/1μ→A1/LM386 的 2 脚→A1/LM386 的 5 脚→C4/100μ→SP1（扬声器）→5 号线（地），组成了室外机的语音电路，室外机扬声器 SP1，发出了主人回话的声音。在图 7-10中，R4/2kΩ 主要用来调整主人回话声音的大小。

在图 7-10 中，9 只 LED 发光二极管是用来作摄像头的背光补偿及红外夜视使用，便于来客按钮操作。

（2）稳压电源。室内、室外机用直流稳压电源，如图 7-12 所示。其中，稳压电源输入为AC 220V，输出为DC18V、电流为1A，TR为整流变压器一次输入AC 220V，二次输出为AC 18V。一次绕组与二次绕组之间夹有金属屏蔽层，屏蔽层应接从配电系统的保护接地（PE）。7818为稳压模块，BAT/18V为蓄电池，正常工作时，蓄电池为浮充供电，当AC 220V停电时，单独由BAT/18V向室外机的室内供电。发光二极管LED1点亮时，说明整流器工作正常。LED2点亮时，说明蓄电池BTA/18V工作正常。

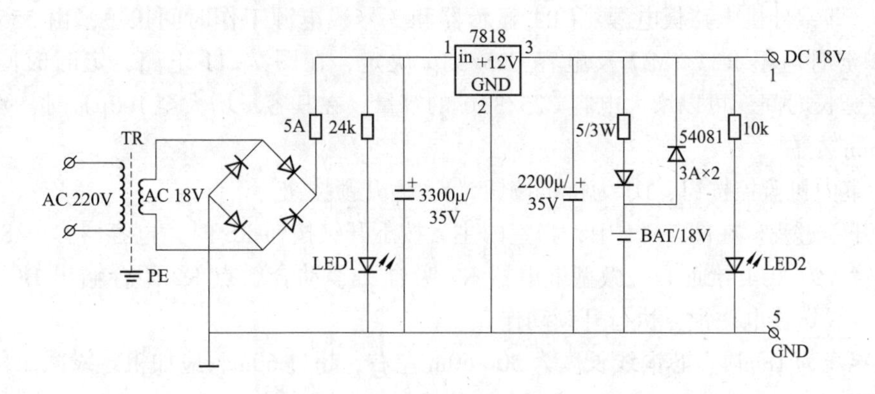

图7-12　室内外机用直流稳压电源

注　1. BAT/18V—充电电池，充电电压DC18V；

2. 7818—直流电压自动稳压模块；

3. 整流整变压器一次绕组AC 220V与二次绕组AC 18V之间的接地为屏蔽接地，应接380V/220V共电系统的保护接地（PE）。

稳压电源输出为DC18V，正极为1号线、负极为5号线（GND）电路板公共悬浮地。

1号线（见图7-12）经二极管V3—2CZ23（见图7-11）分为二路，一路送入7812稳压模块的输入端（in），另一路通过微型继电器K2的动合触点K2送入6号线（见图7-10）即开锁电路。

7812移压模块输出（out）为DC+12V直流电源，分为三路，一路通过电阻R22-10送入稳压模块7806输入块（in），另一路通过微型继电器动合触K1送入CRT显示器，则另一路又通过二极管VT-4007送入3号线（见图7-10）室外机电路板电源。

稳压模块7806输出端（out）（见图7-11）为室内机电路板上A4、A5、A6集成电路运算放大器，V10、V14三极管，PJ报警语音模块，K1、K2微型直流继电器等提供正极直流稳压电流。

（3）通话部分（见图7-11）。声音放大部分由稳压模块7806供电，7806输入级（in）的R22/10Ω起到降压作用，为了防止7806发热而设置的。室内主人的话筒MIC（见图7-11）音频信号从集成电路运算放大器A4-LM358的反相脚2通过C12/1μ输入，1脚输出，其中R16/56kΩ是反馈电阻，其阻值的大小决定了室外机音量的大小。集成电路运算放大器A5/LM358主要起消侧音的作用，但任何消侧音电路都不可能把自己的声音彻底去掉。从A5/LM358的6脚取出的音频信号通过C13/1μ和振铃信号混合后，通过2号线送往室外机，经消侧音处理过的音频信号经A2/LM358（见图7-10）的6脚输入，放大后由7脚输出，经C6/1μ→C5/1μ送往功放A1/LM386的2脚进行功率放大后，经5脚→C4/100μ→室外机扬声器SP1→5号线（地）组成音频回路，使来客听见主人回话。

A1/LM386 功放 2 脚的电位器 R4-2kΩ 是防止声音太大形成自激啸叫而增加的调节电位器。

(4) 控制部分。在图 7-10 中，当来客按下室外机上的 AN 时，2 号音频线对 5 号线（地）瞬时短接，图 7-11 555 定时器 2 脚电压被降低，555 定时器的 3 脚输出高电位，则三极管 V15-9014 导通，微型继电器 K1 吸合，动合点 K1 闭合，则 DC+12V 送入 CRT 显示器和 3 号线，即室外机电路板电源。CRT 显示器和 3 号线电源工作时间长短，由 555 定时器的 6、7 脚定时电阻 R32/1MΩ 及电容 C25/33μ 决定，在图 7-11 电路，定时时间大约为 35s，如想延长时间，可以增大电容 C25/33μ 的容量，在其容量增大至 100μF 时，延时时间大约在 1min 左右。

JK 为室内机监控按钮，DJ 为待机按钮，KS 为开锁按钮。

(5) 开锁过程。在图 7-11 中，当室内主人按下开锁按钮 KS 时，电容器 C20/8.3μF 放电，三极管 V9/9014 导通 1s，微型继电器 K2 吸合 1s，动合触点 K2 闭合输出 DC+24V 电源，由 6 号线送往电磁锁，执行开锁动作。

开锁导线为 $1mm^2$ 多芯铜线长度为 50~60m 左右，超过 60m，应加粗导线截面积或加装开锁助力器。

(6) 报警部分。室外机上的摄像机比较贵重，为防止被盗，因此设计了断线报警电路，当室外机被人盗窃时，则 1 号线被敞开，1 号线的电压上升，V17/8.6V 稳压管导通，报警语音模块 PJ 送出警车声，通过蜂鸣器发出报警声音。

(7) 摘机、挂机控制电路。当室内主人摘下门铃手柄时，叉簧开关 SW 弹起，555 定时器的 2 脚长期接地，555 定时器无长期延时，直至室内主人与室外来客讲完挂机。挂机时，叉簧下端接地，电容 C26/1μF 电容放电，促使三极管 V14/9013 瞬时导通，使 555 定时器的 4 脚电位接地，强制 555 复位。555 定时器 3 脚变为低电位，微型继电器 K1 释放，其触合触点 K 断开，门铃处于待机状态。

(8) 室外机与室内机 1 号~6 号线功能。1 号线为报警线；2 号线为音频线；3 号线为 DC+12V 电源正极线；4 号线为视频线；5 号线（GND）为室外机、室内机公共悬浮地，也是 DC 12V 电源负极线；6 号线为开锁线。

二、单门门禁一体机

1. 技术参数

单门门禁一体机，是采用键入密码或感应卡开门的门禁一体机，锁具采用通电型开门或断电型开门均可。支持 500 个用户（卡）使用。控制器具有处置存储器、防拆报警、门磁检测输出等功能。

单门门禁一体机外观平面图如图 7-13 所示。单门门禁一体机接线图如图 7-14 所示。

单门门禁一体机技术参数见表 7-1。

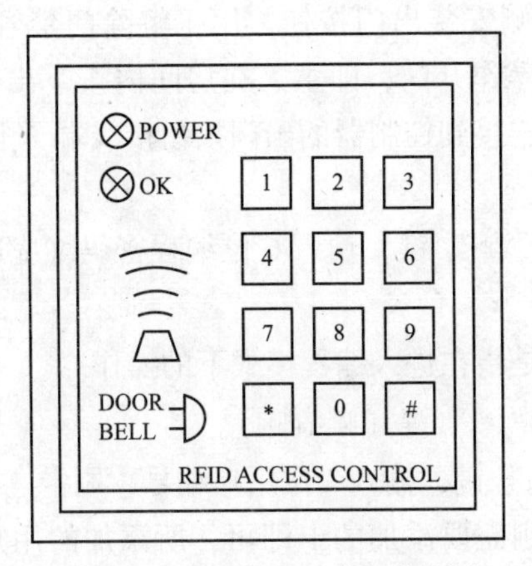

图 7-13　单门门禁一体机控制器

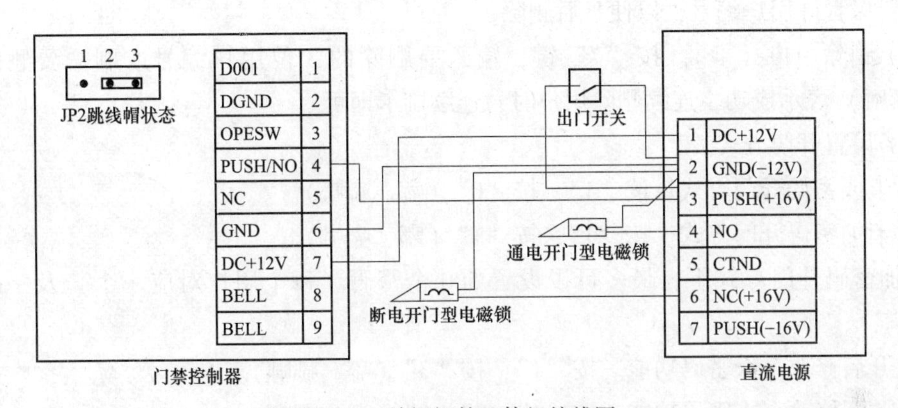

图 7-14　单门门禁一体机接线图

表 7-1　　　　单门门禁一体机技术参数

项　　目	技术参数
额定电压/V	DC 12
工作电压范围/V	DC 10~16
静态工作电流/mA	90
最大工作电流/mA	150
环境温度/℃	-20~55
环境湿度/RH%	0~95
编程密码	990101
开门密码	1234
有效卡或个人密码	0000
开锁时间/s	3
报警时间/s	0
修改个人密码功能	关闭

注　本表数据为出厂默认设置。

门禁系统可以在各门内侧安装出门按钮，用于解除门禁管制，可无须刷卡直接外出。可人工操作开门，也可电动操作开门，即主人在房间内按下出门按钮，门即可打开。出门按钮的接线比较简单，直接连接到控制器的出门按钮接线端子上即可。

2. 功能操作

（1）进入编程模式。按“*”键，输入6位编程密码（嘟嘟响）输入成功。编程密码出厂默认为990101。

以下操作，无特别说明是指在进入编程模式下的操作。

（2）退出编程模式。按“*”键（嘟嘟响）。

（3）添加用户卡。按“5”键，输入3位用户编号，刷卡（嘟、嘟嘟）表示成功，需要连续添加用户时，此时连续刷需要添加的卡即可，所添加的用户编程以第一次输入的编号续延。用户编程为001~500间的任意数字，但不能重复。

妥善保管好用户编号，以便日后删除。

（4）删除用户（卡）。按“7”键，输入要删除的3位用户编号或刷需要删除的卡（嘟、嘟嘟）表示成功，连续删除用户时，连续刷卡即可。

（5）设置开门方式。

1）卡或密码开门方式。按“1”，按“0”（嘟、嘟嘟）。

2）卡加密码开门方式。按“1”，按“1”（嘟、嘟嘟）。

卡加密码开门方式下，最多可以设置500个密码（每个用户对应一个）及一个通用密码。

3）开启修改个人密码功能。按“1”，按“3”（嘟、嘟嘟）。

4）关闭修改个人密码功能。按“1”，按“2”（嘟、嘟嘟）。

（6）设置卡+密码开门方式。修改此项功能时，控制器应处于非编程状态下：

按“#”键（嘟嘟），刷卡（嘟、嘟嘟），一一输入四位原始密码（出厂为0000），一一重复两次输入四位新密码即可。

（7）修改通用开门密码。按“3”键，输入四位新密码（出厂默认为1234）。注意：当通用密码为0000时，在卡或密码方式下无效。

（8）设置开门延时时间。按“2”，输入TT。TT表示开门延时时间，如输入05表示延时5s。

（9）设置防拆报警功能。

1）开启防拆报警功能：按“4”，按“1”。

2）关闭防拆报警功能：按“4”，按“0”。

（10）设置门磁检测功能。

1）开启门磁检测功能：按“6”，按“1”（有效卡或密码开锁+门磁闭合开磁，此项功能多用于门互锁）。

2）关闭门磁检测功能：按“6”，按“0”（有效卡或密码开锁）。

（11）设置报警延时时间。按“82”，输入TT。

1）TT表示延时报警时间，如输入05表示报警时间为5s。

2）此项功能需与开启门锁报警功能同时使用。

3）报警延时表示当TT延时过后，门（门磁）还没有闭合则报警，直到门闭合后报警才消除。电锁最好使用具有门磁功能的。

（12）设置门磁报警功能。

1）开启门磁报警功能：按“8”，按“1”（有效卡或密码开锁+门磁闭合开锁）。

2）关闭门磁报警功能：按“8”，按“0”。此项功能用于检测门被正常打开后没有关门或者门没有通过控制器开启，控制器发出嘟嘟的长鸣报警声。

（13）恢复出厂设置。

1）按“8”，输入6（嘟、嘟嘟嘟，5s后嘟嘟嘟）控制器恢复出厂设置。

2）强制恢复编程密码：将控制器电路板上的J2脚（RET）短接（通电状态下），控制器恢复出厂密码，但保留所添加的用户。

（14）修改编程密码。按“0”，输入两次相同的6位新编密码，系统自动退出。

3. 故障解析

（1）按键正常不读卡。原因和解决方法：电源不够，更换电源。

（2）读卡近或不灵敏。原因和解决方法：控制器安装于金属表面或电源不够，改变安装形式或更换电源。

（3）读卡后不开门。原因：检查是否设置了卡+个人密码开门方式。

（4）按“5”嘟嘟响。原因：控制器卡容量已满。

（5）按“5”+用户编号嘟嘟嘟响。原因：本编号已被使用。

（6）有效卡或密码不开门。原因：检查控制器接线是否正确。

第三节　门禁系统的锁具

一、锁具的分类

锁具是门禁系统的执行端，是安全防范的产物，是防盗的盾牌。锁具在材料、工艺、新技术方面在逐步发展。

1. 锁具的材料

（1）不锈钢材料。不锈钢材料，光亮、强度好、耐腐蚀性强、颜色不变。不锈钢主要分为铁素体和奥氏体。铁素体不锈钢有磁性又称不锈铁，长时间的在有腐蚀性的环境中使用也会生锈，只有奥氏体不锈钢才不会生锈，鉴别的方法是：用永久性磁铁一试即知。

（2）铜材。铜材是比较广泛采用的锁具材料之一。其力学性能好，耐腐蚀性、工艺性都比较好，色泽艳丽、表面平整、密度好，无气孔、砂眼，具有装饰性，可用来镀24K金或砂金等各种表面处理。

（3）锌合金材料。锌合金材料其强度和防锈能力，比不锈钢材料、铜材料就差多了，但优点是易于做成复杂图案的零部件，可以铸造。

（4）钢铁。钢铁强度较好，成本较低，但易于生锈，一般用作锁具内部材料。

2. 锁具按使用情况分类

门禁系统的锁具按使用情况分，可分为电插锁、磁力锁、电动阴阳锁三种。

（1）电插锁。电插锁，即电子插销锁。电子插销锁是电磁锁的一种，特别适用于双向开门。锁销弹出的力度要充分，压下去后释放锁销能有力地自动弹出。标定电压有直流12V和24V两种，根据与其相连的电器来选择。同所有电磁锁一样，电子插销锁也有通电开门和断电开门两种类型，需要从安全和保安两方面的综合要求来确定。电子插销锁通过电路延迟，具有延时开门、关门控制功能，而且有门磁和门状态检测功能。门磁检测功能可以为控制器提供开门、闭门状态的实时监视功能。与开门信号源连接，就构成了门禁系统的主要执行部件。电子插销锁的唯一缺点是由于插销锁门的方向与门的运行方向垂直相交，如果开锁前已经有外力作用（如由于某种尾部产生的门内外气压差），就有可能打不开门。因此电子插销锁不应用于有紧急状态要求的门。

（2）磁力锁。磁力锁是靠电磁吸力来锁门的锁。磁力锁关键看其耐拉力，安装好后突然用力拉门，拉不开视为正常。安装磁力锁锁体吸合要吻合，衔铁不要安装过紧，否则会影响拉力。磁力锁属于常开锁，即断电开门锁，俗称消防锁，产生吸合力强，常应用于比较重要的场所及消防用通道门、铁门等。磁力锁主要有锁主体和衔铁两部分，通过设定可以有不同等级的输入使用电压。

（3）电动阴阳锁。电动阴阳锁属于两线锁，加电后电流通过电磁线圈产生吸力，带动金属杆脱离机械锁扣，使锁舌处于自由状态而使门开启。电动阴阳锁有带电常闭、断电常开型，也有带电常开、断电常闭型，广泛应用于木制门、金属门、玻璃门等。主要有接电部分的阴极和机械部分的阳极两部分。一般只有12V的输入使用电压。

3. 锁具按电气控制方式分类

（1）有电闭锁型。门禁系统的锁具分有电闭锁型和有电开锁型两类。

有电闭锁型。在无电源状态下处于开锁状态，该种锁型长时间处于加电状态，使门锁死。当外接读卡器、密码锁或出门控制按钮给出电压输出信号时，触点断开，加在锁具上的电流被切断，锁具处于打开状态。该型锁主要应用于消防通道、公共场所进出通道等重要场所，为紧急疏散提供完善的安全模式。

（2）有电开锁型。有电开锁型。在无电源状态下处于闭锁状态。在门禁系统中，该种锁型长时间处于断电关门状态，门被锁死不能开户。当外接读卡器、密码锁或出门按钮给出电压输出信号时，锁具上有电流流过，锁具打开。该型锁广泛应用于办公室、档案室、住宅楼单元门等处，为防止非法侵入提供了完善的安全模式。

二、门禁锁具举例

1. SPRINT型电磁插销锁

SPRINT型为电磁插销锁，简称电插锁。其性能是：有电闭锁，断电开锁；低能耗，寿命长，无温度变化；可瞬时解锁把门开启；具有防撬保护。通过稳压电源可调延时重锁；出厂自带浪涌抑制器，以防高电涌破坏其他电气器件或闪电破坏插销装置；自带继电器，以防因相连设备原因而招致损坏；具有反向电极保护。

（1）适用于合页门或滑动门、木门、金属门、有框或无框玻璃门。条形宽为34mm安装面板，适用于初装或现有加装。为加强金属框提供两个硬化长帽螺钉。

(2) 阳极氧化铝外壳，不锈钢螺钉保护外观，防止生锈。

(3) 插销直径 15. 5mm。

(4) 插销长度 16mm 长。

(5) 覆盖板：$L\times W\times H=210\text{mm}\times42\text{mm}\times0.8\text{mm}$。

(6) 面板：$L\times W\times H=200\text{mm}\times34\text{mm}\times3\text{mm}$。

(7) 插销板：$L\times W\times H=90\text{mm}\times24\text{mm}\times27\text{mm}$。

(8) 额定电压：DC 12V。

(9) 起动电流：DC 900mA。

(10) 保持电流：DC 300mA。

(11) 抗剪切强度：连续运行抗力达 20000N。

电磁插销锁的安装示意图如图 7-15 所示。

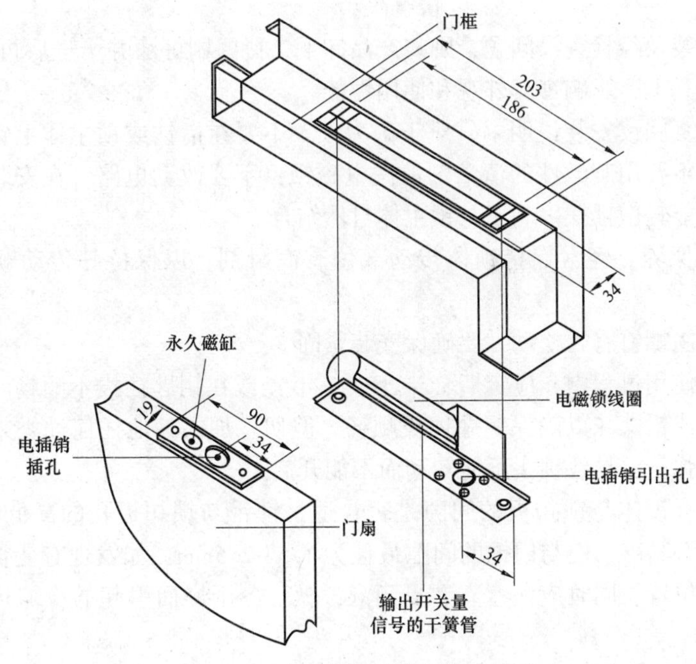

图 7-15　电磁插销锁的安装示意图

安装时需要详细了解电磁插销锁的结构、安装部位、技术数据。图 7-15 中的电磁插销锁采用 CPU 自动控制，针对电压波动而设计，具有三线控制方式，既可断电开锁，又可使用控制线开锁，静态电流仅为 80mA，功耗低，温升低；采用磁感应上锁，抗干扰性强、电压范围宽，使用安全、可靠。

工作电压：DC 10~24V。红色线，电源（+）；黑色线，电压（-）；黑白相间色，控制线（和地线接通即开锁）。

工作电流：起动时，DC 12V 0. 8A；持续状态时的电流，DC 12V 0. 08A。

开锁延时状态，有 4 种情况，电磁插销锁的延时设置如图 7-16 所示。

(1) 信号特点如下。

1）锁状态控制信号输出：① 电流信号：≤500mA；②电压信号：≤AC/DC 36V；③蓝色线→(NO）动合信号；④白色线→(COM）公共点（中性点）；⑤黄色线→(NC）动断信号。

2）门状态控制信号输出：①电流信号：≤500mA；②电压信号：≤AC/DC 36V；③绿色线→(NO）动合信号；④灰色线→(COM）公共点（中性点）；⑤橘色线→(NC）动断信号。

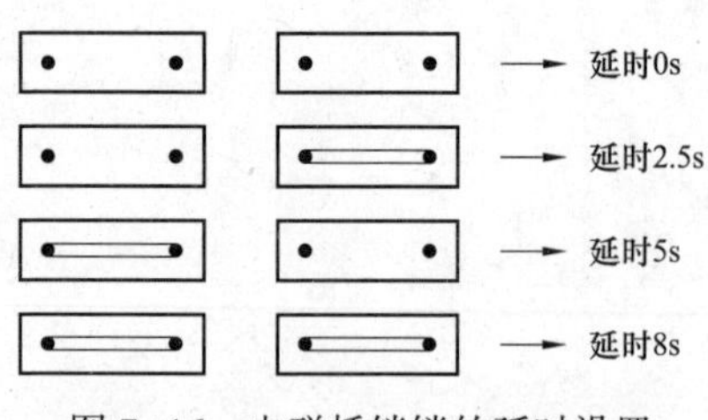

图 7-16 电磁插销锁的延时设置

（2）应聘有经验的木匠或对锁具有相当知识的智能楼宇管理员进行安装。根据产品说明书中的定距样板进行开孔，凿支承窝、锁扣板及锁扣盒孔，以做好安装前的准备。

（3）检查所有开凿的孔是否准确无误，并应严格按产品说明书中的要求步骤进行。如在安装后，发现锁开关不灵活或不能开启，应及时咨询，以便问题尽快解决。

（4）产品安装及经检查没问题，则将产品卸下，待门刷好漆并干透后再把锁重新装上，避免油漆粘在锁具上，影响锁具外观和使用性能。

（5）装前认真阅读安装说明书。对于磁力锁，不要在衔铁或锁主体上钻孔；不要更换铁板固定螺钉；不要用刺激性的清洁剂清洗电磁锁；不要改动电路。在安装铁板时，不要把它锁紧，让其能轻微摇摆以利于与锁主体自然结合。

（6）锁具的保养。经常保持锁体传动部位有润滑剂，以保持其传动顺畅及延长使用寿命。

（7）检查坚固螺钉有否松动，要确保安装紧固。

（8）锁头在使用过程中，应定期（半年或一年）或在钥匙插拔不顺畅时，在锁芯槽内抹入少许石墨粉或铅笔沫以确保钥匙插拔顺畅。但切忌加入其他任何油类来作润滑，以避免油脂粘住弹子弹簧，导致锁头不能转动而不能开启。

（9）经常检查锁体与锁扣板的间隙是否合适，锁舌与锁扣板孔的高低配合是否相宜，门与门框配合是否紧凑。门与门框的间隙最佳为 1.5~2.5mm，如发现有变化，应调整门上铰链或锁扣板的位置。同时应注意春、夏潮湿，秋、冬干燥而引起的冷缩热胀，以确保锁具使用顺畅。

2. DB1260 型电磁插销锁

DB1260 型是电磁插销锁简称电插锁，有电闭锁，断电开锁型或断电闭锁有电开锁型两种；其功能：自动上锁功能，时间延迟功能；具有智慧型电子系统配制，温升低；有门状态指示灯信号输出功能、蜂鸣报警功能。

该锁适合安装于宽度为 38.1mm 的宽心金属门框、木门框、铝门框、单或双门。

薄型轻巧设计，采用不锈钢板设计。

额定电压：DC 12V。

起动电流：DC 12V，900mA。

保持电流：DC 12V，300mA。

3. DB1200G 型电磁插销锁

DB1200G 型是电磁插销锁，简称电插销锁。其功能：断电闭锁，有电开锁型；具智慧型电子系统配置；自动上锁功能，时间延迟功能，并可设定；具有锁状态及门状态信号输出功能，含指示灯、蜂鸣警报器指示，温升低。

设计简易，采用不锈钢面板，适合安装在单门或双门无框玻璃门上，为外置式。

额定电压：DC 12V。

起动电流：DC 12V，900mA。

保持电流：DC 12V，300mA。

4. ML15280 型磁力锁

ML15280 型是单门外露式磁力门锁。其特性为：表面安装，可以安装在90°内开或外开的门上。

（1）标准型，具有突波保护功能，信号输出功能，可选择指示灯号、锁状态、门状态等功能。

（2）锁质为铝材采用阳极氧化防锈处理，加强锁体牢固力的独特四孔位设计，可调试铁板。

（3）锁体尺寸：$L \times W \times H = 238mm \times 48mm \times 25mm$。

（4）铁板尺寸：$L \times W \times H = 185mm \times 38mm \times 12mm$。

（5）额定电压：DC 12V 或 DC 24V。

（6）额定电流：DC 480mA/DC 12V 或 DC 240mA/DC 24V。

（7）拉力：2800N。

5. CCW30S 型磁力锁

CCW30S 型为迷你型单门埋入式磁力锁。其主要特性为：无输出信号，具有突波保护功能。

（1）表面安装，可以安装在各种玻璃门、木门、铝合金门上，专为小型门而设计，其锁体长度小于 170mm。

（2）铝质材料采用阳极氧化防锈处理，铁板及铁块表面镀锌防锈处理。

（3）锁体尺寸为：$L \times W \times H = 166mm \times 39mm \times 21mm$。

（4）铁板尺寸为：$L \times W \times H = 130mm \times 32mm \times 8.3mm$。

（5）额定电压：DC 12V 或 DC 24V。

（6）额定电流：DC 185mA/DC 12V 或 DC 370mA/DC 24V。

（7）拉力：1500N。

6. EM45FS 型不锈钢防水磁力门锁

EM45FS 型为不锈钢防水磁力门锁。其特性为：无信号输出，具有防水功能。

（1）安装方式为正面或侧面，安装在室内或户外的木门、铁门及铝合金门上。

（2）材料为不锈钢，铁板及铁块为镀锌防锈处理。

（3）锁体尺寸：$L \times W \times H = 126mm \times 26mm \times 31mm$。

（4）铁板尺寸：$L \times W \times H = 130mm \times 30mm \times 8.7mm$。

（5）额定电压：DC 24V 或 DC 24V。

（6）额定电流：DC 160mA/DC 12V 或 DC 320mA/DC 24V。

（7）拉力：2000N。

7. CM2600D/CM2600DU 型双门外露式磁力门锁

CM2600D/CM2600DU 为标准型双门外露式磁力门锁。其特性为：具有信号输出功能，可选择指示灯、锁状态、门状态等功能，具有突波保护功能。

（1）表面安装，具有独特的加强锁体，四孔位固定。铁板可调，可安装在 90°内开或外开的门上。

（2）铝材采用阳极氧化防锈处理，铁板及铁块表面镀锌防锈处理。

（3）锁体尺寸：$L \times W \times H = 476mm \times 48mm \times 25mm$。

（4）铁板尺寸：$L \times W \times H = 185mm \times 38mm \times 12mm$。

（5）额定电压：DC 12V 或 DC 24V。

（6）额定电流：DC 240mA/DC 12V 或 DC 480mA/DC 24V。

（7）拉力：2500N×2。

8. EM4000HSD 型双门磁力门锁

EM4000HSD 型是智能型双门磁力门锁。其特性为：记忆性加密铁板，具有警报时间设置功能，0~110s 的时延迟。具有突波保护功能，具有锁状态信号输出功能。

（1）表面安装，适合于金属门、铝合金门或 PVC 门上，可安装在 90°内开或外开的门。具有独特的加强锁体，四孔位安装固定。

（2）铝材采用阳极氧化防锈处理，铁板及铁块镀锌防锈处理。

（3）锁体尺寸：$L \times W \times H = 536mm \times 73mm \times 40mm$。

（4）铁板尺寸：$L \times W \times H = 190mm \times 61mm \times 16mm$。

（5）额定电压：DC 12V 或 DC 24V。

（6）额定电流：DC 240mA/DC 12V 或 DC480mA/DC 24V。

（7）拉力：5500N×2。

9. ML15711 型玻璃门用锁

ML15711 型是玻璃门用锁。其主要特性：具有可靠的保护强度。锁体内机械机构具有自润滑措施，无须外部润滑，确保动作顺畅。电锁配有多种信号输出接口，具有门接触触点以及电插锁锁闭监控装置，便于用户对门的监控。锁体内部有一控制装置，可以使门在一定的时间间隔之后自动锁闭，时间可任意调整。

（1）适用于双向开平开门或滑动门（木门、金属门、有框或无框玻璃门）。所有引出线采用插头连接，可以在不安装锁体的情况下进行接线，有效避免电锁安装过早被破坏的现象发生。

（2）锁体外壳采用不锈钢冲压成形，安装挡板为拉丝氧化铝，不锈钢安装螺钉。结构精巧、紧凑。

（3）插销直径 15. 5mm。

（4）插销长度 16mm。

（5）额定电压：DC 12V。

（6）额定电流：DC 90mA。

（7）保持电流：DC 300mA。

（8）抗剪切强度：约 20000N。

10. ML90114VG 型无框玻璃平开门电动阴锁

ML91114VG 型是无框玻璃平开门电动阴锁。其功能：断电时门被锁紧不能开启，只有触点接通（瞬时触点）时才能开门。属于无电闭锁、有电开锁型。

铝制外壳，安装在无框玻璃门扇上，注意门的配合间隙，以便开关自如。阴锁与玻璃门板之间最大间距为 6mm。安装时，无须复杂的工具，只要简单贴上即可（专用胶附在锁内）。标准型结构用于 12mm 厚的门板，特殊结构用于 8~10mm 厚的玻璃门。

额定电压：AC/DC 8~12V。

瞬时触点额定电压：AC/DC 8~12V。

使用交流电时有蜂音，用直流电时无蜂音。

11. ML914ZY 型无框玻璃门用电动阴锁

ML914ZY 型是无框玻璃门用电动阴锁。其功能：断电时门被锁紧不能开启，只有在触点接通时才能开门。属于无电闭锁、有电开锁型。具有特种结构形式的锁胆孔，紧急情况可用钥匙将门打开。

锁体锤纹烘漆，颜色为银色，闩舌为黄铜镀镍。该型锁安装在无框玻璃门门框上，销胆孔中心线至锁舌板表面尺寸为 21mm。闩舌和配合件在门关闭时一起将玻璃门板夹紧。若是双扇玻璃门，则每扇门上面的门框上都应装一把 ML914ZY 型电动钥锁（不适用于双向自由门）。安装时要注意门的配合间隙，以便于开关自如。玻璃门板应顺利地导入阴锁闩舌内，并且紧紧地压着安全销，以便锁紧机构起作用。钥锁与门板之间的最大间距为 3mm，与阳锁配合使用。标准型结构用于 12mm 厚的门板，特殊结构用 10mm 厚的门板。

额定电压：AC/DC 8~12V。

瞬时触点额定电压：AC/DC 8~12V。

使用交流电时有蜂音，使用直流电时无蜂音。

12. ML75RR 型平开门用电动阴锁

ML75RR 型是平开门用电动阴锁。其功能：断电时门被锁紧不能开启，只有在触点接通时才能开门。属于无电闭锁、有电开锁型。带有门状态监控触点，能自动探测所控门当前处于“开”或“关”的状态，并能及时反馈到主控台。可与消防系统联动，实现报警功能。

该型锁安装在木门或金属门框上，闩舌上开长螺孔，大大减轻了闩舌校调工作。安装方便，在装入后很容易按阳锁闩舌校调阴锁闩舌。若有膨胀，可随时校调阴锁得以平衡。在位置紧凑的情况下也可按门锁舌校调。锁舌有两种规格：短型 31. 7mm×123. 7mm；长型 31. 7mm×174. 5mm。

额定电压：AC/DC 6~12V。

瞬时触点额定电压：AC/DC 6~12。

使用交流电压时有蜂音，使用直流电时无蜂音。

推荐配套机械阳锁——ML-O-Key 阳锁，该锁带应急钥匙孔，万一断电或系统出现故障，读卡器不能正常工作时，可采用应急钥匙将门打开。

13. ML914 型无框玻璃门用电动阴锁

ML914 型是无框玻璃门用电动阴锁。其功能为断电时门被锁紧不能开启，只有在触点接通（瞬时触点）时能开门。属于无电闭锁、有电开锁型。

锁体锤纹烘漆，颜色为银色，闩舌为黄铜镍合金，适用于无框玻璃门。安装要注意门的配合间隙，以便开关自如。玻璃门板应顺利地导入阴锁闩舌内，并且紧紧地压着安全销，以便销紧机构起作用。阴锁与玻璃门板之间的最大间距为 3mm。安装在无框玻璃门门框上，与阳锁配合使用。标准型结构用于 12mm 厚的门板，特殊结构用于 10mm 厚的门板无框玻璃门；也可以安装在豪华门及其有特别要求的门。锁闩舌和配合件在门关闭时一起将玻璃门板夹紧。门上要有一个挡门板的挡块。若是双扇门板的玻璃门，则每扇门上面的门框上都应装一把 ML119（不适用于双向自由门）。

14. ML15610/ML15611 型电动阴锁

ML15610/ML15611 是电动阴锁。其功能为断电时站被锁紧不能开启，只有在触点接通时才能开门。属于无电闭锁、有电开锁型。除此之外，ML15610/ML15611 两种锁其他功能和安装均相同。

安装在木门或金属门框上。锁舌板有两种规格：短型 31. 7mm×123. 7mm；长型 36mm×201mm。

抗撞击：6800N。

推荐配套机械阳锁 ML-OKey 型阳锁，带有应急钥匙孔，万一断电或系统出现故障读卡器不能正常工作时，可采用应急钥匙将门打开。

15. ML141 型防撞击电动阴锁

ML141 型是防撞击电动阴锁。其功能：高保安型，防撞击安全电动门锁。断电时，门被锁紧不能开启，只有在触点接通时，才能开门。属于无电闭锁、有电开锁型。它通过一个特殊的杠杆机构，可防止电动门锁因受外界冲击、振动等而被打开，只有当电流作用在电动门锁的线圈上时，销才能被打开。带有门状态监测触点，能自动探测所控门当前处于“开”或“关”状态，并能及时反馈给门禁机。可与消防系统联动，具有报警功能。

该电动站锁适用于运输车辆的负荷门上，能抗击行驶过程中的撞击与振动，也很适合横向安装于双扇防火门上。带精密高强度铸钢壳体，可用于配电室、开关柜、试验室和反应堆室等。安装简便，装入后易于校调门锁闩舌，若膨胀，可不用拆开而随时进行校调。

额定电压：DC 8~12V。

瞬时触点额定电压：DC 12V。

额定电流：350mA。

断裂试验的抗压强度：≥15000N。

16. ML112 型及 ML1112 型推拉门用电动阴阳锁

ML112 型及 ML1112 型是推拉门用电动阴阳锁。其功能：断电时门被锁紧不能开启，只有在触点接通时才能开门。属于无电闭锁、有电开锁型。带有门状态监测触点，能自动探测所控门当前所处的“开”或“关”状态，并能及时反馈给门禁机。可与消防系统联动，具有报警功能。

ML112 电动阴锁应与 ML1112 阳锁配套使用。因为推拉门用的电动锁要求其配套阳锁闩舌摆动支点远调整。回位弹簧应可调，且能保证电动锁开合自如，因而 ML1112 阳锁锁舌板前表面至锁钩下端的距离为 5mm。在盖板与外壳之间有一橡皮密封，锁舌板、盖板和内部零件均镀锌，并有精密高强度铸钢件，因此可以露天安装。

额定电压：DC 12V 或 DC 24V。

额定电流：DC 12V/400mA 或 DC 24V/200mA。

瞬时触点额定电压：DC 6~12V。

17. ML810 型活页门用电动阴阳锁

ML810 型是活页门用电动阴阳锁。其功能：断电时门被锁紧不能开启，只有在触点接通时才能开门。属于无电闭锁、有电开锁型。可以通过阴锁上的调节螺钉来实现功能转换。当调节螺钉头开口槽处于垂直方向时，门处于闭锁状态。

ML810 型活页门用电锁，包括阴锁和阳锁两部分。阳锁带有应急钥匙胆孔，锁胆孔中心至锁舌板表面距离 25mm。

该锁安装在门框与门扇刚性强的活页门上。单扇无框活页门，阴锁安装于门框下端，阳锁安装于门扇前下端；双扇无框活页门，阴锁和阳锁应分别安装于两页门扇上。

额定电压：AC 24V。

瞬时触点额定电压：AC 24V。

额定电流：1.0A。

18. ML1048 和 ML1049 型书柜电动锁

ML1048 和 ML1049 是书柜电动锁。属于无电闭锁、有电开锁型。其功能：具有无电位差转换触点的电动门闩，有信号反馈功能、开门状态 LED 指示类显示。

该锁适宜安装在各种办公柜、文件柜、保险柜、分信柜、信箱药品柜等。可以根据用户的情况将电动门闩销从侧面或正面装入所要安装的锁中，孔间距为 32mm。

ML1048 型，在打开门闩的同时，集成式门闩上的套座被自动推出，使门销打开。

ML1049 型，电动门闩内有一固安装置，即使在门闩被解除锁闭状态时，也可以将门带住。

额定电压/额定电流：DC 12V/DC 280mA 或 DC 24V/DC 140mA。

锁具规格：$L \times W \times H = 48mm \times 42mm \times 20mm$。

抗破裂压力：1000N。

温度范围：-20~60℃。

19. ML-OK 型电动阳锁

ML-OK 型是电动阳锁。其功能：附带锁面盖板，美观防尘。锁体采用合金材料，坚固防锈；适用于单向平开的木门、金属门、塑料门、有框或无框斑斑门，可以水平或垂直安装。

闩舌高度 13.5mm，宽度 25.5mm。锁胆中心与锁舌板距离、舌体底端与锁舌板距离见表 7-2。

表 7-2　阳锁工艺距离参数

型号	锁胆孔中心与锁舌板距离/mm	设备说明	锁体底端与锁舌板距离/mm
ML-0K01	24.6	带扣边的木门、防火门用	38
ML-0K02	28.6		40

续表

型号	锁胆孔中心与锁舌板距离/mm	设备说明	锁体底端与锁舌板距离/mm
ML-0K03	38.1	带扣边的木门、防火门用	49
ML-0K04	—		—
ML-0K05	24.6	全金属锁舌，重型门用	38
ML-0K06	28.6		40
ML-0K07	38.1		49

第四节 门禁系统的设计、安装及故障分析

一、门禁系统的有关设计标准

GB/T 191—2008《包装储运图示标志》

GB/T 2651—2008《焊接接头拉伸试验方法》

GB/T 2828.1—2012《计数抽样检验程序 第1部分：按接收质量限（AQL）检索的逐批检验抽样计划》

GB/T 2829—2002《周期检验计数抽样程序及表（适用于对过程稳定性的检验）》

GB 15763.3—2009《建筑用安全玻璃 第3部分：夹层玻璃》

GB 12663—2001《防盗报警控制器通用技术条件》

GB/T 15211—2013《安全防范报警设备 环境适应性要求和试验方法》

GB/T 15279—2002《自动电话机技术条件》

GB 16796—2009《安全防范报警设备 安全要求和试验方法》

GB 17565—2007《防盗安全门通用技术条件》

GB/T 17626.2—2018《电磁兼容 试验和测量技术 静电放电抗扰试验》

GB/T 17626.4—2018《电磁兼容 试验和测量技术 电快速瞬变脉冲群抗扰度试验》

GB/T 17626.5—2008《电磁兼容 试验和测量技术 浪涌（冲击）抗扰度试验》

GB/T 17626.11—2008《电磁兼容 试验和测量技术 电压暂降、短时中断和电压变化的抗扰度试验》

GB 50314—2015《智能建筑设计标准》

GB 50343—2012《建筑物电子信息系统防雷技术规范》

GB 50303—2002《建筑电气工程施工质量验收规范》

GB 50254—2014《电气装置安装工程 低压电器施工及验收规范》

JGJ 16—2008《民用建筑电气设计规范》

GA/T 678—2007《联网型可视对讲系统技术要求》

GA/T 72—2013《楼寓对讲电控安全门通用技术条件》

GA/T 73—2015《机械防盗锁》

QB/T 2698—2013《闭门器》

二、门禁系统的管线布置与选择

门禁系统的管线应尽量采用暗敷设和大楼的土建工程同时进行。如因某种原因必须采用明敷设时，应采用镀锌钢管明敷设。大楼的单元楼门外，不应有明敷设的管线。暗敷设可采用 PVC 管。

室外机应装于大楼的单元楼门外的墙上，室内机、室外机的 DC 12V 电源箱应装于单元楼门内的墙上（暗装）。室内机装于住户门内侧，距门框≥20cm、室内机底边距地面≥1.2m。

当电气保护管遇到下列情况或超过下列长度时，中间应加装接线盒，接线的位置应考虑便于穿线和接线：①管长长度每超过 45m，无弯曲时（但根据实际情况，可以适当加大管径来延长管路直线长度）；②管长每超过 30m，有一个弯曲时；③管长每越过 20m，有两个弯曲时；④管长每超过 12m，有 3 个弯曲时。

每一住户分线处应设置接线盒，便于接线。穿线管内不应有接头。不同电压级的线路，不应穿在同一穿线管内。

电线保护管不应穿过设备或建筑物、构筑物的基础，当必须穿过时，应采取保护措施。

当线路暗配时，弯曲半径不应小于管外径的 6 倍，当埋设于地下或混凝土内时，其弯曲半径不应小于管外径的 10 倍。

PVC 管应采用暗敷设，不应敷设在高温和易受机械损伤的场所。

PVC 管与器件连接时，插入深度应为管径的 1.1~1.8 倍。

直埋地下或楼板内的硬 PVC 管，在露出地面易受机械损伤的一段，应采取保护措施。

PVC 管直埋于现浇混凝土内时，在浇捣混凝土时，应采用防止 PVC 管发生机械损伤及 PVC 管接口处、接线盒处灌浆的保护措施。

明配管应排列整齐，固定点间距应均匀，符合安装规范要求。

门禁系统的视频线选择见表 7-3。

表 7-3　门禁系统的视频线

类别	型号	说明
单元系统的干线	SYV75-5（5C2V）	当线长超过 100m，且增益达不到 $1V_{(p-p)}$ 时，可考虑增加视频放大器
单元系统的分户线	SYV75-3（3C2V）	当线长超过 50m，可考虑采用 SYV75-5（5C2V）
连接管理中心的视频线	SYV75-5（5C2V）或 SYV75-7	当线长超过 100m，且增益达不到 $1V_{(p-p)}$ 时，可考虑增加视频放大器

注 1. 当连接管理中心的视频线段上加入视频放大器后，则图像只能作单向传输，因此管理中心不能将自己的图像传输到单元系统中。

2. 表中视频线的规格仅作参考，不同的机型以生产厂家的要求为准。

门禁系统的信号线、电源线的选择见表 7-4。

表 7-4 门禁系统的信号线、电源线的选择

类别	线长/m	型号、截面/mm^2	说明
单元系统	≤30	RVV4×16/0.15 0.3	主干线与分户线应配线一致； 一般情况下，2 芯电源线也和信号线配线一致； 线长按最高楼层来计算
	30~50	RVV4×16/0.2 0.5	
	50~80	RVV4×24/0.2 0.75	
	>80	RVV4×32/0.2 1.0	
连接管理中心系统总线	≤100	RVV4×16/0.2 0.5	网络线可采用分片的方式，尽量控制 600m 以内为最佳。 最长联网距离在电磁环境很好的条件下，可达 1.5km
	100~200	RVV4×24/0.2 0.75	
	200~600	RVV4×32/0.2 1.0 或 $S>1.0$	
	>600	RVV4×48/0.2 1.5	

注 电源线可根据传输距离计算电压衰减值。例如，SD-P 型电源装置输出电压为 DC 18V，分机工作电压为 DC 18（1±10%）V。有条件的地方电源线应选用 BV-1.0mm^2 或 BV-1.5mm^2。

（1）视频线、信号线、电源线应尽量采取穿管暗敷设，不间断电源装置应安装于门禁主机附近。

（2）视频线应按要求选线，中间不应有接头。如需接头时，应采用专用接头，专用接头的两端应用金属线跨接，把两段视频线的屏蔽层连接起来。

（3）视频线和信号线严禁与电力线路（AC 220V 以上的线路）敷设在同一线槽内或同一桥架内。严格讲也不允许敷设于同一个竖井内，如无法分开时，也应保持间隔距离 60cm 以上。

（4）视频线和信号线尽量不要与有线电视、电缆、电话线敷设在同一通道，如无法分开，信号线要用屏蔽线（RVVP）布线。

（5）门禁主机、电源装置、室内分机外露可导电部分（即金属外壳）、视频线、信号线的屏蔽层应可靠接地，接地电阻不大于 4Ω。

（6）视频线、信号线的线头不得用电工胶布缠绕，推荐使用热缩套后封装。

（7）所有信号线的两端应有线号标识。

三、主机安装

1. 室外机

门机系统主机包括单元楼门主机、围墙门主机、住户门主机。

安装方式有两种：预埋式安装，安装在墙体上，如图 7-17、图 7-18 所示。

安装在门体上的嵌入式安装。墙体上安装或门体上安装的安装高度为：门禁主机设备高的中心至地面距离 1450mm 较为合适。

主机安装开孔尺寸如图 7-19 所示。

门禁系统主机避免暴露在风雨中，如无法避免，应加防雨罩。

避免将摄像机镜头面对直射的阳光或强光。

尽量保证摄像机镜头前的光线均匀，照度足够。

避免安装在强磁场附近。

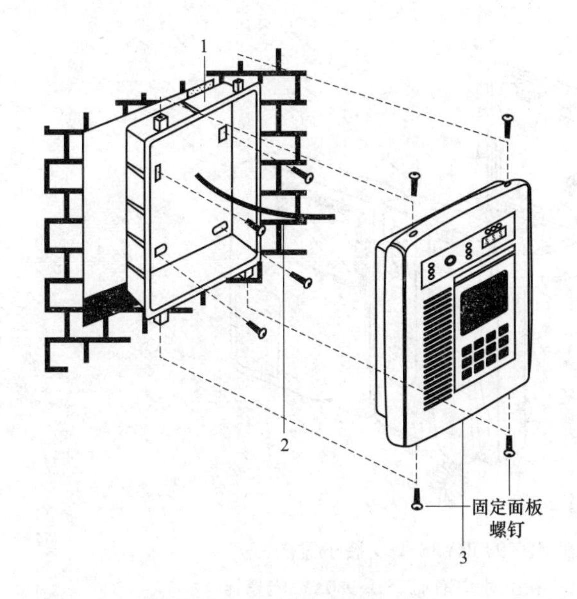

图 7-17 门禁系统主机
SD-980D2A/B 型在墙体上的安装

1—将预埋盒装于墙内；2—连接传输线于室外主机端子上；
3—将室外主机机芯装于预埋盒上

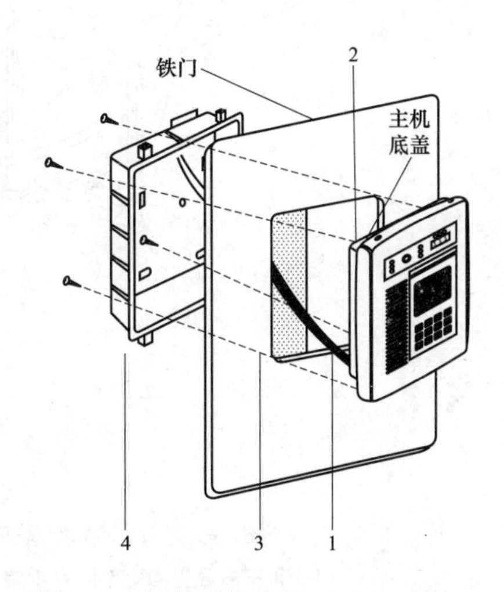

图 7-18 门禁系统主机 SD-9802D2A/B
型在铁门上嵌入式安装

1—连接传输线于主机端子上；2—将主机底盖固定在主机上；
3—将主机固定在门上；4—将主机后盖固定好

连接线在主机入口处，应全部进入主机内部。

彩色摄像机应考虑夜间可见光补偿。

避免安装在背景噪声大于 70dB 的场所。

具有金属外壳的主机，外壳应接保护接地线 PE 线，其接地电阻不大于 4Ω。

电源装置是开锁、闭锁及门禁主机、分机的主要工作电源。输出电压为 DC 12、18、24V 等，为不间断直流电源装置。

电源装置应暗装于门禁主机附近的室内侧。箱体底边距地 1400mm，箱体应接 PE 线。

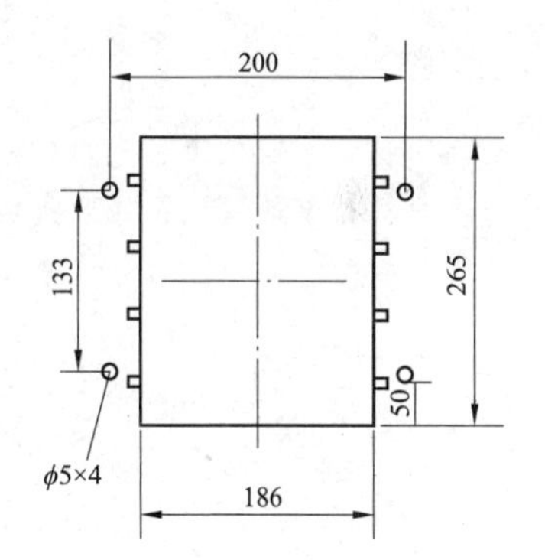

图 7-19 门禁系统主机
SD-980D2A/B 型在铁门
嵌入式安装的开孔尺寸图

2. 室内机

室内分机分台式分机和壁挂式分机两种形式。

壁挂式分机的安装高度，以分机荧屏高的中心至地面垂直距离 1450mm 为宜。安装如图 7-20 和图 7-21 所示。

避免显示屏面对直射的强光，彩色分机应注意光线角度。

避免安装在高温或低温的地方（标准温度应为 0~50℃）

避免安在滴水处和潮湿的地方。

避免安在灰尘过多或空气污染严重的地方。

避免安在背景噪声大于 70dB 的地方。

避免安在强磁场附近。

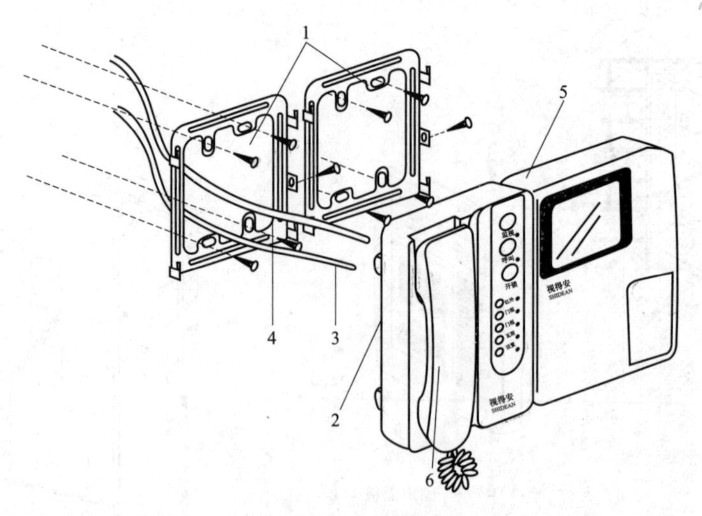

图 7-20　门禁系统室内分机 SD-980RY3S 型安装示意图

1—将室内分机固定架固定于墙上；2—接上对讲室内机 SD-980AY2 与壁挂显示器 SD-680RT 间端子的连线；3—连接探测器的报警线于室内机的端子上；4—连接传输线于室内机端子上；5—将室内分机固定于固定架上；6—接上耳机

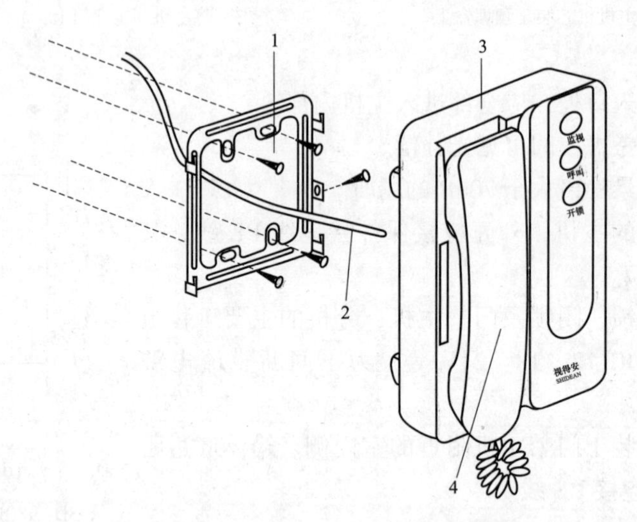

图 7-21　门禁系统室内分机 SD-980AR2 型安装示意图

1—将室内分机固定架固定于墙上；2—连接传输线于室内机端子上；3—将室内分机固定于固定架上；4—接上耳机

四、问题解答及故障分析

1. 客人来访怎样操作门禁主机？

对于普通数码式门禁对讲系统。当有客人来访时，客人应先按主机“开”键，在键盘上输入房号，对应分机即时发出振铃声。主人提机（关闭振铃）与客人对话后，主人可通过分机的开锁按钮遥控大门电控锁开锁，门被打开。客人进入大门后，闭门器使大门自动关闭。

2. 直按可视对讲门禁系统有什么特点？

可视对讲门禁系统是将来广泛采用的产品，它把来访者的图像直接传给用户，使用户对来访者一目了然，其特点如下：

（1）内置红外线摄像头，无论白天或黑夜均可摄取清晰画面。

（2）双音或叮咚振铃。

（3）待机电流小，省电。

（4）面板可根据房号数灵活变化。

（5）使用时操作简单方便。

3. 可视对讲门禁系统，当客人来访，键入房间号后，主人房间分机只响一声就不再响，主人拿起耳机后可以对话，按下开门按钮也可以开门，原因为何？

（1）室内分机内扬声器有问题。

（2）检查音频电路中的电容器是否有损坏。

4. SD-780 系统门禁系统特点是什么？

SD-780 系列门禁系统，是采用计算机楼层解码、编程技术而开发的高层楼宇对讲系统。SD-780 系列门禁系统主要由 SD-780 系列室内分机、SD-980×31×2 解码器及 SD-980 系列主机组成。可实现呼叫、开锁、监看等功能，通过 SD-980BM 管理中心联网，则实际上是 SD-980 系统中的室内分机采用另外一种编解码方式而形成的一个系统，故除了室内分机所实现的功能和 SD-980 系列不一样外，在联网及主机方面和 SD-980 系统一样。

5. SD-980、SD-780 门禁系统主机不能呼叫分机怎么办？

SD-980、SD-780 系统的呼叫是以编码的方式来完成的，要完成呼叫方式就必须主机和分机能完成相同的编解码方式，即主机发码和分机解码的格式应一致；SD-980、SD-780 系统均以 3 号线为编解码的传输线，即主机通过 3 号线发码给分机或解码器，发码的格式为 8421BCD 格式，通过示波器可以看到其波形图，发码幅度为 12V，分机的最低解码幅度为 9V。当主机不能呼叫分机时，应按如下步骤进行分析、查找。

（1）主机不发码或发码不正确。主机发码时，用万用表直流电压挡在 3 号线应测得有 DC 3V 电压左右，否则说明主机发码模块有问题。

（2）分机不解码，一般为分机房号不对。

（3）检查 3 号传输线及公共线是否畅通。

SD-750 门禁系统是采用开关脉冲呼叫的方式呼叫，即房号按键就相当一个开关，当按下按键时，则主机发一个脉冲给室内分机，分机接到脉冲后，音乐芯片工作振铃，当主机不能呼叫分机时，应按如下步骤分析、查找。

（1）主机没有送出脉冲信号，在主机键盘上按住房号按键，则相应的房号的呼叫线应有 DC 12V 电压。

（2）主机至室内分机的传输线不畅通。

（3）主机或分机的电源没有，导致音乐芯片不能工作。

6. 门禁系统电控锁打不开的原因是什么？

SD-980 系列、SD-780 系列门禁系统是以电位的方式来完成开锁的，即 SD-980、SD-

780 系统的主干线上有大于 DC 9V 的电压时，主机的+L、-L 就会输出 DC 12V 给电锁，因此当主机不能开锁时，主要从以下几方面分析原因。

（1）当按下室内分机上开锁按键时，室内分机（980 系列）或解码器（780 系列）没有给出 DC9V 电压。

（2）4 号连线不畅通。

（3）主机+L、-L 没有给出 DC 12V 开锁电压。

（4）电锁坏。检查电锁电磁线圈是否断线，检查门和电锁机械部分是否损坏。

SD-750 系列门禁系统是以低压触发的方式开锁的，即在室内分机上，按开锁键时，即为开锁信号线 5 号线和地线短路，然后主机的+L、-L 输出 DC 12V 开锁电压，因此，当不开锁时，主要有如下原因：

（1）5 号线路不畅通。

（2）主机没有给出 DC 12V 开锁电压。

（3）电锁电磁线圈断线，电锁机械部分或门损坏。

7. 门禁系统受话无音、送话无音都有哪些原因？

首先确定故障范围是通话线路，然后确定排除是一户还是整个单元，如是一户应检查 3 号线是否有信号，3 号线是否畅通。如是整个单元：

（1）检查 3 号线是否畅通。

（2）检查主机麦克风，更换麦克风。

8. 可视对讲门禁系统，当有客人来访时，室内分机屏幕显示的图像上下摆动，其原因是什么？

该现象一般故障在室内分机的视频电路，表现为图像上下摆动、垂直跳动或滚动，若关闭摄像机时，光栅稳定，其原因是摄像机场同步失灵、场不同步，应调节场电位器。

9. 可视对讲门禁系统，当有客人来访时，室内分机屏幕上出现图像横条，是什么原因？

该现象一般故障在室内分机的视频线路，图像信号弱导致行不同步，应检查视频线接触是否良好，传输距离是否太远，中间是否有连接接头，接头接触是否良好，接头两端的视频线的屏蔽层连接是否通畅，视频线是否标准。

调节室内分机行电位器或视频放大器，增益电位器试之。如图像左右有一方拉长、另一方压缩的现象，是摄像机行扫描线性变坏的缘故。

10. 可视对讲门禁系统室内分机有图像无声音，是什么原因？

确定故障范围是通话线路。首先确定是一户还是整个单元，如是一户，应检查该户所接的 3 号线（SD-980 系列机型）及该分机的音频电路；如是整个单元，应检 3 号线及主机通话电路。

11. 可视对讲门禁系统室内分机屏幕图像模糊、暗淡是什么原因？

（1）信号太弱。

（2）阻抗不匹配。

（3）对比度不好。

（4）摄像管质量下降，管子老化。

12. 可视对讲门禁系统室内分机屏幕图像时清晰、时模糊是什么原因？

（1）视频接头接触不良。

(2) 室内分机亮度对比度电位器松动。

(3) 红外线补光 LED 焊接松动。

13. 可视对讲门禁系统室内分机屏幕图像有重影是什么原因？

根据故障现象确定故障范围为视频部分。

(1) 视频有反射现象，造成图像有重影，应检查视频线路是否有并接现象（视频线路正确的接法必须是串联连接）。

(2) 检查周围是否有干扰源。

14. 可视对讲门禁系统其他均正常，室内分机屏幕无图像显示怎么办？

检查是否有电源，视频线是否畅通，更换 CCD。应检查视频电路。

(1) 光栅水平同步混乱，若关闭摄像机后，光栅稳定，说明是摄像机行振荡故障或摄像过靶压。

(2) 有整齐稳定的光栅，无雪花状的杂波，或用螺钉旋具刀靠近靶面时，感应的杂波很弱，甚至没有，则可能是摄像机视频放大电路故障、电源故障和电缆插头内断线等原因引起。

1) 有雪花状杂波，若有靶面的斑痕或不均匀的底色时，是属于光聚焦失调。

2) 若中间部分呈现一大块白色圆斑时，是由于聚焦电路断路或出了故障。

3) 若底色很均匀，但对镜头照度毫无反应，则可能有如下原因：①电子束靶压过小；②电聚焦过分散焦；③摄像管电源故障；④摄像管脚与管座接触不良或摄像管靶环接触不良，若摄像管各级电压均正常，则多半是摄像管坏了；⑤摄像管视频放大电路板上 1GΩ 电阻损坏。

4) 若底色很均匀，对镜头照度有反应，则可能是电子束过大。

15. 可视对讲门禁系统室内分机屏幕黑白对比度小是什么原因？

原因可能是摄像管灵敏度降低或靶压过低、电子束过大、红外补光照度不够、视频放电路增益过低等原因造成。

16. 可视对讲门禁系统室内分机屏幕上出现负像是什么原因？

出现负像主要是电子束不足或靶压过高所致。

17. 可视对讲门禁系统室内分机屏幕上图像上下有 1 方拉长，另 1 方压缩的现象是什么原因？

图像上下有一方拉长，另一方压缩的现象是摄像机场抽描线性变坏所致。

18. 可视对讲门禁系统室内分机屏幕图像沿垂直方向的黑条镶白边是什么原因？

(1) 不随摄像机的移动而变，是视频放大电路高频变坏。

(2) 随摄像机的移动而变，是摄像管的余像造成的。

19. 可视对讲门禁系统室内分机屏幕图像出现水平黑条“拖黑”或“拖白”现象是什么原因？

可能原因是视频放大电路低频特性变坏所致。

20. 可视对讲门禁系统室内分机屏幕图像出现浮雕状，无底色的变化，只有轮廓的线条是什么原因？

可能原因主要是视频放大电路前级有断路的故障。

21. 可视对讲门禁系统室内分机屏幕图像出现垂直跳动或滚动是什么原因？

若关闭摄像机时光栅稳定，则是摄像机场同步失灵。

22. 可视对讲门禁系统室内分机屏幕图像场逆程出现黑色的行光栅是什么原因？

可能原因是摄像管复合消隐电路故障。

23. 可视对讲门禁系统室内分机屏幕图像画面左侧有黑白相间的垂直条，其对比度由强到弱逐渐消失是什么原因？

（1）行振荡阻尼电路故障。

（2）脉冲宽度调整不当。

（3）偏转线圈接地不良。

24. 可视对讲门禁系统室内分机屏幕图像严重散焦怎么办？

（1）调整电聚焦电位器。

（2）调整电聚焦电位器不起作用时，可能是磁聚焦电路故障。

25. 可视对讲门禁系统室外主机摄像管控制电路中的视频放大电路起什么作用？

视频放大电路对摄像管输出的微弱电视信号进行放大，变为电视所能接收的视频信号。

26. 可视对讲门禁系统室外主机摄像管控制电路中的场扫描电路起什么作用？

场扫描电路的输出部分是由偏转线圈、电阻、电位器等构成的一个直流电桥，调整电桥中的电位器，就可使场偏转线圈中直流分量正或负发生变化，电桥平衡时为零。调整这个直流分量，从图像上看就是调场中心，可使图像上下移动。

27. 可视对讲门禁系统室外主机摄像管控制电路中的行扫描电路起什么作用？

行扫播电路的输出部分是由偏转线圈、电阻、电位器等构成一个直流电桥，调整电桥中的电位器，用以调整流过行偏转线圈中的电流，就是调整行中心，在荧光屏上，可调整图像左右移动。

28. 可视对讲门禁系统室外主机摄像管控制电路中的复合消隐脉冲产生及停扫保护电路起什么作用？

假如偏转线圈中只有行偏转锯齿波电流，而没有场偏转电流，则摄像管中的电子束只能沿一水平直线来回扫描。由于电子束过分集中，只需很短时间，就能使摄像管靶面材料烧伤。再看到图像时，荧光屏上就会出现一水平白道，永远不会恢复。同理，若是缺少行扫描，只剩场扫描，就会烧出一垂直白痕（从室内分机荧光屏上看）。复合消隐脉冲的产生即可避免上述两种情况产生时，烧坏摄像管的靶面。

停扫保护电路，即若行扫描电路出现故障，在偏转线圈中，中断了锯齿波电流，取样信号为零，没有整出直流偏压，则使上管截止，从而使电子束截止，从而保护了摄像管靶面。

同理，若场扫描电路有故障，摄像管也会截止，电子束停止扫描，保护了摄像管。除非停扫保护电路有故障，在一般情况下，可以做到行、场扫描电路中，无论何处出故障，都可以自动使摄像管中电子束截止。

29. 摄像管靶面有什么特点？

摄像管靶面具有光敏电阻特性，光强时电阻减小，反之则大。在靶压固定时，则信号电源随光信号正比变化。为防止因光过强时，引起信号过大的危险，摄像管控制电路中，采用了靶压自动调节电路。该电路能使光强时的靶压自动下降，光弱时靶压自动上升，从而使信号幅度始终控制在一定范围之内。

30. 什么是摄像管的灵敏度？

摄像管靶面的照度为一定值时，摄像管信号靶输出信号的能力称为灵敏度，因摄像管像素单元的电阻数值很大，使得摄像管的靶内阻很大，故可将摄像管看成是恒流源。

摄像管的灵敏度，可用摄像管输出信号电流的大小来表示，输出信号电流大，则灵敏度高，反之则否。

31. 可视对讲门禁系统室内分机荧光屏上出现图像的白色区域开始逐渐向周围扩散，像一幅画被水浸湿，水迹蔓延一样，怎么办？

故障发生在靶压自动调节电路中，在实际使用中，随着靶压的升高，输出的信号电流增大，提高了摄像管的灵敏度，但当靶压高于某一数值后，靶压信号电流可达到饱和，反映在室内分机的荧光屏上，图像的白色区域开始逐渐向周围扩散，像一幅画被水浸湿，水迹蔓延一样。这种现象称为"流水"或"过爆"现象，靶压再升高还会出现负像。所以在实际使用中，不要将靶压调得过高。

32. 可视对讲门禁系统室内分机荧光屏上图像出现滞留现象是什么原因？

景物的光图像在摄像管耙面上消失后，摄像管输出的信号电流并不马上消失，而是继续存在一段时间，这种现象就是滞留现象，也称惰性。反映在实际中，就是被照物已离开了摄像管，但是在室内分机的屏幕上，还隐约留有被照物的图像，这种现象称为滞留现象。对摄像管来说，这是一个主要缺点。在低照度条件下使用时，更为严重。因此，必须把它限制在最低程度。

33. 摄像管产生惰性的原因有哪些？

摄像管产生惰性的原因：一是因光电材料中，光电载流子的陷阱效应；二是因为像素单元的电容效应。前者是材料问题，使用者无法克服。现仅简要分析电容性惰性。

从摄像管靶面工作过程可知，在电子束扫描至某像素时，要向该像素电容 C_i 充电，拾取出电视信号。由于电子束电流不足在电子束扫到该像素的瞬间，对电容 C_i 的充电不足，使 C_i 的电压达不到 U_0。也就是说，虽然光像已从靶面上消失，但反应光像亮度的 C_i 的电压降 ΔE_i 并不能在第一次拾取时得到完全的补偿。等到第二次、第三次对该图像拾取时，仍然存在着对 C_i 的充电电源，也就是仍有残余信号输出。这就是电容惰性的原因。由此可见，加大电子束的电流，可以使拾取更充分些，从而改善惰性。但电子束电流过大，会使电子束的聚焦变差，降低了图像的分辨率。

在低照度时，电子束中仅有高速电子能够上靶，参与对 C_i 的充电，因而对 C_i 的拾取更不足，则使图像惰性表现得更严重。为此，可以减小靶面上光图像的尺寸或增大电子束扫描光栅的面积，以增加每个像素得到的光能。但这样要带来分辨率的下降。

34. 什么是摄像管的分辨率？

摄像管对于光图像细节的分辨能力，叫作分辨率。影响摄像管分辨率的主要因素是孔阑效应。

35. 摄像管使用时，应注意哪些事项？

(1) 检修更换摄像管时，应注意以下事项。

1）取下室外主机外壳，拧下镜头。

2）拧松线圈骨架管尾的夹子，然后拔下摄像管管座，但用力不可过猛。慢慢将摄像管拔出。

3）用绒布或鸡皮包住新管子的靶面部分，将管子插进偏转线圈，将管座插好。注意管子靶环与线圈骨架前端的金属簧片圈应有可靠的接触。

4）转动管子，使管脚缺口朝向水平或垂直面，然后拧紧管尾的夹子。

5）清洁靶面玻璃，必须用专擦镜头的绒布或特制的鸡皮，然后装上镜头，罩上机壳。

（2）运行使用中，注意不要用强光长时间照射摄像机镜头。运输和使用中，尽量避免摄像管倒置，否则难免有氧化物阴极的碎屑沾污靶面，造成画面上出现斑点，该斑点不随图像移动。

（3）摄像管的寿命为500h，应注意节约使用时间，长期存放应置于清洁、干燥的环境中，温度应在-30~50℃。

36. 摄像管（器件）分几类？

摄像管可分为电真空摄像器件（光电真空管）和固态摄像器件（半导体光电靶）两大类。

电真空摄像管又分为光导摄像管和新型光电管（目前这两种已很少使用）。

固态摄像管又分为CCD（电荷耦合器件）、MOS（金属氧化物）和CID（电荷注入器件）等种类。

37. CCD摄像器件是怎样工作的？

CCD摄像器件以面阵CCD图像传感器为核心部件，外加同步信号产生电路、视频信号处理电路及电源等。被视目标的图像经过镜头聚焦至CCD芯片上，CCD根据光的强弱积累相应比例的电荷，各个像素积累的电荷在视频时序的控制下，逐点外移，经滤波、大处理后，形成视频信号输出。视频信号输送到监视器或室内分机显示屏，便可看到与原始图像相同的视频图像。

38. CCD摄像机的技术参数有哪些？

（1）CCD尺寸即摄像机靶面。CCD成像尺寸常用的有1/2、1/3in等。成像尺寸越小，摄像管的尺寸可以做得越小。

（2）CCD像素，像素指的是CCD传感器的最大像素数，它决定了显示图像的清晰程度，像素越多，图像越清晰。有些摄像机给出的像素数是水平及垂直方向的像素数，如500H×582V；有些摄像机则给出了两者乘积值，如30万像素，目前市场上大多以25万和38万像素为分界，38万像素以上的摄像机为高清晰度摄像机。

（3）水平分辨率。水平分辨率是评估摄像机分辨率的指标，其单位为线对，即成像后可以分辨的黑白线对的数目。黑白摄像机的分辨率为380~600，彩色摄像机为380~480，其数值越大成像越清晰。一般监视的场合，使用400线左右的黑白摄像机即可。对于医疗、图像处理等场合应用600线的摄像机能得到更清晰的图像。

（4）最小照度（lx）。最小照度（lx）也称为成像灵敏度，是CCD对环境光线的敏感程度或者说是CCD正常成像所需的最暗光线。照度的单位是勒克斯（lx），数值越小，表示需要的光线越少，摄像管越灵敏。黑白摄像机的灵敏度大约是0.02~0.5lx，彩色摄像机的灵敏度一般在 1lx 以上。0.1lx 的摄像机用于普通的监视场合；在夜间或环境光线较弱时，最好使用 0.02lx 的摄像机。与红外线补光灯配合使用时，也必须采用低照度的黑白摄像机，除此之外摄像的灵敏度与镜头的参数关系很大。

（5）扫描方式。扫描制式有 PAL 和 NTSC 之分。

（6）信噪比。信噪比即摄像机的图像信号与它产生的噪声信号的比值。一般在视频监控中要求信噪比大于 40dB 以上。信噪比越高，对图像质量影响越小。目前使用的 CCD 摄像机的信噪比大于 46dB。

（7）摄像机电源有 AC 220V、AC 110V、AC 24V、DC 12V、DC 9V 等几种。

（8）视频输出。摄像机的视频输出为 $1V_{(P-P)}$，75Ω，采用 BNC 接头。

（9）摄像机镜头的安装。有 C 和 CS 两种安装方式，二者的不同就在于感光距离不同。

39. 客人来访，怎样操作门禁系统的主机？

例如，SD-980D5 门禁主机，当客人来访，按照显示屏上面的提示，输入主人房号，显示屏上出现“欢迎光临”及输入的相应房号，输入完毕，按键确认，本机将发出呼叫信号，显示屏有“正在呼叫请稍候”提示，呼通后可以实现双向通信对讲，同时将主机前影像传送给被呼叫房间分机，此时，主人按下开锁键可以开启本机单元门的电锁。客人进门后，门在自在器的作用下又把门自动关闭。

40. 客人来访不知道主人房号怎么办？

例如，SD-980 系列门禁机，当客人来访时，不知道主人房间号，根据显示屏上提示，输入“1000”或“000-1000”可呼通管理中心，向管理员寻求帮助。

41. 主人外出，回来后怎样使用开锁密码开锁？

例如，SD-980D5 门禁主机，应按照显示屏上的提示，按“#”键后，输入开锁密码，再按一次“#”键，电锁自动打开，显示屏有“请进”字样显示，同时有声音提示，如果输入的密码有误，显示屏显示“密码错误，请重新输入”，可重新输入开锁密码，如果连续输入三次均不对，本机将自动回到静态。

42. 可视对讲门禁系统，红外线补光起什么作用？

当光线变暗至一定程度时，LED 备用补光管自动补光。通过照明补光，即使在光线较弱的情况下，用户也可清晰识别本机的各功能部分，从而进行相关操作；通过红外线补光，在夜间本机亦能分辨 400mm 之内的来访客人的影像。

43. 门禁系统主机 SD-980D5 型有几种功能设置？

在主机键盘上按信“#”键不放约 3s 后，按照显示屏上的提示，输入主机密码，按一下“#”键确认，进入功能设置状态后，如同显示屏提示，有 4 种功能设置。

（1）选择“1”键可重新设置主密码。默认主密码为“200 000”。如果想重新设置，可按照提示输入想输入的主机密码，然后按“#”键确认，接着再输入一次，如果两次输入相同，则主机密码更换成功，若两次输入不同，则显示屏提示“设置密码错误”，可重新设置（主机密码只有管理员才有资格保留及更换）。

（2）选择“2”键，可以完成开锁密码的相关设置，有三种选择。

1）显示开锁密码。若没有设置开锁密码，查阅时将提示无密码；本机最多可设置 999 组密码，如果要查阅密码，可按“1”键开始，每屏显示一组，按“0”键显示下一组，可依次显示，显示完最后一组后，又从第1组开始。

2）设置开锁密码。先输入要设置的组号，然后输入新密码。输入组号时，如果该组的密码已经存在，此时将显示该密码，想更改密码，可继续输入新的密码，按“#”键确认后，新密码将取代原有的密码。按“＊”键，可中途退出，返回上一级操作。

3）删除开锁密码。输入要删除的组号，按“#”键确认后，即可删除此组密码。

（3）选择“3”键，可以完成报警装置，本机具有自动报警能力。此项功能必须和机后的“防拆报警按钮”一起配合使用，只有选择此项功能，且安装时压下了防拆报警按钮，非法拆卸时按钮弹起，本机将自动报警。如安装时，为防止因误操作引起报警，可断开电源，压下防拆报警开关，然后接通电源取消报警装置，待主机安装完毕后，再重新设置报警。

（4）选择“4”键，可以完成房号模式设置。可以选择房号显示模式，有4种显示模式供选择：

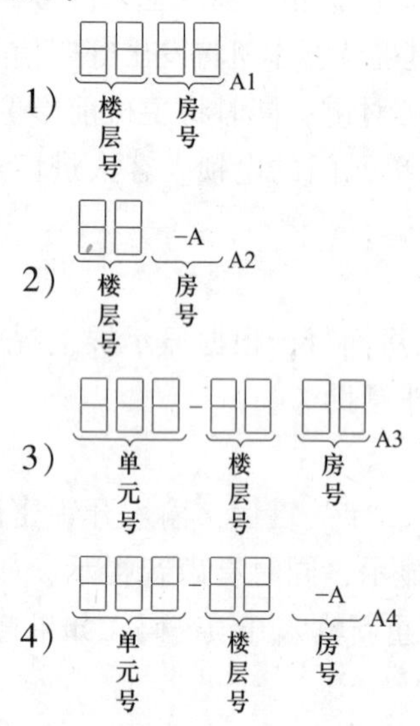

44. 怎样设置与更改SD-980D6A、SD-980D2A型门禁系统主机的密码？

主机主密码预置为2000，在主机静态按“#”键后，主机显示PPP，然后输入主机密码，每输入一位，该位显示器由“P”变为“—”，若主密码正确，按“#”键后，主机显示由“——”转为“PPPP”，此时输入“OOONNNN”后，按“#”键，主机显示“DONE”，主机密码即改为了“NNNN”。

45. SD-980D6A、SD-980D2A型门禁主机，密码忘记了，怎么办？

主机的6位DIP开关中的第3位为主机主密码初始化开关，此开关常态置数字端OFF（关），如忘记了主机主密码，可将此开关拨向“ON”（开），接着按一下“设置确认”键，再将DIP开关的第3位开关复位（拨向OFF），主机主密码将恢复位为“2000”。

46. SD-980D6A、SD-980D2A型门禁主机怎样设置开锁密码？

在主机处于静止状态下，按“#”键后，输入主机密码，按“#”键，即进入密码设置状态，在此状态下输入“XXXYYYY”后，再按一次“#”键，主机显示“DONE”，这样就将主机第XXX组开锁密码设置为YYYY（“XXX”为密码序号，“YYYY”为开锁密码，X、Y为任意数，但“XXX”不能为“OOO”，“YYYY”不能与当前主密码一致）。

47. SD-980D6A、SD-980D2A 型门禁系统，怎样取消单个开锁密码？

在主机处于静态下，按“#”键后，再输人主机密码，按“#”键，然后输入“XXX”再按一次“#”键即可将第 XXX 组开锁密码取消。

48. SD-980D6A、SD-980D2A 型门禁系统，怎样取消全部开锁密码？

将开锁密码消除开关拨向“开”，再按一下“#”键，30s 后再把密码消除开关拨向“关”，则此时，已设置的开锁密码将全部取消。

49. SD-980D6A、SD-980D2A 型门禁系统，怎样退出主机密码设置？

在密码设置状态下，按“＊”键后，主机退出密码状态。

应注意，密码的设置与取消应由物业管理处掌握。

50. 绘制门禁单元系统的接线图。

SD-980 系列单元门禁系统接线如图 7-22 所示。

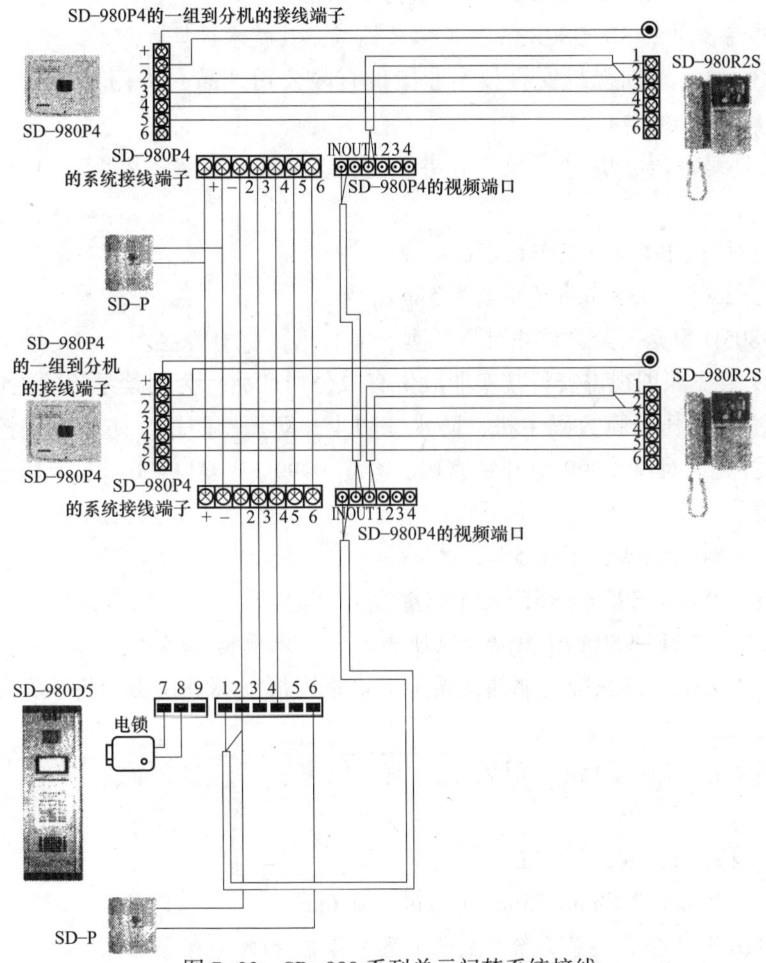

图 7-22　SD-980 系列单元门禁系统接线

在图 7-22 中，所有 SD-980 系列主机的接线方式均一样，所有 SD-980 系列室内分机的接线方式均一样。SD-980P4 多路保护器一进四出，具有系统线路短路隔离保护，故障指示，视频放大，楼层接线盒等功能。消耗功率为：待机 2.7W，工作 3W，外形尺寸223mm×181mm×56mm，质量 0.54kg。

SD-980R2S 壁挂式室内分机；双向编解码、黑白可视，具有对讲、门铃、监视、开锁、报警功能，可附带分机和门前机。消耗功率为：待机 1.6W，工作 6.8W，外形尺寸220mm×225mm×85mm，质量 1.5kg。

SD-P 门禁系统直流电源装置：一般为输入电压 AC 220V，输出电压为 DC 18V，额定输出功率为 30W，可配 39.6V、4A · h 蓄电池。蓄电池供电时间可根据系统负载量和使用率来估算，总之使用的电流安培（A）数乘以使用的小时（h）数，不应超过 4A · h。

SD-980D5 挤压模数码式主机：铝合金压铸外壳数码主机，防水、防尘、防振、防拆、防盗报警、按键夜间亮灯显示，CCD 角度可调，红外线补光，对讲，999 组开锁密码，容量 9999 户，具有英文、数字房号显示，可带多种电锁。消耗功率为：待机 1.6W，工作 5W，外形尺寸 125mm×395mm×65mm，质量为 1.3kg。

51. 在门禁系统中，SD-980R3S 型是什么机型？其技术数据如何？

SD-980R3S 型（深圳视得安科技实业股份有限公司产品）为门禁系统“壁挂式室内机”。

功能：双向编解码、黑白可视、对讲、门铃、监视、开锁、报警、可附带分机和门前机。

额定功率：待机 1.6W，工作 6.8W。

外形尺寸：220×225×85mm（质量为 5kg）。

52. SD-9805D 型是门禁系统中什么机型，其技术数据有哪些？

SD-9805D 型（深圳视得安科技实业股份有限公司产品）为门禁系统的主机。

功能：铝合金挤压铸膜数码主机，防水、防尘、防振、防拆、防盗报警按键夜间亮灯显示，红外线补光，对讲，999 组开锁密码，容量 9999 户，具英文、数字房号显示，可带多种电锁。

额定功率：待机 1.6W，工作 5W。

外形尺寸：125mm×395mm×65mm（质量为 1.3kg）。

53. 门禁系统中 SD-980AY2 型是什么机型？其技术数据有哪些？

SD-980AY2 型是门禁系统的壁挂式普通对讲室内机（深圳视得安科技实业股份有限公司产品）。

功能：双向编解码、对讲、门铃、开锁、报警、可外接门磁、红外、烟感、瓦斯探头。

额定功率：待机 0.9W，工作 2.3W。

外形尺寸：120mm×210mm×75mm（质量为 0.6kg）。

54. SD-980D4-4 型是门禁系统中什么机型？其技术数据有哪些？

SD-980D4-4 型是门禁系统中的直按式主机。

功能：黑白可视，铝合金挤压模，模块化设计，防水、防尘、防振、防拆、防盗报警、键盘夜光，红外线补光，CCD 角度可调，容量 4 户。

额定功率：待机 1.3W，工作 4.3W。

外形尺寸：125mm×305mm×65mm（质量为0.78kg）。

55. SD-P18V型是门禁系统中什么机型？其功能是什么？

SD-P18V型是门禁系统中直流电源设备（深圳视得安科技实业股份有限公司）。

功能：输出功率为30W，输出电压为DC 18V，可配3只6V、4A·h蓄电池。

蓄电池供电时间可根据门禁系统负载量和使用率来估算。

56. 住宅单元楼门禁系统是怎样配置的？各部分的结构和功能是什么？

如图7-23所示，一般单元楼门禁系统的配制主要有门禁系统主机、多路保护器、分机、电源、电锁等。

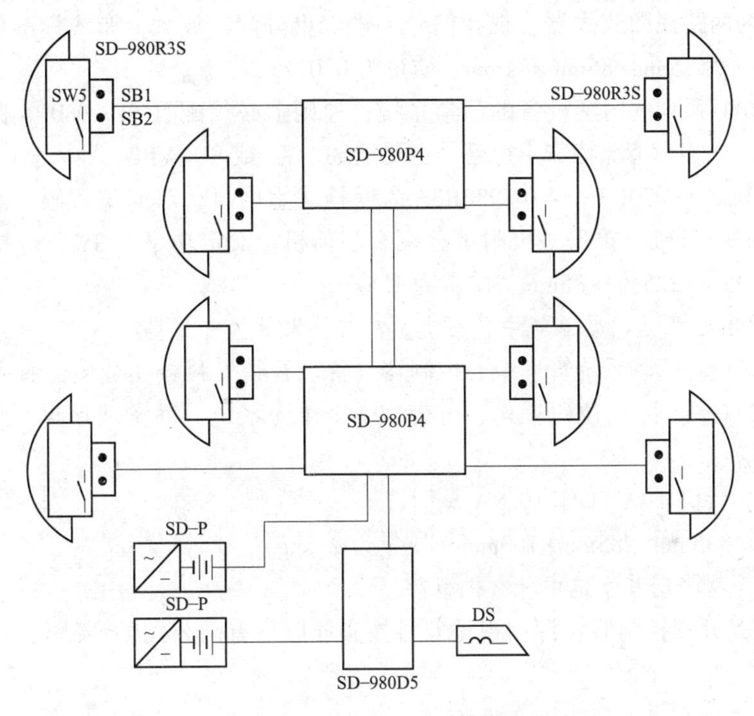

图7-23　单元楼门禁系统的配制

SD-980D5—门禁系统主机；DS—电锁；SD-P—电源；
SD-980P4—多路保护器；SD-980R3S—门禁系统分机
（室内机）；SB1—开锁按钮；SB2—呼叫按钮；SW5—铃开关

（1）主机SD-980D5型。SD-980D5型为挤压模数码式主机。铝合金挤压铸模数码主机，CCD角度可调，黑白可视。合金压铸结构，防水、防尘、防振、防拆、防盗报警、按键夜间亮灯显示，红外线补光，对讲，999组开锁密码，可挂室内机容量9999户，具英文、数字房号显示，可带多种电锁。额定功率为5W，待机功率为1.6W，外形尺寸为125mm×395mm×65mm，质量为1.3kg。

主机根据户数确定直按式或数码式。

（2）DS电锁。电锁电压为DC 18V，一般选无电闭锁、有电开锁型的电磁锁。

（3）电源SD-P型。SD-P型电源为直流蓄电型电源，额定输出功率为30W，额定输出电压DC 18V，可配3只6V、4A·h蓄电池。

（4）多路保护器SD-980P4。SD-980P4为多路保护器。一进四出，即可以带4个室内机。具有系统线短路隔离保护，故障指示，视频放大，楼层接线盒等功能。额定功率3W，待机功率2.7W；外形尺寸为223mm×181mm×56mm，质量为0.54kg。

SD-980P1为单路保护器，一进一出，系统线短路隔离保护，故障显示，视频放大，楼层接线盒等。额定功率1.5W，待机功率1.3W。外形尺寸为86mm×86mm×22mm，质量为0.1kg。

SD-VB为视频放大器，视频信号一进十出分配，放大，布线标准化，便于维护检修。额定功率2.2W，待机功率2.2W，外形尺寸为225mm×211mm×46mm，质量为1.1kg。

SD-VB2为两路视频放大器，视频信号一进二出分配，放大，布线标准化，便于维护检修，外形尺寸为86mm×86mm×21mm，质量为0.07kg。

采用SD-980系列的门禁设备的门禁系统，原则上必须配置SD-980P4保护器或SD-980P1保护器，如实际情况特殊不得已，也要配SD-VB或SD-VB2。

（5）室内机SD-980R3S。SD-980R3S为壁挂式室内机，双向编解码、黑白可视、对讲、门铃、监视、开锁、报警、可附带分机和门前机。额定功率6.8W，待机功率1.6W，外形尺寸为220mm×225mm×85mm，质量为1.5kg。

57. SD-980M2型是门禁系统中什么机型？其技术数据有哪些？

SD-180M2型是门禁系统管理中心控制器（深圳视得安科技实业股份有限公司产品）。SD-980M2型为总线制、7位码操作、可带999个单元系统，可实现呼叫、监视、转接呼叫，可连接计算机。

额定功率：待机4W，工作19.8W。

外形尺寸：335mm×285mm×160mm（质量为2.5kg）。

58. XL-1A型是门禁系统中什么机型？

XL-1A型是开锁控制器（深圳视得安科技实业股份有限公司的产品），主要用于开启阳体锁。

59. XL-2型是门禁系统中什么机型？

XL-2型是门禁系统中开锁控制器连接阴体锁（深圳视得安科技实业股份有限公司产品），XL-2型主要用于开启阴体锁。

60. 客人来访，怎样操作直按可视对讲门禁系统？

客人来访时，按动主机面板对应房号，主人室内机随即发出振铃声，同时显示屏自动打开，显示来访客人图像。主人拿起耳机与客人对讲及确认身份后，可通过室内机的开锁键遥控大门电控锁开锁。客人进人大门后，闭门器使大门自动关闭。

当门禁系统停电时，系统可由不间断电源装置供电。

若住户需监视门机主机附近情况时，可按监视键，即可在屏幕上显示门机主机附近的情况，约10s后自动关闭。

61. 门禁对讲系统有哪些特点？

（1）通过观察室内机监视器上来访者的图像，可将不希望的来访者拒之门外，因而不会为此受到推销者的打扰而浪费时间，也不会有受到可疑的陌生人攻击的危险。只要安装了接收器，甚至可以不让别人知道家中有人。

（2）当你回家，说，“是我”，并按下呼出键，即使没人拿起听筒，屋里的人也可以听到你的声音。

（3）在室内机上，即可按下开门按钮开门。

（4）按下“监视按钮”，即使不拿起听筒，也可以监听和监看来访者长达30s，而来访者却听不到屋里的任何声音。再按一次“监视按钮”，解除监视状态。如果发现可疑人可迅速报警。

（5）门禁系统电源停电后，可由不间断电源装置自动投入供电。

62. 可视对讲门禁系统主要由哪些电路组成？

（1）300MHz高频遥控发射与接收电路，双向通信、智能电话识别接口电路。

（2）即抹即录、断电可保持录音系统，交流供电及直流断电保护电路。

（3）由微机控制的键盘、液晶显示、多路传感器输入、报警扬声器输出、电话录放音、遥控发射接收、断电保护等电路。

（4）不间断、稳压电源电路。

63. 什么是联网型可视对讲门禁系统？

联网型可视对讲门禁系统是采用单片机技术，集中央计算机交换机功能、可视对讲功能为一体的智能型住宅管理系统，此系统具有通话频道和多路可视视频监视线路，系统通信、对讲、视频监视覆盖面大，可组成一个全方位的住宅管理可视对讲门禁系统。

64. SD-980系列门禁系统有何特点？

SD-980系列门禁系统为智能楼宇可视对讲及报警网络控制系统。采用单片微计算机控制技术，数位式总线传输技术。整个系统由安防管理中心、单元楼门主机、住户室内分机三个主要部分组成。

65. 什么叫可视楼宇对讲系统？

可视楼宇对讲系统是指安装在住宅小区、单元楼、写字楼等建筑或建筑群，用图像和声音来识别来访客人，控制门锁及遇到紧急情况向管理中心发送求助、求援信号的设备集成。

66. 电磁锁无法锁死怎么办？

（1）如属于断电闭锁、有电开锁型的电磁锁，应检查电压是否断掉；如属于有电闭锁、无电开锁型应检查有无电源供应，电源接线端是否松动。

（2）检查锁具是否损坏。

67. 磁力锁抗拉力不够是什么原因？

（1）电源不匹配。

（2）门严重变形或运行锁安装不良导致磁铁板与锁主体接触面积缩小。

（3）铁板或锁主体表面有杂质。

68. 磁力锁磁簧开关输出错误是什么原因？

（1）磁铁板和锁主体没有完全接触。

（2）磁簧开关位置安装不到位。

（3）外接负载电量超过磁簧开关的最大承受力。

69. DH-1000A系列门禁系统主机怎样设置地址码？

在单元门主机键盘上按“1”键+“#”+“0595”+“#”+“楼号”+“单元号”+

“#”。楼号为两位数，不足两位前面加0，单元号为一位数，显示为“XX-X”。在单元门口主机上电10min内设置有效，超时设置须重新断电后，再上电操作。多入口主机系统，必须将其他主机设置为副单元，仅保留一台主机为主单元。设置副单元号时按“1”+“#”+“0595”+“#”+“楼号”+“0”+“单元号”+“#”，显示为“XX-X”。

70. DH-1000A系列门禁系统室内分机怎样设置地址码？

在单元门口主机键盘上按“2”键+“#”+“211099”+“#”，系统将处于室内分机编码操作状态，主机显示“CCFF”时，此时室内分机提起话筒，1型分机按“CALL”键，其他型号分机按“中心”键与主机通话，在主机上键入欲编定的室内分机号码+“#”键，此时室内分机将听到“哔”提示声，在20s内再按室内分机“开锁”键或“中心”键确认。重复操作可对下一分机编号。编码时房间号均按4位数字输入，即2位层号、2位房号，字母A~I由2位数字01~09代表，例如5层6号房或5层F号房均输入0506。

71. DH-1000A系列门禁系统，怎样设置开锁密码？

为保证安全，建议系统验收完毕正常运行后，才允许用户设置开锁密码。允许操作后用户密码功能才有效。

允许操作：门口主键盘上按“5”键+“#”+“室内分机号”+“#”+“六位管理员密码”+“#”键。

72. 住宅小区单元门禁系统联网系统怎样配置？

如图7-24所示，每个单元楼的可视对讲系统作为一个子系统，通过各自的SD-980BM

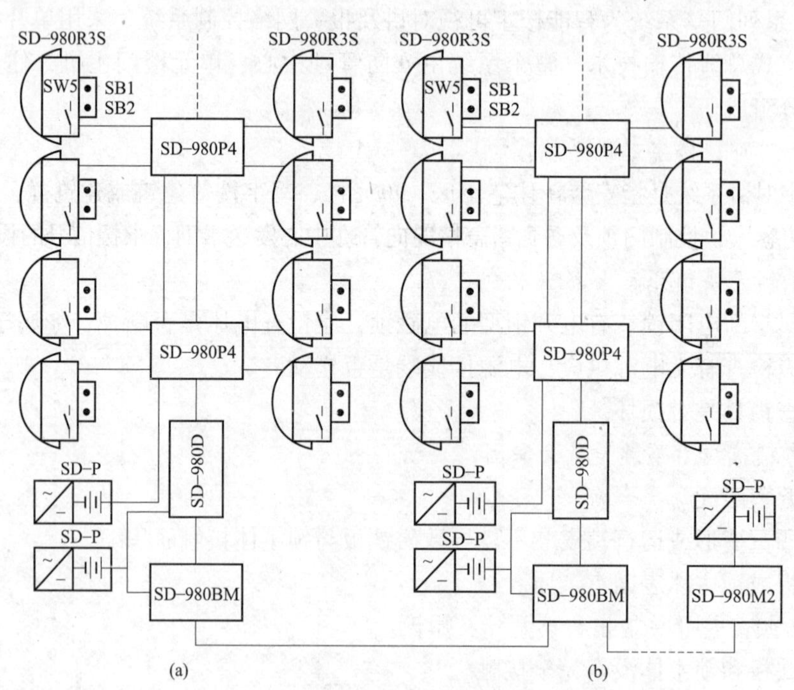

图7-24 住宅小区单元门禁系统联网配置图

(a) 单元1；(b) 单元2

SD-980BM—信号转换器；SD-980M2—管理中心控制器；SD-980D—单元楼门禁主机；SD-980P4—多路保护器；SD-P—电源；SD-980R3S—门禁分机；SB1—开锁按钮；SB2—呼叫按钮；SW5—铃开关

信号转换器连接成总线，与 SD-980M2 管理中心连接构成住宅小区可视楼宇对讲网络控制系统，布线采用环型（串联）方式。在一般情况下一个小区使用 1 台 SD-980M2。管理中心 SD-980M2 控制器可与各单元的分机、主机互相呼叫、通话、监看。单元数最多可达 999。三方通话需 5 芯信号线。

当小区比较大，即单元楼数量很多时，需要多台管理中心控制器管理。

73. 门禁系统怎样利用室内分机的“呼叫键”和“监视键”对该分机进行地址编码？

SD-980 系列可视对讲门禁系统室内分机地址码采用“呼叫键”和“监视键”编码的方式如下：

分机静态时，按住“监视键”5s 以上，有一长声提示表示分机进入设置编码状态，可分别设置分机的第 1 位、第 2 位、第 3 位、第 4 位编码数字：

第 1 位：按 1 次“呼叫键”表示“1”，再按一下“监视键”确认。

第 2 位：按 9 次“呼叫键”表示“9”，再按一下“监视键”确认。

第 3 位：按 10 次“呼叫键”表示“0”，再按一下“监视键”确认。

第 4 位：按 7 次“呼叫键”表示“7”，再按一下“监视键”确认，并有一长声提示设置成功，则该分机的地址编码为：1907。

74. 怎样采用电子键盘对门禁系统设置编码方式？

采用电子键盘可以对门禁系统进行更改密码、设置房间号（地址码）、布防、撤防等操作。

各种设置操作如下。

↓#键+↓当前密码→键入密码错误，响三短声，返回静态；键入密码正确响一长声，进入设置状态，可进行如下操作（↓表示键入的意思）。

↓0：全部撤防。响一长声，表示设置成功，可继续进行其他操作。

↓1：1 防区原状态的取反（若原为撤防，则现为布防；若原为布防，则现为撤防），设置成功响一长声。

↓2：2 防区原状态的取反（若原为撤防，则现为布防；若原为布防，则现为撤防），设置成功响一长声。

↓3：3 防区原状态的取反（若原为撤防，则现为布防；若原为布防，则现为撤防），设置成功响一长声。

↓4：4 防区原状态的取反（若原为撤防，则现为布防；若原为布防，则现为撤防），设置成功响一长声。

↓5：巡检（室内分机按紧急、红外、门磁、烟感、瓦斯顺序依次进行一次报警，结束报警后，响一长声，可继续进行操作）。

↓8：更改密码（输入 4 位数新密码），↓“#”键，再输一次，↓“#”键，两次一致，响一长声，表示密码更改成功，否则，响两短声，表示不成功，可重新进行设置操作。

↓9：设置房号（输入 4 位数新房号），↓“#”键，响一长声，表示设置成功。

↓*：退出设置状态。

以上的各种操作均应在 10s 内完成，如在 10s 内无相关操作，自动退出。

以上的操作方式适用于 SD-9800 系列门禁系统。

75. 应怎样进行门禁系统的检查与调试？

检查与调试程序如下。

应尽快布好一个单元楼的视频线、信号线、电源线→接好每个端子上的接头（主机、电源装置、室内分机等）→用万用表欧姆挡测试每根线、每个接头：如有问题，重新检查线、检查接头；如没问题→装好一个单元内的所有室内分机、单元楼门主机、电源装置及其他器材→供电：如不正常，应检电源或接假负载试之；如供电正常→调试呼叫：如不正常，按故障现象检查原因或调整视频放大；如正常→调试视频：如不正常，调试镜头、调试视频放大；如正常→系统联网：先用管理中心调整一个单元时是否正常，如不正常，查找原因或并接假负载试之；如正常，以上单元调试作样板标准调试其他单元。

76. 门禁系统怎样调试单元呼叫？

门禁系统在接线无误、系统器材连接无误的情况下，如主机不能呼叫室内分机，则在接最后一台分机或第1台分机或中间一台分机的次序选择，在其②、③接线端子上并接假负载（SD-980系列门禁机），先用1kΩ 1/8W电阻，如不能呼叫，则再并接一只，最多并接相同规格的电阻4只。如仍不能呼叫，则应检查线路与设备本身或更换设备。

77. 门禁系统怎样调试联网呼叫？

在接线无误或设备连接无误的情况下，如室内分机不能呼叫管理中心，则按分机或信号转换器或管理中心的次序选择，在其②、③接线端子上并接假负载（SD-980系列），先用1kΩ 1/8W电阻，如不能呼叫再并一只，最多并4只，如仍不能呼叫，则应检查线路与设备。

在接线无误或设备连接无误的情况下，如管理中心不能呼叫室内分机，则按管理中心或信号转换器或分机的次序选择，在其②、③接线端子上并接假负载（SD-980系列），先用1kΩ 1/8W电阻，如不能呼叫再并一只，最多并4只，如仍不能呼叫，则应检查线路与设备。

78. 怎样调试门禁系统的视频？

以SD-980系列门禁系统为例，在视频放大器SD-VB：SD-VB2保护器，SD-980P4、SD-980P1调号转换器SD-980BM上，均有视频放大及增益调节电位器，调试时应使信号强度避免过强或过弱，保持在$1V_{(P-P)}$、75Ω，并注意视频信号的隔离。

79. 保护器、解码器、视频放大器安装时应注意哪些事项？

暗装的视频线、信号线、视频放大器、保护器、解码器应装于暗装的工程箱内，有弱电竖井的楼层，工程箱应装于弱电竖井内。

明装的工程箱，底边距地面的距离应不小于1500mm。

工程箱应远离电力系统，与其他弱电系统应保留500mm距离。

工程箱应接PE线。

80. 门磁探测器安装应注意哪些事项？

门磁探测器装于门框或门体嵌入式。

一般在门体上部磁铁与发码器的最大间距为25mm（无线式）。

避免强磁场干扰。

81. 联网型可视对讲门禁系统有哪些功能？

(1) 单一系统具有多个通话频道，可以允许多路双向对讲同时进行。

(2) 具有多路可视视频监视，除管理员的可视对讲总机可以进行多个监视门口机状态外，住户的室内分机，同样可以监视多个门口主机的工作状态。

(3) 管理员总机可呼叫系统内所有单元的室内机，并与其双向对讲。住户室内分机同样可以直接或通过管理员总机，呼叫系统内所有单元室内分机，与其双向对讲，整个系统形成一个大型交换机网络。

(4) 系统可加接“公共区间”对讲电话，供门厅或大厅、会场使用，使住宅管理更全面灵活。

(5) 来客可通过“共同监视对讲门口机”呼叫住户室内机及管理员可视对讲总机，或与系统内任何一单元双向对讲，门口机具有住户密码开锁功能。系统还设有“误撞”功能，即当输入开门密码错误 3 次，门口机信号会自动接通管理员总机处理，以提高安保效率。

(6) 单一系统主机标准可接多台“共同监视对讲门口机”，并可配用“门口机处理器”，最多可接 16 台门口机。

(7) 门禁系统可通过“中央联网终端控制机”进行系统联网，形成一个大型系统，最多可连接 63 个系统及最多可达 31500 台住户室内可视对讲机。

82. 联网可视对讲门禁系统的室内分机都有哪些功能?

(1) 呼叫功能。可直接摘机呼叫管理员并与其双向通话。

(2) 对讲功能。可与单元楼门口主机及管理员主机通话对讲，并可通过管理员主机转线，达到住户室内机与室内机双向对讲。

(3) 监视功能。可监视来客呼叫，此时还可通过按键监视本楼单元门口主机的位置状态。

(4) 门铃功能。具有两组不同门铃声响，可区分来客位置。

(5) 密话功能。具有私密性功能，通话时其他住户及管理员无法窃听。

(6) 开门功能。每一室内分机都有开单元楼门电控锁的按键。

(7) 安全功能。具有专用“紧急求援”按键，求援信号直达管理中心。

(8) 留言功能。具有留言信息显示灯，可接收来自管理员主机的留言信息提示。

83. 来访者怎样使用联网可视对讲门禁系统单元楼门口主机?

(1) 呼叫住户。先按“#”键，再键入房间号码。

(2) 呼叫保安。按红色“GUARET”键。

(3) 修改错误。按“*”键，再重复 (1) 或 (2) 的过程。

84. 联网可视对讲门禁系统单元楼门口主机有哪些功能?

(1) 具有监视对讲功能，可主动呼叫联网系统内任何一个终端接收单元，包括住户、管理员及公共区间电话。

(2) 具有密码开锁功能。如按错密码 3 次，系统会自动转接至管理员总机。

(3) 红外线补光，晚上也可看清楚来访者。

(4) 机身背部有控制和调节功能，可以调节灵敏度。

(5) 本机在呼叫住户或管理员时，对方未摘机 45s 后将自动切话，充分提高通话效率。

85. 联网可视对讲门禁系统单元楼门口主机的技术参数有哪些?

额定电压：DC 17V。

工作电流：动态 220mA，静态 30mA。

消耗功率：动态 3.7W，静态 0.5W。

信号传输：数字式编码。

外形尺寸：$W \times D \times H$ = 230mm×62mm×285mm。

86. 联网可视对讲门禁系统中的管理员可视对讲机有哪些功能？

（1）可主呼叫系统内任何终端接收单元，包括住户室内机、单元楼门口主机、公共区间电话等，实现全方位双向对讲。

（2）房号编程功能，可直接于话筒数字键盘上操作，编写房号、开门密码设定、开锁时间设定、通话时间限制设定等参数，操作方便快捷。

（3）可遥控开启联网系统内所有电锁。

（4）可监视联网系统内所有单元楼门口主机状态。

（5）转接住户呼叫，实现住户与住户之间的双向对讲。

（6）具有留言提示设定功能。

87. 联网可视对讲门禁系统中的管理员可视对讲机的技术参数有哪些？

额定电压：DC 17V。

工作电流：动态 450mA，静态 30mA。

消耗功率：动态 7.6W，静态 0.5W。

信号传输：数字式编码。

外形尺寸：$W \times D \times H$ = 182mm×70mm×216mm。

88. 联网可视对讲门禁系统中的住户室内分机的技术参数有哪些？

额定电压：DC 17V。

工作电流：动态 410mA，静态 4mA。

消耗功率：动态 7W，静态 0.07W。

信号传输：数字式编码。

外形尺寸：$W \times D \times H$ = 182mm×70mm×216mm。

89. 什么是矩阵切换器？

例如，GST-DJ6718/8116 系列矩阵切换器，主要用于可视对讲系统外部设备的音频、视频联网，一个矩阵切换器可以接 8 路或 16 路外网设备，这些设备包括管理中心机、小区门口机、室外主机、别墅联网器等。矩阵切换器能够支持最多 4 组音频、视频同时存在，是一种集优先级仲裁、路由于一体的外部音频、视频联网设备。

90. 矩阵切换器有哪些功能？

（1）多信道功能。管理中心、小区门口机、联网器之间允许 4 路音频、视频同时进行。

（2）学习功能。与管理中心机配合学习每路所挂接设备的地址信息。

（3）路由功能。根据呼叫双方的地址实现音频、视频的路由切换。

（4）拆线功能。高优先级呼叫可中断当前优先级业务。

（5）占线提示功能。当同级或高优先级占线时，对新的呼叫“忙”音提示。

（6）级连功能。当 16 路不够使用时，可以通过增加矩阵扩展器板来增加路数，每增加一个矩阵扩展器板可以增加 8 路，最多可达到 32 路。

（7）CAN 中继功能。内含 CAN 中继模块，不但增加 CAN 总线传输距离，同时支持自由拓扑网络结构。

91. 矩阵切断器的技术参数如何？

额定电压：DC 18V；允许范围：DC 14.5~18.5V。

工作电流：最大电流 400mA（16 路），300mA（8 路）。静态电流 300mA。

使用环境：温度-25~70℃。相对湿度 RH≤95%，不凝露。

外形尺寸：$W \times D \times H$=440mm×85mm×520mm。

安装孔距：372mm。

执行标准：Q/GST 21—2005。

92. 将有效卡靠近读卡器，蜂鸣器响一声，LED 指示灯无变化，不能开门，怎么办？

（1）检查读卡器与门禁控制器连线之间是否有磁场干扰。

（2）检查读卡器电源电压是否不够。

（3）检查卡片是否失效或有损坏。

93. 门禁系统一直正常使用，某天突然发现所有的有效卡均不能开门，其原因是什么？

（1）原因可能是操作管理人员将门禁控制器设置了休息日（卡片在休息日不能开门），或者操作管理人员将门禁控制器进行了初始化操作或由于其他原因导致了控制器执行了初始化命令。此时，应重新对门禁控制器进行正确的设置。

（2）控制器没有电。

（3）开锁电源没有。

（4）电磁锁线圈断线。

94. 将有效卡接近读卡器，蜂鸣器响一声，LED 指示灯变绿，但门锁未打开，怎么办？

（1）检查门禁控制器与电控锁之间的连线是否完好。

（2）检查电控锁是否有电源电压。

（3）检查电控锁是否损坏。

95. 将有效卡接近读卡器，蜂鸣器响一声，门锁打开，但读卡器指示灯灭是什么原因？

原因可能是控制器与电控锁共用一个电源，电锁工作时，反向电动势干扰导致控制器复位；或电源功率不够，导线太细，工作时压降大，致使控制器、读卡器不能正常工作。

96. 门禁出门按钮的安装应注意什么事项？

门禁系统的出门按钮，应安装在各单元门的内侧，用于解除门禁管制，可无须拨号或刷卡，按下出门按钮直接外出。出门按钮应装于出门人便于操作的地方。出门按钮的接线比较简单，直接连接到控制器的出门按钮接线端子上即可。

97. 安装读卡器应注意哪些事项？

（1）读卡器的发射频率为 125kHz，因此周围避免有对 125kHz 的干扰源。

（2）如果在一个出入口安装有两台或两台以上的读卡器时，其两台的安装的距离应大于 50cm 以上。如安装两台时，最好安装于门的两侧，不得将读卡器背对背安装。

（3）应将读卡器安装于非磁性金属物质的表面，因为金属性磁性物质会严重影响读卡器信号，影响读卡距离。

（4）严禁将读卡器安装于有干扰源产生的地方，例如电动机、AC/DC 转换器、变频器、

UPS 电源、供配电设备、继电器、监视器等。

98. 正常时期怎样维护读卡器?

应定期对读卡器进行清洁；检查读卡器的状态指示灯是否工作正常。

99. 什么叫复位应答?

复位应答是对 IC 卡而言。射频卡的通信协议和通信波特率是定义好的，当有卡片进入读写器的操作范围时，读写器以特定的协议与它通信，从而确定该卡是否为有效的射频卡，即验证卡片的卡型。

100. 什么叫防冲突机制?

当有多张卡进入读写器操作范围时，防冲突机制会从其中选择一张进行操作，未选中的则处于空闲模式等待下一次选卡，该过程会返回被选卡的序列号。

101. IC 卡的结构是怎样的?

卡片的电气部分由一个天线和 ASIC 组成。卡片的天线是只有几组绕线的线圈，适于封装到 ISO 卡片中。卡片的 ASIC 由一个高速 106Kbit/s 波特率的 RF 接口、一个控制单元和一个 E^2PROM 芯片组成。

非接触（感应）式的天线常设计成线圈状。对使用频率小于 135kHz 范围内的非接触式 IC 卡，由于线圈匝数多，所以使用绕制工艺，绕制的匝数典型值在 50~1500 匝。使用布线工艺将线圈嵌入到 PVC 薄膜上，并通过超声波发送器将导线局部加热到一定程度，使线圈熔入到薄膜内，并固定了线圈的形状和位置。

非接触（感应）式 IC 的芯片在生产时，将用于管理应用数据的操作系统，通过掩膜方式集成到微处理器中，可以灵活地将数据写人芯片存储器。在芯片制造过程中，这个微处理器与一个分段存储器连接，其存储范围只能在操作系统控制下进行读写。芯片中可擦写只读存储器 E^2PROM 有应用数据和专用的程序代码，专用的应用程序是在 IC 卡生产后装入存储器，通过操作系统进行初始化。

IC 卡的容量即存储量在生产时已确定。

102. IC 卡的工作原理是什么?

当读卡器对卡进行读写操作时，读写器向 IC 卡发一组固定频率的电磁波，该电磁波信号由两部分叠加组成：一部分是电源信号，卡接收该信号后与本身的 LC 谐振电路产生谐振，生成一个瞬间能量来供给芯片工作；读写器发出的另一部分则是结合信号指挥芯片完成数据的修改、存储等，并返回给读写器，完成一次读写操作。这种 IC 卡通常用于身份验证电子门禁等场合。卡上记录信息简单，书写要求不高，存储信息大，具有极高的保密性能。射频卡与读写器的通信原理如图 7-25 所示。

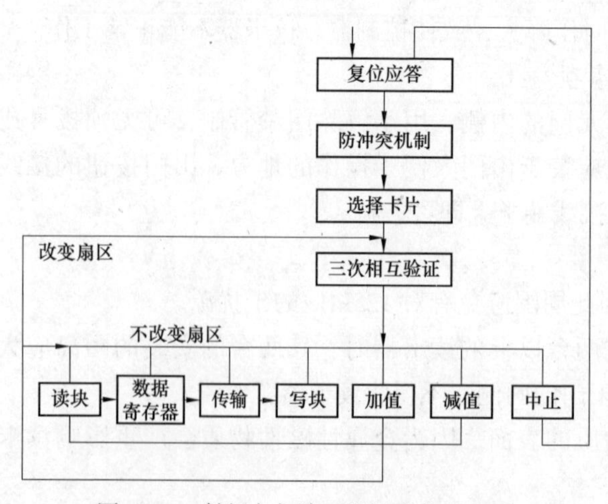

图 7-25 射频卡与读写器的通信原理图

(1) 复位应答——射频卡的通信协

议和通信比特率是定义好的，当有卡片进入读写器的操作范围时，读写器以特定的协议与它通信，从而确定该卡是否为有效的射频卡，即验证卡片的卡型。

（2）防冲突机制——当有多张卡进入读写器操作范围时，防冲突机制会从其中选择一张进行操作，未选中的则处于空闲模式等待下一次选卡。该过程会返回被选卡的序列号。

（3）选择卡片——选择被选中的卡的序列号，并同时返回卡的容量代码。

（4）三次相互验证——选定要处理的卡片之后，读写器就确定要访问的扇区号，并对该扇区密码进行密码校验，在三次相互认证之后就可以通过加密流进行通信（在选择另一扇区时则必须进行另一扇区密码校验）。

（5）读块——读一个块的内容。

（6）写块——向一个块里写内容。

（7）加值——对数据块进行加值。

（8）减值——对数据块进行减值。

（9）存储——将块中的内容存到数据寄存器中。

（10）传输——将数据寄存器中的内容写入块中。

（11）中止——将卡置于暂停工作状态。

103. 身份识别卡片都有哪几种？目前普遍使用的是哪一种？

身份识别卡片有磁卡、条码卡、射频识别卡（RFID）、威根卡、智能卡、光卡、OCR光符号识别卡等。

目前普通使用的是智能卡，又叫IC卡（Integrated Circuit Card），含义为集成电路程序卡。它是把集成电路芯片封装在塑料基片中，可分为接触型和非接触型（感应型）两种。

读卡器在读卡时，识别卡内的标志信息，把标志信息发送给门禁控制器。

104. 门禁读卡器都有哪些技术指标？

门禁读卡器是门禁系统信号输入的关键设备，其性能和技术指标直接关系着整个门禁系统的稳定性。

SYRDS1-BSY型读卡器技术指标如下。

频率：125kHz。

卡片：SYRIS感应卡或EM感应卡。

通信方式：RS-485，Weigand双界面。

Weigand格式：26/34/42。

通信速率：4800~115200bit/s。

内置防撬开关：扬声器。

读卡距离：50~150mm。

读卡时间：0.1s。

工作温度：2~55℃。

储存温度：-20~85℃。

输入电压：DC 8~15V。

认证标准：CE，CLASSB，MA。

尺寸：$W\times H\times D$=75mm×115mm×16mm。

105. 将卡片接近读卡器，蜂鸣器不响，指示灯也没有反应，原因是什么？

（1）读卡器与门禁控制器之间的连线断或连线超过了有效长度 120m。

（2）读卡器坏。

（3）读卡器没电源。

（4）卡片不对。

106. 安装红外探测器时应注意什么？

红外探测器的安装高度一般为 1.8~2.4m 为宜。

（1）不要面对玻璃窗或窗口以及暖气设备。

（2）不要面对光源和移动物体，如电风扇和一些机器设备等。

（3）避免高温、日晒、冷凝环境。

107. DIP 表示什么意思？

DIP（Double In-Line Package）是指双列直插式组件，即小型微动开关。

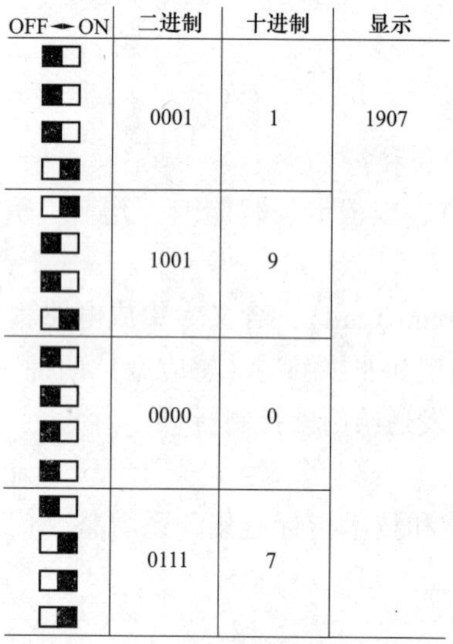

OFF←ON	二进制	十进制	显示
	0001	1	1907
	1001	9	
	0000	0	
	0111	7	

图 7-26　室内分机编码 DIP 开关

门禁系统的室内分机地址码的编制大多采用 DIP。室内分机一般采用 16 位 DIP 开关来设定四位数编码，将 16 位 DIP 开关分为四组，每组由四位 DIP 开关组合成一位数编码。编码组合采用二进制 8421 码，因此，可以任意设定四组由 0~9 的数字。室内分机编码 DIP 开关如图 7-26 所示。

图 7-26 中，DIP 开关放置“开”（ON）为二进制的“1”，DIP 开关放置“关”（OFF）为二进制“0”。

图 7-26 中，第 1 组，根据 DIP 开关的放置，二进制为 0001，则十进制为千位的“1”；第 2 组，根据 DIP 开关的放置，二进制为 1001，则十进制为百位的“9”；第 3 位，根据 DIP 开关的放置，二进制为 0000，则十进制为十位的“0”；第 4 位，根据 DIP 开关的放置，二进制为 0111，则十进制为“7”，则该室内分机的地址码，即房间编号为 1907。

108. 门禁系统主机有开锁继电器的吸合声，但不能开锁是什么原因？

检查开锁输出端有无直流电压，若有，则应检查与电锁相连的导线是否通路，电锁两端电压是否正常，电锁是否能吸引。

109. DF2000ATV/3 系列门禁系统，当有客人来访，呼叫后，主人在室内分机上按下监视键后，分机有光栅但无图像，怎么办？

检查主机呼叫分机是否有图像，若无，则应检查视频线，若有，则应将主机的地址码编为非“00”的地址码即可。

110. DF2000ATV/3 系列门禁系统，无对讲声音或对讲声音不好，怎么办？

检查音频线是否连接正确，室内分机端口的音频线平时是 4.5V 左右，通话时降至 3V 左右，检查是否符合该状态。若与本单元室内分机可以通话，而与联网对讲的声音不好，则应检查联网的连线是否畅通，并且检查主机的音频模块跳接线是否正确。

111. 门禁系统操作主机无任何反应怎么办?

检查主机电源接口是否有 DC 12V 电源连线，是否正确、可靠，如有 DC 12V 电源，连线正确应检查电源装置是否有 DC 12V 电压输出。

112. 什么叫层间解码器?

小区可视对讲系统使用中往往要把物美价廉的直按分机与数码系统混装。这就需要在直按分机与数码系统中设计一种接口，承担信号格式的转换，以及直按分机的编码与解码呼叫等。这种专用的接口叫作层间解码器，层间解码器的使用，使系统能够做到直按机的价格，数码机的功能，并且能起到信号隔离的作用，使系统更加稳固可靠。

113. 层间信号中继器和层间信号隔离器不工作怎么办?

主要检查连接是否正确，特别是电源线是否接错。

114. 有数据输入无数据输出怎么办?

检查输入端的数据线是否接好，输出端的数据线是否有短路现象。同时还要检查 DC 12V 电源是否正常，层间隔离器还要检查其编码对错。

115. JB-2000M 是什么机型?

JB-2000M 是厦门立林保安电子有限公司产品，是门禁系统编码黑白可视对讲主机的型号。

116. 镜头和摄像管配合起什么作用?

镜头是电视监控系统中必不可少的部件，镜头与 CCD 摄像管配合，可以将远距离目标成像在 CCD 摄像管的靶面上。镜头相当于人眼的晶状体，如果没有晶状体，人眼就看不到任何物体；如果没有镜头，那么摄像管所输出的图像就是白茫茫的一片，没有清晰的图像输出，这与家用摄像机和照相机的原理是一样的。

117. 镜头的尺寸和 CCD 摄像管靶面的尺寸怎样配合?

镜头与 CCD 芯片的靶面尺寸见表 7-5。

表 7-5　　镜头与 CCD 芯片的靶面尺寸

镜头成像尺寸/(mm/in)	CCD 感光靶面尺寸/(m/in)	对角线/mm	垂直/mm	水平/mm
25.4/1	25.4/1	16	9.6	12.7
16.9/ (2/3)	16.9/(2/3)	11	6.6	8.8
12.7/(1/2)	12.7/(1/2)	8	4.8	6.4
8.47/(1/3)	8.47/(1/3)	6	3.6	4.8
6.35/(1/4)	6.35/(1/4)	4.5	2.7	3.6

当镜头的成像尺寸比 CCD 摄像管靶面的尺寸大时，不会影响成像，但实际成像的视场角要比该镜头的标称视场角小；而当镜头的成像尺寸比摄像管靶面的尺寸小时，就会影响成像，表现为成像的画面四周被镜筒遮挡，在画面的 4 个角上出现黑角。

118. 什么是门禁读卡器

门禁读卡器又称身份识别单元。门禁读卡器是门禁系统的重要组成部分，起到对通行人员的身份进行识别和确认的作用。实现身份识别的方式很多，主要有卡证类身份识别方式、密码类识别方式、生物类身份识别方式（如指纹、掌纹、眼纹、声音等）以及复合类识别方式。

第五节 停车场管理

一、存车库系统的有关标准

GBJ 149—1990《电气装置安装工程施工及验收规范》
GB 50067—2004《汽车库、修车库、停车场设计防火规范》
GB 50115—2009《工业电视系统工程设计规范》
GB 50198—2011《民用闭路监视电视系统工程技术规范》
GB 50034—2013《建筑照明设计标准》
GB 50016—2014《建筑设计防火规范》
GB 50314—2015《智能建筑设计标准》
JGJ 16—2008《民用建筑电气设计规范》
GA/T 75—1994《安全防范工程程序与要求》

二、车辆出入口管理系统的构成

车辆出入口管理系统示意图，如图 7-27 所示。构成车辆出入口管理系统的设备有出入口电子显示屏、车辆检测器（地感线圈）、出入口自动道闸、出入口监视摄像机、控制室、控制器等。

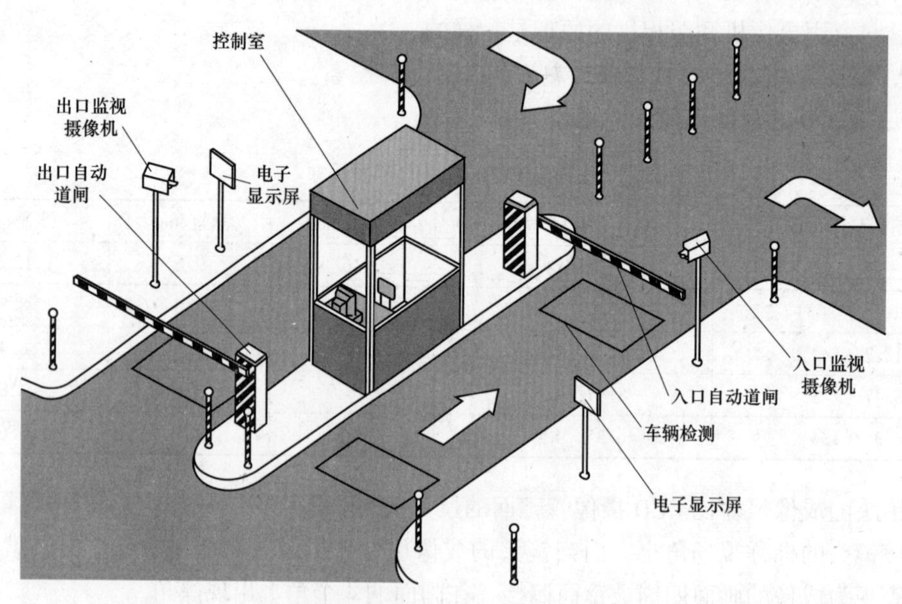

图 7-27 车辆出入口管理系统示意图

1. 出入口电子显示屏

电子显示屏，采用 LED 发光二极管，为了确保亮度、深色底设计，增加显示亮度。入口电子显示屏，一般显示“您好欢迎光临！”等问候语或显示目前的车位情况。

出口电子显示屏，一般显示“年、月、日、星期、时、分”时间，或显示“您好再见！”“祝您一路平安！”等问候或提示语。

2. 车辆检测器（地感线圈）

地感线圈线匝外观尺寸如图 7-28 所示。地感线圈埋设于车辆出入口的地下。

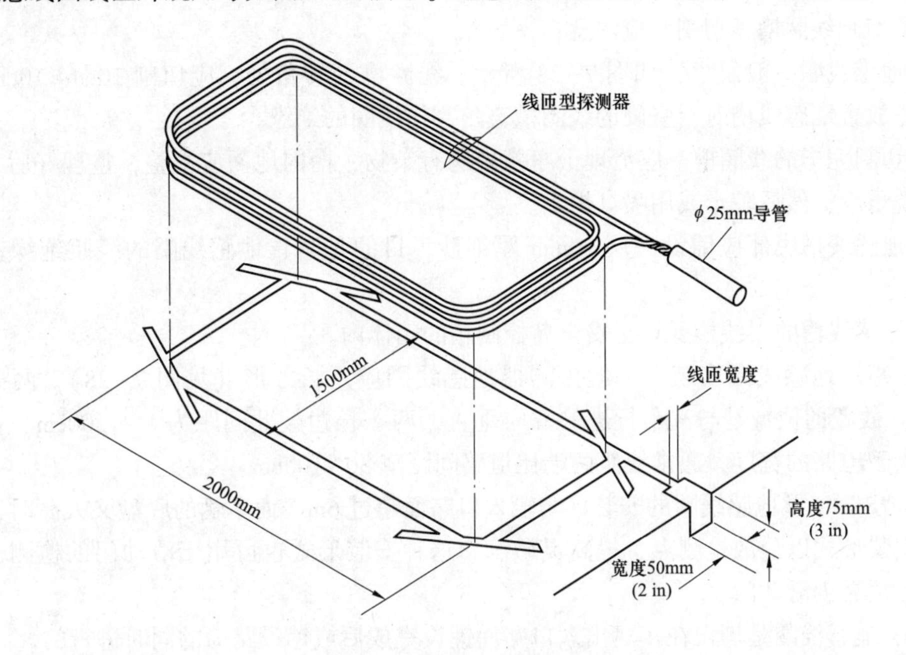

图 7-28　车辆检测器地感线圈线匝图

入口地感线圈把车辆进入信息传入控制器，对车辆进行登记、验卡，并控制入口自动道闸抬杆放行。车辆通过后前行，经过又一地感线圈后，此地感线圈将信息传至控制器，系统接到指令后，执行操作将入口自动道闸杆放下。若车辆停滞不行，则地感线圈没有向系统发出信息，自动道闸杆不会落杆。若用户使用卡无效，则系统会向入口处的电子显示屏发送有关信息，现场语音模块同步发出语音提示，入口自动道闸不抬杆，不允许该车辆进入。

车辆驶入后，驶入固定车位。

临时车辆进入，地感线圈检测到，则向控制器发出信号，此时，电子显示屏显示车位，并语音告知。

地感线圈安装注意事项：

（1）放置地感线圈的地下周围 1m 范围内，不应有大量的金属，如井盖、雨水沟盖板上下水管道、电力电缆、电力导线穿线管等。

（2）周围 1m 范围，空中或地下不应有 220V 以上的电力线路。

（3）地感线圈一般为 4~6 匝，匝间绝缘要考虑一定的耐压强度。要考虑导线的机械强度和高低温时抗老化的程度及耐酸碱腐蚀的程度。

（4）地感线圈有“8”字形和矩形两种形式，如图 7-28 所示。

（5）多个线圈放置时，线圈与线圈之间距离应大于2m以上。

（6）地感线圈尺寸一般为：（长）200cm×（宽）150cm×（深）7.5cm，如图7-28所示。

（7）切割地感线圈槽。地感线圈槽的地面应为≥10cm的水泥地面。

切割地感线圈槽时，应按照图纸，在路面上规划好地感线圈尺寸的线条，用路面切割机按线条切割线圈槽，切割时应注意：

1）地感线圈一般尺寸，如图7-28所示。线圈槽的转角处，应切割10cm×10cm的倒角，防止放置地感线槽时，坚硬的线圈槽直角割伤线圈的绝缘。

2）切割完毕的线圈槽，应清理干净槽内所有杂物，槽内地面应平整，整理好后，用自来水清洗干净，然后晾干或用喷灯烘干。

3）地感线槽底部应铺设一层20mm厚细沙，目的是防止地感线圈的线匝绝缘被硬物碰伤。

4）地感线槽的引线槽要切至安全岛控制箱的箱体内。

（8）矩形地感线圈安装。一般探测器地感线圈应是长方形（见图7-28），两条长边（200cm）放置的位置是与汽车行进的方向垂直，两条长边彼此间距为1~1500cm。长边的长度取决于道路的宽度，通常线匝两端比道路间距窄30~100cm。

（9）“8”字形地感线圈的安装。车辆入口路面超过6m，而车辆的底盘又太高时，可采用此种安装形式以分散检测点，提高灵敏度。这种安装形式也可用于滑动门的检测，但地感线圈必须靠近滑动门。

（10）地感线圈是埋设在车辆出入口路面铺设完成后或铺设路面的同时进行的。

（11）地感线圈的导线线径选择应≥0.5mm^{2}单股高强度绝缘软铜线，绝缘层应耐压、耐磨、耐高温、耐水、耐腐蚀。

（12）地感线圈的放置。车辆入口地感线圈，面向入口方向，从引线开始顺时针方向放置。车辆出口地感线圈，面向出口方向，从引线开始顺时针方向放置。

在线槽中按顺时针方向放入4~6匝（圈）高强度绝缘铜导线（线圈面积越大，匝数越少）。放入槽中的电线应松弛，不能有应力，而且要一匝一匝地压紧至槽底，可用塑料带或白布带适当绑扎。

线匝及引线应为一根线，中间不应有接头。

（13）线圈的引出线按顺时针方向变为双绞线放入引线槽内，并将线圈的两个端子引入出入口机、道闸的机箱内，留1.5~2m长的线头（或引入控制室内的控制箱内）。

（14）线圈及引线在槽中绑扎、压实后，最好再铺设一层2cm厚的细砂，可防止线匝绝缘被高温熔毁。

（15）地感线圈放置好后，用熔化的硬质沥青或环氧树脂浇注已放入地感线圈的线槽及引线槽，注意熔化后沥青的温度，不要高于线匝高强度绝缘的耐受温度。冷却凝固后，槽中的浇注面会下降，应继续浇注，直至冷凝固后槽的浇注面与路面平齐。

（16）凝固的沥青冷却，处于正常环境温度后，应用凯尔文电桥测量线匝导体的直流电阻值，用MΩ表摇测导线的绝缘电阻值。以验证在浇注沥青或环氧树脂过程中，线匝绝缘是否被损坏，是否造成匝间或匝间对地短路。

线匝直流电阻全格值约为

$$0.036\Omega/m\times32m=1.152\Omega$$

1）线匝导体的直流电阻应为 1.52Ω，小于该数值太多，说明线匝有匝间短路现象。

2）0.036Ω/m，说明环境温度为 20℃时，标称横截面积为 0.5mm^2、长度为 1m 的铜芯导线所具有的直流电阻值，该数据为查表所得。

3）32m 是线匝导线总长度，实际安装中以实际长度为准。

绝缘电阻≥0.5MΩ。

4）地感线圈感应系数应为 50~200μH，励磁频率为 250~300Hz。

3. 出入口自动道闸

出入口自动道闸是拦截车辆未经刷卡、未经允许，非法出入的一道门槛，也是停车系统的主要设施。

车辆通过地感线圈进入时，汽车有效卡刷卡后，入口自动道闸栏杆自动抬起，车辆驶出通道，即入口第二个地感线圈的感应区域后，入口自动道闸栏杆自动落下。

车辆出场时，汽车缴费确认，有效卡刷卡，经操作人员确认，自动道闸栏杆自动抬起，车辆驶出通道，即出口第二个地感线圈的感应区域后，自动道闸栏杆自动落下。

由于车辆频繁，因此，对于停车区，设计要加强，可采用 MF/1-3mm 环氧砂浆地坪或 SLF/2-3mm 环氧自流平地坪。

车行通道宽度根据现场情况设置，一般双向行车道不宜低于 6m，单行行车道不宜低于 3m，人行道为 1.5~2m。

车行标志。通道内可采用黄色或白色标志漆（可采用夜发花地坪漆）画箭头进行标明车行方向及各停车区。

停车场柱面。为增加停车场柱面的醒目性，避免因倒车碰到柱子，柱子下端 1.0~1.2m 以下可采用黄色和白色相间斜纹斑马线进行标明。

车辆出入口坡道防滑地坪。车辆出入口必须具有防滑作用，应将出入口坡道施工成波纹形不平的地面。

读卡设备距入口（或出口）自动道闸距离一般为 2.5m，最小不应小于 2m，防止读卡时车头可能触到自动道闸。

对于地下停车场，读卡设备应尽量放置在比较水平的地面，以防车辆在上下坡时读卡不方便。

对于地下停车场，自动道闸上方如有阻挡物，则需选用折杆式道闸。

4. 出入口监视摄像机

入口监视摄像机，在车辆进场读卡时，摄下车辆图像、司机、车牌号码、车型等，经计算机处理，将司机所持卡的信息一并存入计算机数字库。

出口监视摄像机，当车辆出场时，出口监视摄像机摄下图像、司机、车牌号码、车型等，并调出进场时的图像，同时显示在计算机屏幕上确认，有效防止车辆被盗。管理人员可以随时监视车辆出口的状况。

5. 安全岛

安全岛一般处于车辆出入口之间如图 7-29 所示。安全岛上装有控制室、出入口自动道闸。安全岛应能承载自动道闸工作时的应力。

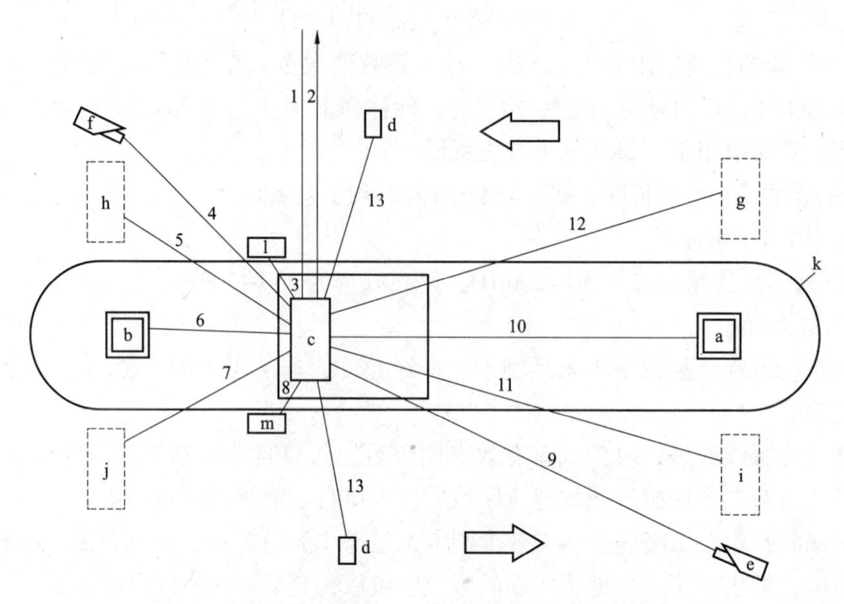

图 7-29 车辆出入口管理系统的布线图

a—入口道闸；b—出口道闸；c—控制器；d—电子显示屏器；e—入口摄像机；f—出口摄像机；
g、h、i、j—地感线圈；k—混凝土安全岛（高 1500mm）；l、m—读卡机

如果是在普通松软的泥土上面建设安全岛，应将地面挖深 50cm，并用混凝土浇注。

如果是在道路地面建设安全岛，应制作间隔 10cm 网格式的钢筋网，并且钢筋网要深入地面 40~50mm。

浇注安全岛的混凝土的比例应为：水泥∶石子∶沙子=1∶1∶1。

6. 控制室

控制室设置在出入口中间的安全岛上，控制室的面积最好≥4m^2。

控制室内设置有计算机等设施，同时又是值班人员工作的场所。

读卡机装置在控制室外左右两侧，读卡机的中心距离与自动道闸的中心距离应≥2. 5m。

三、出入口管理系统的布线

车辆出入口管理系统的布线图，如图 7-29 所示。车辆出入口管理系统布线技术数据见表 7-6。

表 7-6　　车辆出入口管理系统布线技术数据

管号	管直径/mm	线缆型号/mm^2	用途
1	ϕ20	RVV-3×2. 5	系统总电源
2	ϕ20	RVVP-2×0. 5	市话通信
3	ϕ20	RVVP-2×0. 5	出口读卡器
4	ϕ20	SYV-75-5	出口摄像机视频
		RVV-2×0. 5	出口摄像机电源
5	ϕ16	RVVP-2×0. 5	出口地感线圈

续表

管号	管直径/mm	线缆型号/mm²	用途
6	$\phi50$	RVV-3×1.0	出口道闸电源
		RVV-4×0.5	出口道闸控制
7	$\phi16$	RVVP-2×0.5	入口地感线圈
8	$\phi20$	RVVP-2×0.5	入口读卡器
9	$\phi20$	SYV-75-5	入口摄像机视频
		RVV-2×0.5	入口摄像机电源
10	$\phi50$	RVV-3×1.0	入口道闸电源
		RVV-4×0.5	入口道闸电源
11	$\phi16$	RVVP-2×0.5	入口地感线圈
12、13	$\phi16$	RVVP-2×0.5	出口地感线圈

图 7-29 中的管线的穿线管均应暗管理设于路面下。除安全岛内 6 号管、10 号可采用 PVC 管（埋深 10cm）外，其他均为厚壁镀锌钢管，以路面为准埋深为 20cm。管路埋设，直线距离，以短为好。

控制室内应设置接线端子箱。接线端子箱应做接地保护（PE），箱内应设有接地端子排（PE），每一路的镀锌钢管应在此做接地保护（PE）。

穿线管内导线不应有接头，需要接头的线应做在接线端子箱内。接线端子箱内，每一管路应挂有标签，标签所标示的内容，应为表 7-6 所示的内容。

系统内所有设备的金属外壳均应做接地保护（PE）。

每一管路穿完线后，应摇测绝缘电阻，导线间绝缘电阻应≥1MΩ，导线对管外壁（PE）绝缘电阻应≥0.5MΩ。

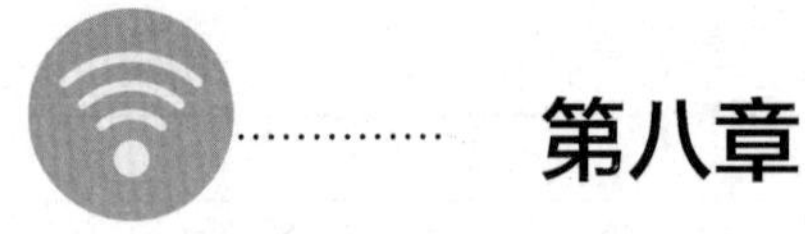

第八章

防雷与接地系统

第一节　建筑物的防雷与接地

一、雷电的种类

雷电是大气中一种自然放电现象。地面的湿气受热上升，在空气中与不同冷热气团相遇，凝结成水滴或冰晶，形成积云。积云在运动过程中受到强烈的气流撞击作用，使电荷发生分离，形成正、负不同的电荷雷云。雷云中的电荷积聚到足够数量，就能冲破空气的绝缘形成雷云与雷云之间、雷云与大地之间的剧烈放电，出现强烈的闪光。由于放电时温度急剧升高，空气急剧膨胀，因而伴有轰隆隆的雷鸣声，则称为雷电。

雷电的形成，常与当地地形、大气气流、温湿度和地球纬度有关。一般山区比平原多，沿海比内地多，温、湿度高比温、湿度低地区多，低纬度比高纬度地区多。

雷电的种类主要有以下 3 种：直接雷、感应雷和雷电波。

1. 直接雷（或称直击雷）

直接雷是雷雨云对大地和建筑物的放电现象。直接雷特性是：能量最大，放电时间极短，主放电电流可高达几百千安，电压高达数百万伏。强大的雷电流在通过物体入地时，将产生破坏性极大的热效应和机械效应，可直接导致人畜的死亡和物体的损坏。

2. 感应雷

感应雷是由于雷雨云与大地之间放电时对周围产生的电磁感应、静电感应，使建筑物上的金属部件，如管道、钢筋、电源线、信号传输线、天线馈线等感应出雷电离电压，通过这些线路进入室内的管道、电缆、金属线槽、托盘、桥架等引入室内造成放电，对与之相连的元器件造成损坏。

感应雷分为静电感应和电磁感应两种。

(1) 静电感应是由于云层中电荷的感应使建筑物顶部积聚起极性相应的电荷，当电场强度达到一定强度时，就会放电，放电过程开始后，放电通路中的电荷迅速中和，但建筑物顶部极性相反的电荷却来不及流入大地，因而形成很高的电位，故易将顶部损坏，在内部将金属设备烧损或引起火灾。

(2) 电磁感应是当雷电流通过金属导体入地时，形成一个迅速变化的强磁场，使处于附近的输电线路或电气设备产生感应过电压，将线路或设备的绝缘击穿，导致供电中断或设备损坏。

3. 雷电波

雷云放电时会产生一股冲击波，架空线遭雷击或发生感应雷时产生的沿各个方向迅速传播的高电位冲击波。这种冲击波常沿着架空线路或管道传播，对设备造成冲击破坏作用。

二、建筑物的防雷种类

建筑物的防雷分为三类：

1. Ⅰ类防雷建筑物

（1）使用或储存炸药、火药、起爆药、火工品等大量爆炸物质的建筑物，因电火花而引起爆炸，会造成巨大的破坏和人身伤亡。

（2）具有爆炸危险环境的建筑物，因电火花而引起爆炸，会造成巨大破坏和人身伤亡。

2. Ⅱ类防雷建筑物

（1）国家级重点文物保护的建筑物。

（2）国家级的会堂、办公建筑物、大型展览、博览建筑物、大型大车站、国宾馆、国家级档案馆、大型城市的重要给水水泵房的建筑物。

（3）国家级计算中心、国际通信枢纽等对国民经济有重要意义且装有大量电子设备的建筑物。

（4）制造、使用或储存爆炸物质的建筑物，且电火花不易引起爆炸或不致造成巨大破坏和人身伤亡等。

（5）具有爆炸危险环境的建筑物，且电火花不易引起爆炸或不致造成巨大破坏和人身伤亡者。

（6）工业企业内有爆炸危险的露天钢质封闭气罐。

（7）部、省级办公建筑物及其他重要或人员密集的公共建筑物。

（8）住宅、办公楼等一般性民用建筑物。

3. Ⅲ类防雷建筑物

（1）省级重点文物保护的建筑物及省级档案馆。

（2）少雷区的部、省级办公建筑物及其他重要或人员密集的公共建筑物。

（3）少雷区住宅、办公楼等一般性民用建筑物。

（4）少雷区一般性工业建筑物。

（5）在一年平均雷暴日不超过 25 天的地区，高度在 5m 及以上的烟囱、水塔等孤立的高耸建筑物。

（6）在一天平均雷暴日小于或等于 15 天的地区，高度在 20m 及以上的烟囱、小塔等孤立的高耸建筑物。

三、建筑物的防雷措施

1. Ⅰ类防雷建筑物的防雷措施

（1）防直接雷（直击雷）。应设独立避雷针或架空避雷线（网），应使屋面（顶）所有的物体、物体均应处于接闪器的保护范围内。架空避雷网的网格尺寸不应大于 5m×5m 或 6m×4m。

爆炸气体的各种排散管等应在防雷保护范围之内。接闪器与雷闪的接触点应设在上述空间之外。

架空避雷线至屋面和各种突出屋面的风帽、放散管等物体之间的距离不应小于3m。

(2) 防感应雷。建筑物内的设备、管道、构架、金属窗户、电缆金属外皮、钢屋架等较大金属物和突出屋面的放散管、风管等金属物，均应接到防雷电感应的接地装置上。

金属屋面周边每隔18~24m应采用引下线接地一次。

现场浇制的或由预制构件组成的钢筋混凝土屋面，其钢筋宜绑扎或焊接成闭合闭路，并应每隔18~24m采用引下线接地一次。

平行敷设的管道、构架和电缆外皮等较大金属物，其净距小于100mm时应采用金属线跨接，跨接点的间距不应大于30m。

交叉净距小于100mm时，其交叉处亦应跨接。当长金属物的弯头、阀门、法兰盘等连接处的过渡电阻大于0.03Ω时，连接处应用金属线跨接。对于不少于5根螺栓连接的法兰盘，在非腐蚀情况下可不跨接。

防雷电感应的接地装置应和电气设备接地装置共用，其工频接地电阻不应大于4Ω。防雷电感应的接地装置与独立避雷针、架空避雷线或架空避雷网的接地装置之间的距离应符合规范要求。

屋内接地干线与防雷电感应接地装置的连接不应少于两处。

(3) 防雷电波。低压线路宜全线采用电缆直接埋地敷设，在入户端应将电缆的金属外皮、钢管接到防雷电感应的接地装置上。如全线采用电缆有困难时，可采用钢筋混凝土杆和铁横担的架空线，引入用户时应采用金属铠装电缆穿钢管埋地引入，埋地长度应符合规范要求，但不应小于15m，电缆与架空线连接处应装设避雷器。避雷器、电缆金属外皮、钢管和绝缘子铁脚、横担、金具等应连接在一起接地，其冲击接地电阻不应大于10Ω。

架空金属管道，在进出建筑物处，应与防雷电感应的接地装置相连。距离建筑物100m内的管道，应每隔25m左右接地一次，其冲击接地电阻不应大于10Ω，并宜利用金属支架或钢筋混凝土支架的焊接、绑扎钢筋网作为引下线，其钢筋混凝土基础宜作为接地装置。

埋地或地沟内的金属管道，在进出建筑物处亦应与防雷电感应的接地装置相连。

因建筑太高或其他原因难以装设独立避雷针、架空避雷线、避雷网时，可将避雷针或网格不大于5m×5m或6m×4m的避雷网或由自混合组成的接闪器直接装在建筑物上，避雷网应沿屋角、屋脊、屋檐和檐角等易受雷击的部位敷设。但应符合下列要求。

1) 所有避雷针应采用避雷带互相连接。

2) 引下线不应少于两根，并应沿建筑物四周均匀或对称布置，其间距不应大于12m。

3) 排放口应符合规范要求。

4) 建筑物应装设均压环，环间垂直距离不应大于12m，所有引下线、建筑物的金属结构和金属设备均应连接到环上。均压环可利用电气设备的接地干线环路。

防直接雷的接地装置应围绕建筑物敷设成环形接地体，每根引下线的冲击接地电阻应小于10Ω，并应和电气设备接地装置及所有进入建筑物的金属管道相连接。

当建筑物高于30m时，应采取如下措施。

1) 从30m制高点起，每隔5m沿建筑物四周设水平避雷带并与引下线相连接。

2）30m 及以上外墙上的栏杆、门窗等较大的金属物与防雷装置相连接。

3）电源总配电柜处宜装设过电压保护器。

4）如树木高于建筑且不在接闪器保护范围之内时，树木与建筑物之间的净距不应小于 5m。

2. Ⅱ类防雷建筑物的防雷措施

（1）防直接雷（直击雷）。防直接雷宜采用装设在建筑物上的避雷网（带）、避雷针或由其混合组成的接闪器。避雷网（带）应沿屋角、屋脊、屋檐和檐角等易受雷击的部位敷设，并应在整个屋面组成不大于 10m×10m 或 12m×8m 的网格。所有避雷针应采用避雷带相互连接。

突出屋面的放散管、排风管、烟囱等物体，应按如下措施保护。

1）放散管、排风管、呼吸阀、烟囱等均应在接闪器的保护范围内。

2）排放无爆炸危险气体、蒸汽或粉尘的放散管及烟囱、爆炸危险环境的自然通风管，装有阻火器的排放爆炸危险气体、蒸汽或粉尘的放散管、呼吸阀、排风管，其防雷保护应符合金属物体可不装接闪器，但应和屋面接地网相连接，在屋面接闪器保护范围之外的非金属物体应装接闪器，并和屋面接地网相连接。

屋面防雷接网的引下线不应少于两根，并应沿建筑物均匀或对称布置，其间距不应大于 18m。当仅利用建筑物四周的钢柱或柱子钢筋作为引下线时，可按跨度设引下线，但引下线的平均间距不应大于 18m。

每根引下线的冲击接地电阻不应大于 10Ω。

在共用接地装置与埋地金属管道相连接的情况下，接地装置宜围绕建筑物敷设成环形接地体。

利用建筑物的钢筋作为防雷装置时应符合下列规定。

1）建筑物宜利用钢筋混凝土屋面、梁、柱、基础内的钢筋作为引下线（建筑物混凝土构架内钢筋应连为一体，必要时连接点处应焊接）。

2）敷设在混凝土中作为防雷装置的钢筋或圆钢，当仅有一根时，其直径不应小于 10mm。被利用作为防雷装置的混凝土构件内有箍筋连接的钢筋，其截面积总和不应小于一根直径为 10mm 钢筋的截面积。

3）利用基础内钢筋作为接地体时，在周围地面以下距地面应不小于 0. 5m。

4）构件内有箍筋连接的钢筋或成网状的钢筋，其箍筋与钢筋的连接，钢筋与钢筋的连接，应采用土建施工的绑扎法连接或焊接。单根钢筋或圆钢或外引预埋连接板、线与上述钢筋的连接应焊接或采用螺栓紧固的卡夹器连接。构架之间必须连接成电气通路。

建筑物内设备、管道、构架等主要金属物，应就连接至防直接雷接地装置或电气设备的保护接地装置上，可不另设接地装置。

建筑物内防雷电感应的接地干线与接地装置的连接不应少于两处。

当金属物或线路与引下线之间有自然接地或人工接地的钢筋混凝土构件、金属板、金属网等静电屏蔽物隔开时，金属物或线路与引下线之间的距离可不受限制。

当金属物或线路与引下线之间有混凝土墙、砖墙隔开时，混凝土墙的击穿强度应与空气的击穿强度相同，砖墙的击穿强度应为空气击穿强度的二分之一。当不能满足要求时，金属物或线路应与引下线直接相连接或通过过电压保护器相连接。

(2) 防雷电波。当低压线路全长采用埋地电缆或敷设在架空线槽内的电缆引入时，在入户端应将电缆金属外皮、金属线槽接地。

当低压架空线转换金属铠装电缆或护套电缆穿钢管直接埋地引入时，其埋地长度应大于或等于15m。

入户端电缆的金属外皮、钢管应与防雷的接地装置相连接。

在电缆与架空线连接处，应装设避雷器。

避雷器、电缆金属外皮、钢管和绝缘子铁脚、金具等应连接在一起接地。

冲击接地电阻不应大于10Ω。

高度大于45m的钢筋混凝土结构、钢结构建筑物应采取以下防侧击和等电位的保护措施。

1) 应利用钢柱或柱子钢筋作为防雷装置引下线。

2) 应将45m及以上外墙上的栏杆、门窗等较大的金属物与防雷装置连接。

3) 竖直敷设的金属管道及金属物顶端和底端与防雷装置相连接。

有爆炸危险的露天钢质封闭气罐，当其厚度不小于4mm时，可不装设接闪器，但应接地，且接地点不应少于两处，两接点间距离不宜大于30m，冲击接地电阻不应大于30Ω。

3. Ⅲ类防雷建筑物的防雷措施

(1) 防直接雷（直击雷）。Ⅲ类建筑防直接雷的措施宜采用装在建筑物上的避雷网（带）或避雷针或由这两种混合组成的接闪器。避雷网（带）应在屋角、屋脊、屋檐和檐角等易受雷击的部位敷设。并应在整个屋面组成不大于20m×20m或20m×16m的网格。平屋面的建筑物，当其宽度不大20m时，可仅沿网边敷设一圈避雷带。

每根引下线的冲击接地电阻不宜大于10Ω。其接地装置宜与电气设备等接地装置共用。如不相连接时，两者在地中的距离不应小于3m。

在共用接地装置与埋地金属管道相连接的情况下，接地装置宜围绕建筑物敷设成环形接地体。

建筑物宜利用钢筋混凝土屋面板、梁、柱和基础的钢筋作为接闪器、引下线和接地装置。利用基础的钢筋网作为接地体时，在周围地面以下距地面不小于0.5m。

砖烟囱、钢筋混凝土烟囱，宜在烟囱上装设避雷针或避雷环保护。多支避雷针应连接在闭合环上。应采取以下措施。

1) 当非金属烟囱无法采用单支或双支避雷针保护时，应在烟囱口装设环形避雷带，并应对称布置三支高出烟囱口不低于0.5m的避雷针。

2) 钢筋混凝土烟囱的钢筋应在其顶部和底部与引下线和贯通连接的金属爬梯相连接。利用钢筋作为引下线和接地装置，可不另设专用引下线。

3) 高度不超过40m的烟囱，可只设引下线，超过40m时应设两根引下线。可利用螺栓连接或焊接的一部金属爬梯作为两根引下线用。

4) 金属烟囱应作为接闪器和引下线。

引下线不应少于两根，但周长不超25m且高度不超过40m的建筑物可只设一根引下线。引下线应沿建筑物四周或对称布置，其间距不应大于25m。当仅利用建筑物四周的钢柱或柱子的钢筋作为引下线时，可按跨度设引下线，但引下线的平均间距不应大于25m。

防止雷电流经引下线和接地装置时产生的高电位对附近金属物或线路的反击，应符合规范的要求。

（2）防雷电波。对电缆进出线，应在进出端将电缆的金属外皮、钢管等与电气设备接地相连接。当电缆转换为架空线时，应在转换处装设避雷器；避雷器、电缆金属外皮和绝缘子铁角、金具等应连接在一起接地，其冲击接地电阻不宜大于30Ω。

对低压架空进出线，应在进出线处装设避雷器并与绝缘子铁角、金具等连接一起接到电气设备的接地装置上。当多回路架空进出线时，可仅在母线或总配电箱处装设一组避雷器或其他形式的过电压保护器，但绝缘子铁角、金角仍接到接地装置上。

高度超过60m的建筑物，其防侧击雷和等电位的保持措施应符合规范的规定，并应将60m及以下外墙上的栏杆、门窗等较大的金属物与防雷装置连接。

四、建筑物的防雷接地系统

1. 防雷接地体的布设

接地体（极）平面布设图，如图8-1所示。人工接地体（极）安装结构图如图8-2所示。

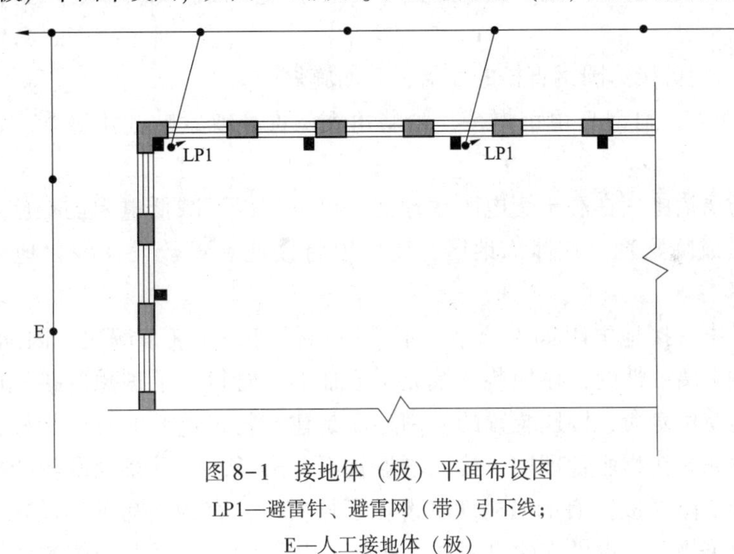

图8-1　接地体（极）平面布设图

LP1—避雷针、避雷网（带）引下线；

E—人工接地体（极）

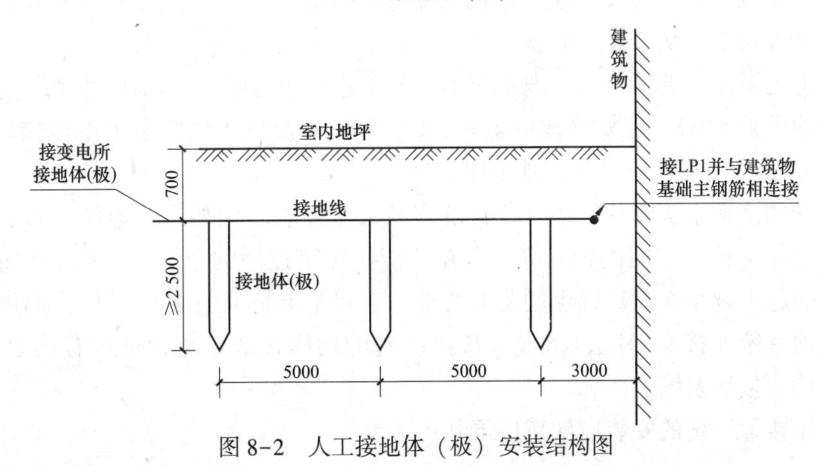

图8-2　人工接地体（极）安装结构图

（1）接地装置的构成。接地装置包括接地体（极）和接地线。埋入地中的金属棒或镀锌钢管称为接地体，亦称接地极。兼作接地极用的直接与大地接触的金属构件、金属管道、建筑钢筋混凝土的基础钢筋称为自然接地体（极）。人工砸设的金属物件称为人工接地体（极）。电气装置、设施的接线端子与接地体（极）及接地体（极）连接用的金属导体部分，称为接地线。

（2）接地装置的技术要求。接地体（极）的导体应符合热稳定及机械强度的要求，还应考虑土壤的腐蚀，其最小截面积为：铜 $25mm^2$，钢 $50mm^2$。用于做接地体（极）的材料有：圆钢 ϕ18mm，镀锌钢管 D50mm（壁厚≥3mm），角铁 50mm×5mm（镀锌），长度每根长 2500mm，用作接地连接线的材料为镀锌扁钢 25mm×4mm，最好选用 40mm×4mm 或 60mm×6mm 的镀锌扁钢。

如图 8-2 所示，在一般情况下，人工接地体埋深顶部-0.7m，间距≥5m。

直埋土壤中的接地装置，其连接应采用搭接焊，要求搭接长度应符合下列规定。

1）扁钢与扁钢的搭接为扁钢宽度的 2 倍（当宽度不同时，搭接长度以宽的为准），应不少于三面施焊。

2）圆钢与圆钢搭接为圆钢直径的 6 倍（当直径不同时，搭接长度以直径大的为准），双面施焊。

3）圆钢与扁钢搭接为圆钢直径的 6 倍，双面施焊。

4）扁钢与钢管，扁钢与角钢焊接，紧贴角钢两面，或紧贴 3/4 钢管表面，上下两侧施焊。

（3）降阻防腐措施。在高土壤电阻率地区，可采用以下减低电阻的措施：如填充电阻率较低的的物质或降阻剂。在冰冻地区，还可以将接地装置敷设在融化地带的水池或水坑中。

在城市楼宇中，接地电阻如不合格，不要添加任何添加剂来解决，因加任何添加剂，对接地装置都是有腐蚀性的，接地装置填充了添加剂尽管得到了理想的接地电阻值，但降低了接地装置的使用寿命，接地装置的使用寿命是建筑物很重要的一个指标，它应与建筑物同寿。建筑物如果在物业管理期，接地电阻就不合格了，再重新砸设新的接地装置是很困难的，因为接地体（极）有的当初就砸设在了楼底下，有的当初虽砸设在了地坪下，但是现在变成了建筑物下，再投入建设时的几十倍、几百倍，甚至上千倍的费用都是难解决的。为此，建设初期，初步设计时就应考虑好接地电阻值的指标选择问题。

（4）接地电阻值的选择。在接地系统中，要求防雷接地电阻≤10Ω，供配电系统工作接地，保护接地电阻≤4Ω，重复接地电阻≤10Ω，1000V 及以下供配电大电流接地系统保护接地电阻≤0.5Ω，弱电系统工作接地电阻≤1Ω。

各种不同的接地系统安装时都有各自的安装技术要求，例如，接地体（极）与建筑物的距离，接地体（极）之间的距离等，但在智能化楼宇控制的今天，各技术专业的设施越来越多，空间越来越小，满足以上的距离要求、空间要求是很困难的，为了解决这一问题，可把所有接地系统连接在一起，组成大楼内统一的均压接地系统，供所有接地系统使用，成为公共的均压接地系统。

公共均压接地系统的安装应注意以下几点。

1）接地电阻值≤1Ω。

2）防雷接地体（极）与变配电所工作接地体（极）、保护接地体（极）在地下应连接在一起。

3）接地体（极）选用 ϕ75（厚壁）热镀锌钢管，长度选用 3m 或 6m，砸设时接地体（极）间距应≥2 倍接地体（极）的长度。平面距离不够时，可以选择砸设在大楼最底层。

4）接地体（极）的连接线应采用 60mm×6mm 的热镀锌扁钢，按规范要求焊接。焊接处应涂沥青防腐。

5）技术需要时，避雷网的引下线可采用 95mm^2（或 120mm^2、150mm^2、185mm^2）铜导线从避雷网接向接地网。铜导线敷设在钢筋混凝土水泥柱内和主钢筋并联连接。

6）建筑物钢筋结构做均压连接，连接线直接接避雷网引下线。金属门窗、各种金属管道（爆炸气体管道除外）均应做均压连接，主连接线接接地体（极）主引出线。

2. 避雷针与避雷网（带）的布设

（1）屋顶避雷网络。屋顶避雷网格尺寸及引下线连接示意图如图 8-3 所示，图中 L_1 为避雷网（带）的间距，Ⅰ类防雷建筑 L_1<10m×10m；Ⅱ类防雷建筑 L_1<20m×20m。屋顶避雷网格，上人的屋顶敷在顶板内 5cm 处；不上人屋顶敷在顶板上 15cm 处。

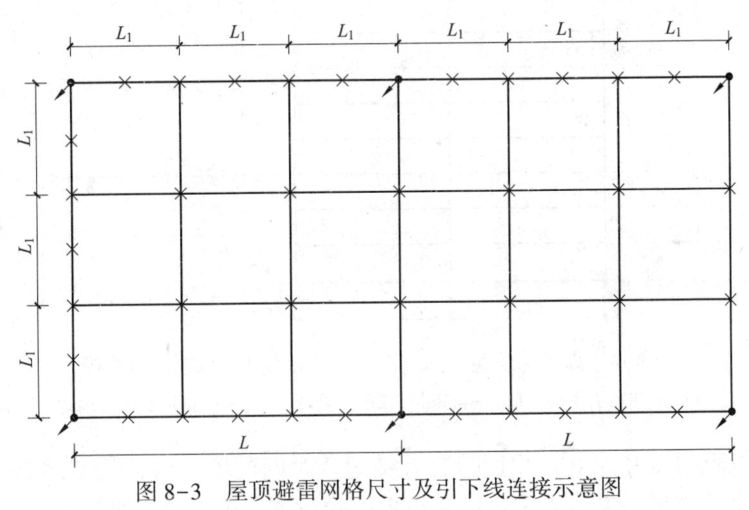

图 8-3　屋顶避雷网格尺寸及引下线连接示意图

L_1—网格间距；L—引下线间距

高层建筑避雷网（带）、均压环与引下线连接示意图，如图 8-4 所示，图中 L 为防雷网引下线的间距，Ⅰ类防雷建筑 L<18m，雷电活动强烈区 L<12m；Ⅱ类防雷建筑 L<24m。用混凝土柱内主钢筋做引下线时，一个柱内应不少于两个主钢筋。

（2）均压环。如图 8-4 所示，从首层起，每三层用结构圈梁水平钢筋与引下线焊接成均压环。所有引下线、建筑物内的金属结构、金属门窗和金属物体等均与均压环连接。

从距地 30m 高处，每向上三层，在结构圈梁内敷设一条 25mm×4mm 的热镀锌扁钢与引下线焊成一环形水平避雷带，以防止侧向雷击，并将金属栏杆及金属门窗等金属物体与防雷装置连接。

3. 接地电阻的测量

智能建筑的接地装置的接地电阻要求越小越好。统一的接地装置的接地电阻应≤1Ω。

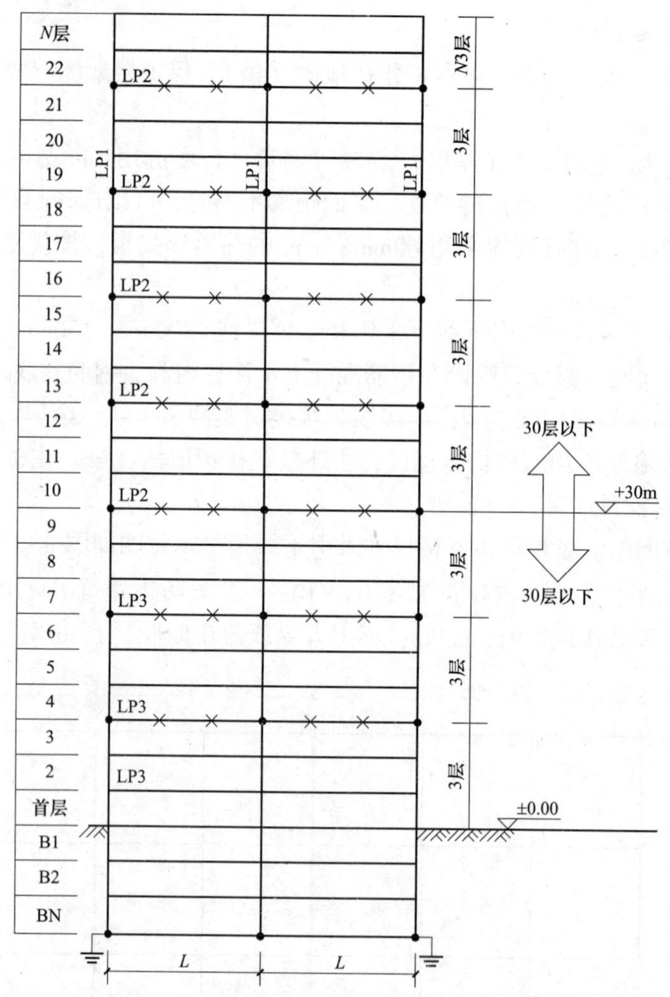

图 8-4 高层建筑避雷网（带）、均压环引下线连接示意图

LP1—防雷引下线；LP2—避雷带；LP3—均压环；L—防雷网引下线间距

为了确保接地电阻的良好数值，并且随着大楼运营时间的增加，接地装置接地电阻值不应增加，为此，设计要求，安装工艺质量是很重要的环节，施工中应是边施工，边验收。

（1）引下线的直流电阻值。混凝土钢筋柱内的主钢筋尽量全部焊接在一起，每焊接一段，应测量该段的直流电阻不应超过表 8-1 中的数值。

表 8-1　不同横截面积每 100m 钢筋或铜导线所具有的直流电阻值

主钢筋	直径/mm	$\phi 8$	$\phi 10$	$\phi 12$	$\phi 14$	$\phi 16$	$\phi 18$	$\phi 20$	$\phi 22$	$\phi 28$
	横截面积/mm²	50	75	95	150	200	250	300	379	600
	直流电阻/Ω	1.96	1.30	1.03	0.65	0.49	0.39	0.33	0.26	0.16
铜导线	横截面积/mm²	50	70	95	150	185	240	300	400	—
	直流电阻/Ω	0.34	0.24	0.18	0.11	0.09	0.07	0.06	0.04	—

表 8-1 中电阻值根据以下公式计算

$$R=\rho\frac{L}{S}$$

式中 R——直流电阻值，Ω；

ρ——电阻率，$\Omega \cdot mm^2/m$；

L——金属导长度，m；

S——横截面积，mm^2。

钢电率为：$\rho_{钢}=9.78\Omega \cdot mm^2/m$；铜电阻率为：$\rho_{铜}=1.69\Omega \cdot mm^2/m$。

引下线的直流电阻值，用凯尔文电桥测量。

引下线的直流电阻应<0.5Ω，越小越好应趋近于0，如直流电阻值增大，可增大引下线的横截面积来解决。

（2）接地装置的断开点。保证接地装置接地电阻值合格，是物业运行管理的主要运行指标。防雷引下线的直流电阻值，统一接地装置的接地电阻，每年4月30日雨季前（华北地区）要进行一次预防性测试。为了分析损坏原因，统一接地装置和室内接地网和防雷引下线应断开测试，引下线用电桥测量直流电阻值，接地装置用ZC-8型测量仪测量接地电阻。

统一接地装置和变电所室内接地网和避雷网的引下线均有两个以上的接入点，为了测试的需要，仅允许有一条引下线焊接，其他均应做断接卡子连接。

断接卡子搭接长度应≥100mm，用两个M10镀锌螺栓连接。螺栓孔中间距60mm。

（3）辅助接地体（极）的安装。目前测试接地电阻的仪表一般使用的仪表是ZC-8型或ZC-29型接地电阻测量仪。使用该表测试时需要砸接临时辅助接地极。接地电阻测试仪测试连接图如图8-5所示。

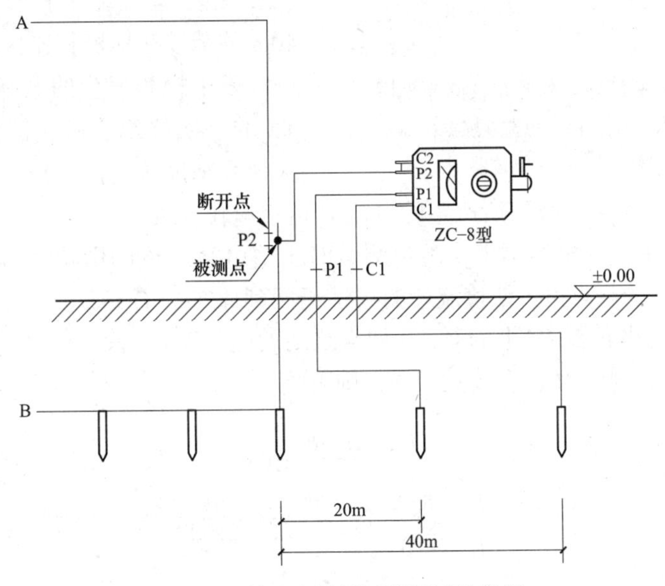

图8-5 接地电阻测试仪测试连接图

P1—第1辅助接地极；P2—被测接地极；C1—第2辅助接地极；A—由变电所接地网引来；B—由地下防雷接地（极）体引来

测试时，把所有接地网与接地体（极）、防雷引下线与接地体（极）从断开点处断开。接地体（极）的引出点作为被测点（P2）（ZC-8型仪表在仪表端子处把C2与P2短接，测被测点P2、C1、P1为辅助接地极接线端子；ZC-29型仪表E为被测接地极端子，C、P为辅助接地极接线端子）。除此之外还要再砸设两根ϕ25长1m的辅助金属接地体（极）（俗称钎子)。第1根辅助接地体(钎子)距被测接地体(极)20m,用20m长1.5mm^{2}塑料绝缘铜线接入仪表P1端子上,第2根辅助接地体(钎子)距被测接地体(极)40m,用40m长1.5mm^{2}塑料绝缘铜线接入仪表C1端子上。测试完成后,第1、2根辅助接地体(极)全部拆除,下次测试时,再重新砸接,每年如此,这样被测接地体(极)处,就需要测试空间,楼宇智能化的今天,楼宇与楼宇之间寸土必争,很难留下空间,即使楼宇建设时留下了空间,到使用时也没有了,为此,在楼宇建设时,应按图8-5的接线要求,把辅助接地体(极)做成永久性的砸设在地下,这样将解决了接地电阻的测试之难。

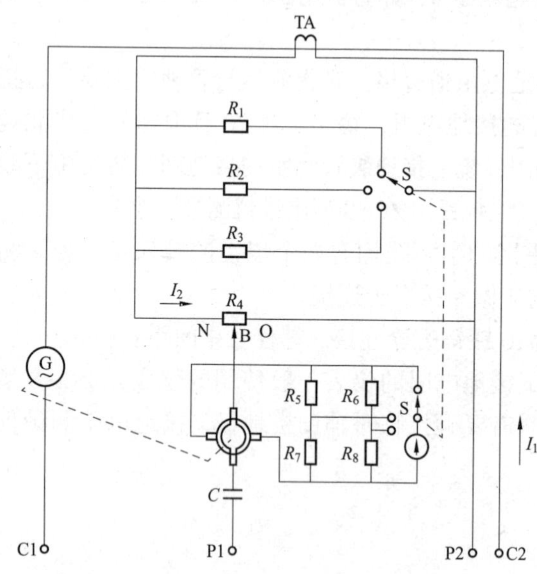

图8-6 ZC-8型接地电阻测量仪的原理图
G—交流发电机;TA—电流互感器;
S—转换开关;R_4—电位器

(4)ZC-8型接地电阻测量仪工作原理。ZC-8型接地电阻测量仪工作原理图,如图8-6所示。为避免市电中杂散电流的干扰,G的频率采用90~98周/s。当以120r/min的速度转动G时,使产生98周/s的交流电源。

仪表的接线端子P2、C2短接后(ZC-29型在仪表内部短接,引出端子为E)连接被测接地体(极),另外两个端子P1(ZC-29型为P)和距被测接地极为20m的辅助接地极相连接,C1端子(ZC-29型为C端子)和距被测接地极为40m的辅助接地极相连接。

发电机G发生的电流I_1经电流互感器TA的一次绕组、所测试的接地体(极)、大地和辅助接地体(极)回到发电机G。

由电流互感器TA二次绕组所产生的电流I_2流经电位器R_4。

在检流计电路中接入电容器C,避免测试时土壤电解电流的影响。当检测计指针偏转时,调节电位器R_4的触点B,使检流计的指针仍回到原来的O位。此时,C2和P1(E和P)之间的电位差与电位器R_4上的O、B两点之间的电位差是相等的。

如果标度盘的满刻度为10,读数为N,则可得

$$I1 r_x = I_2 R_4 \frac{N}{10}$$

则

$$r_x = \frac{I_2}{I_1} \cdot \frac{R_4 N}{10} \text{(} r_x \text{为被测电阻值)}$$

如

$$I_2 = I_1$$

则

$$r_x = R_4 \frac{N}{10}$$

如

$$I_2 = \frac{I_1}{10}$$

则

$$r_x = R_4 \frac{N}{100}$$

如
$$I_2=\frac{I_1}{100}$$
则
$$r_x=R_4\frac{N}{1000}$$
利用开关 S 改变 I_1 与 I_2 的比率，可以得到如下的量程：

0～1000Ω，0～100Ω，0～10Ω

0～100Ω，0～10Ω，0～1Ω

第二节　10/0.4kV 供配电系统的防雷与接地

一、概述

1. 触电的危险性

（1）流经人体的电流。电流流经人体的途径，对于触电的伤害程度影响甚大。根据实验研究，认为流经人体的电流，当交流在 15～20mA 及直流在 50mA 以下的数值，对人体是安全的。因为，对大多数人来说，是可以不需要人帮助能自行摆脱掉带电体的。即使是这样的电流，如果长时间地流经人体，依然是有生命危险的。

（2）人体的电阻。人体的电阻最高可达 4～100kΩ，最低可降到 600～800Ω。

人体电阻不是固定不变的，人体电阻与人的基因、人的素质、人的心情、人的工作性质、人的工作环境有关，所以每个人的人体电阻也是不一样的。

（3）安全电压。我国规定的安全电压为 42、36、24、12、6V。12V 及 6V 为绝对安全电压。潮湿环境及水下可采用绝对安全电压。

2. 有关接地的基本知识

（1）低压和高压电气设备。电气设备中任何带电部分的对地电压，不论是在正常还是在故障接地的情况下，电压≤250V 的设备则称为低压电气设备；若对地电压>250V 的，则称为高压电气设备。

（2）接触电压。在接地电流回路上，一人同时触及的两点间所呈现的电位差，称为接触电压。接触电压在越近接地体处或碰地处越小，越远接地处或碰地处则越大。在距接地处或碰地处约 20m 以外的地方，接触电压最大，可达电气设备的对地电压。

（3）跨步电压。当电气设备碰壳或电力系统的一相碰地时，则有电流向接地体或碰地处的四周流散开去，而在地面上呈现出不同的电位分布。当人的两脚站在这种带有不同电位的地面上时，两脚间所呈现的电位差，称为跨步电压。

跨步电压，一般取人的跨距为 0.8m。跨步电压的大小，随着与接地体或碰地处间的距离而变化。当人的一脚踏在接地体上或碰地处时，跨步电压最大；若距接地体或碰地处达 20m 以上时，则跨步电压接近于 0。

二、变配电室内接地系统

1. 接地体的布设

10/0.4kV 变配电室接地体（极），宜砸设在变配电室室外距地坪 1m 的地下，位置应选在高压电缆进出线附近，距建筑物墙3m，单个接地体（极）的相互间距应大于两倍接地体的长度。接地体（极）的连接线宜采用60mm×6mm热镀锌扁钢。连接线焊接工艺按规范要求做。接地体（极）的引出线不应少于两条。变电站内接地网，因为是统一均压接地网，所以接地体（极）总的接地电阻应<0.5Ω，达不到时应加长或加多接地体（极）或加大接地体截面积来解决。

2. 接地网和等电位联结

10/0.4kV变电站内接地网布设图如图8-7所示。

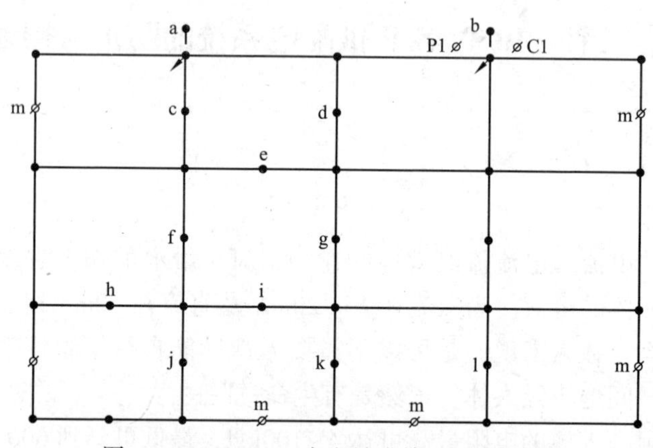

图8-7 10/0.4kV变电站内接地网布设图

图8-7中，网格四周围40mm×4mm热镀锌扁钢敷设在室内四周墙壁上，扁钢底边距室内完成地面标高300mm。扁钢涂刷黄绿相间颜色。接地网的其他网格用60mm×6mm热镀锌扁钢焊接，敷设在混凝土地面内或地板下。设备需要接地时，从网格连接线中焊接引线即可。

智能楼宇的接地系统要求是统一的、等电位联结的接地系统。变配电室是智能楼宇统一的、等电位联结的接地系统的中心。满足统一的、等电位联结的接地系统是：防雷接地体（极）与变配电系统接地体（极）、电子系统接地体（极）在地下砸设时，就应在地下连接在一起；建筑物每层的钢筋结构均应做均压等电位联结，然后和引下线连接起来；大楼内所有金属结构、金属设施都应和变配电室内接地系统连接在一起。

等电位联结：就是建筑物内所有金属物，如混凝土内的钢筋、金属自来水管、排水管、煤气管，以及其他金属管道、机器基础金属物和大型的埋地金属物、电缆金属屏蔽层、电力系统的中性线、防雷建筑物的接地线，全部用电气连接的方法连接起来，使整个建筑物空间成为一个良好的等电位体。当雷电袭击的时候，在这建筑物内部和附近大体上是等电位的，而不会发生内部设备被高电位反击和人被电击的事故。此外，电力线、电话线、电视视频电缆、电子计算机信号传输线等，一切与外界有联系的金属线都要接上合理的过电压保护装置（避雷器），且装置要与建筑物的防雷接地装置直接进行电压连接，使之成为等电位（实际上是准等电位，因为正常时各导线之间的电位差和雷击时的残压与雷电压是微不足道的，所以一般把这样的连接也称为等电位联结）。

等电位连接，不但使建筑物及其内部的设备防雷能力大大提高，同时，也降低了统一接地系统的接地电阻值。

图8-7中，a、b为接地体（极）与室内接地网的连接点（此处应能断开，连接点不应

少于两点)。每年对接地体（极）接地电阻进行测试时都要把接地网的所有断开点断开，在 a 处或 b 处进行测试。在固定的测试点（a 或 b）处，应装设有永久辅助接地体（极）P1 和 C1。m 为可拆卸的临时接地端子，端子为铜质蝶形螺帽。c~l 为焊接在接地网格上的固定接地点，焊接点的位置由设备的位置设定。固定焊接点主要焊接的设备有：高压开关柜、低压开关柜、变压器、直流电源柜的基础槽钢（焊接点不应少于两点)、金属门窗等。

三、 高压配电设备接地

目前 10kV 供电系统大部分采用的 IT 系统，如图 8-8 所示。IT 系统（即三相三线制，中性点不接地系统)，其 10kV 供电变压器 TM/(110/10kV）的中性点不接地或通过 R 接地。用电设备端的变压器 TM/(10/0.4kV）Dyn11 接线的变压器，10kV 侧中性点不接地，0.4kV 侧中性点接地，变压器铁芯及外壳接地。

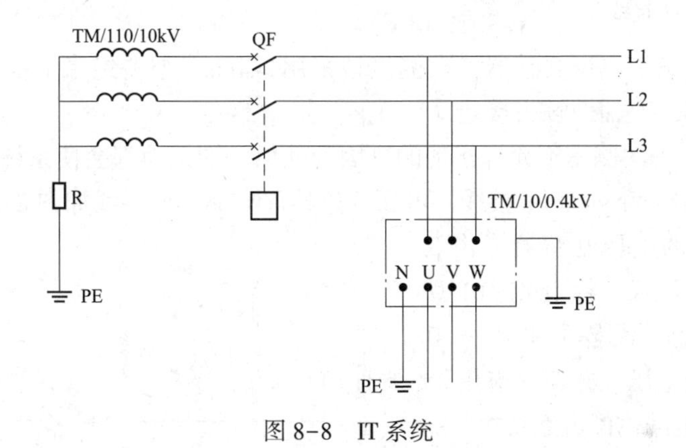

图 8-8　IT 系统

IT 系统防止间接电击的具体措施是：当发生第一次接地故障时，保证电气设备的外露可导电部分（设备金属外壳）上的接触电压不应超过 36V。此时的电力系统仍可继续运行，但应发出声光信号，警告变电站运行值班人员及时消除故障，以免发生第二次接地故障，否则，将造成电力系统的相间短路。如第一次单相接地故障尚未消除，又发生第二次短路故障时，必须根据不同的接线方式，采用类似 TN 或 TT 系统的防止间接电击的措施，以确保人身和财产安全。

1. 高压开关柜接地

高压柜基础槽钢用 60mm×6mm 热镀锌扁钢和接地网焊接在一起。连接线应不少于 2 条。

高压柜用≥M12 镀锌螺栓固定在基础槽钢上，然后再用≥M10 镀锌螺栓把高压开关柜横向连接起来。

2. 电压互感器接地

(1) 电压互感器 V-V 接线。两支单相电压互感器 V-V 接线如图 8-9 所示，该接线方式是目前国内 10kV 供配电系统电压计量中被广泛采用的一种接线方式。其一、二次各采用两套绕组接成 V-V 形式，计量三相线电压，其特点是经济实用、简单易行。

一次侧接 10kV 线电压，二次侧 UV、VW、UW 为 100V 线电压，电压比 $K=U_{\mathrm{U1V1}}/U_{\mathrm{U2V2}}=$

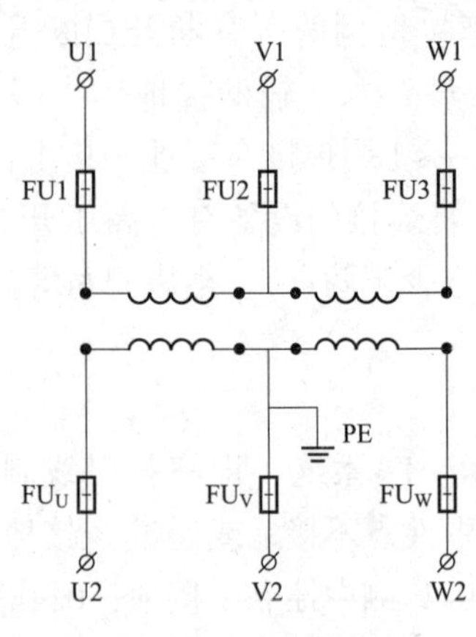

图 8-9 两台单相电压互感器 V-V 接线

$U_{V1W1}/U_{V2W2}=U_{U1W1}/U_{U2W2}=10000V/100V=100$。

电压互感器装于计量柜中，用来测量 10kV 系统的三相线电压，同时可作为三相有功、无功功率表，三相有功、无功电能表，峰谷需量表及功率因数表电压线圈的电压信号。

在 V-V 形接线中，电压互感器的三相总容量为

$$S=\sqrt{3}\ S_1$$

式中 S_1——单相电压互感器的容量。

在图 8-9 中，V-V 形接线的电压互感器二次侧要有一个接地点（PE），主要是考虑人身安全和设备安全。当一、二次侧绕组间的绝缘被一次侧高压击穿时，其高压会窜到二次侧。为了保护人身和设备的安全，电压互感器二次侧必须可靠接地（PE）。

手车式高压计量柜电压互感器二次侧接地采用≥4mm^2 塑料绝缘铜线接地手车机构上，手车机构通过手车二次辅助触头接地（PE）。

V-V 接线时，一次侧是不允许接地的，因为任何一端接地都会使系统一相直接接地。

（2）电压互感器 YNyno △形接线。电压互感器 YNyno △形接线如图 8-10 所示。

YNyno △接线的电压互感器是由 3 台单相环氧树脂浇注式绝缘 JDZJ-10 型电压互感器组成的，代替了 JSJW-10 型三相五柱油浸式电压互感器，应用于 10kV 中性点不接地的供配电系统中。

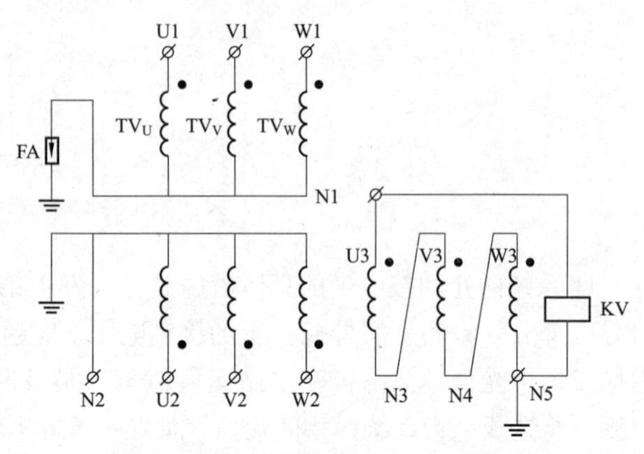

图 8-10 电压互感器 YNyno △形接线

每个单相 JDZJ-10 型电压互感器有 3 套绕组：一次绕组、二次绕组和辅助绕组。在图 8-10 中，U1 相电压互感器 TV_U 一次绕组承受电压为 $10000V/\sqrt{3}$。二次绕组承受电压为 $100V/\sqrt{3}$。V1 相、W1 相与此相同。

3 只单相 JDZJ-10 型电压互感器组成 YNyno △接线，一次为 Y 接，线电压 $U_{U1V1}=U_{V1W1}=U_{U1W1}=10000V$。中性点 N1 通过 RXQ-10 型消谐器接地，做防雷接地保护，其次是抑制电压互感器因某种原因产生的铁磁谐振。二次为 Y 接，线电压 $U_{U2V2}=U_{V2W2}=U_{U2W2}=100V$。二次三相 100V 线电压可作为三相有功、无功功率表，三相有功、无功电能表，电压表，峰谷需量表，功率因数表及计算机计量系统的电压信号；也可作为电压继电器，功率方向继电器电压线圈的电压信号；“△”开口三角形接线的绕组可取得接地故障信号。

二次三个辅助绕组连接成“△”形，如图 8-10 所示，绕组首尾相接即，V3、N3 相接，W3、N4 相接。开口端 N5、U3 间接电压继电器 KV，N5 端接地（PE），二次三相 Y 接绕组的中性点也接地（PE）。

当 Y 接中性点地的一次 10KV 系统任一相接地时，开口三角形的两端将产生 100V 电压，该电压使电压继电器 KV 动作，向计算机系统发出接地故障信号。

注意：由3只单相电压互感器组成Y接线时，其一次侧中性点必须接地。但为了防止铁磁谐振，可通过消谐器接地。因为电压互感器在系统中，不仅有电压的测量作用，还起着绝缘监视、绝缘保护作用。

当一次侧发生单相接地故障时，系统中会出现零序电流。如果一次侧中性点没有接地，也就没有了零序电流通路和零序电流，则KV两端也就没有100V电压，发不出接地信号。

浇注式电压互感器的铁芯和油浸式电压互感器的外壳均应接地，二次侧绕组的中性点也必须接地。因为，电压互感的一次绕组直接接于10kV高压系统，如果在运行中电压互感器的绝缘发生击穿，高压将窜入二次回路，此时，除损坏二次设备外，还会威胁到运行人员人身安全，所以二次侧中性必须接地。

关于二次侧接地点，通常设置在端子箱内。由于保护装置和测量表计均在主控室，而主控室距设备端子箱较远，负荷电流或故障电流会在传输导线上产生电压降，使接地的小母线在主控室与配线装置之间有电位差，使接地小母线的电位不为0，这样，就使可靠性降低，也给测量带来误差，为此，接地点均应在主控室保护屏经端子接地，而在配电装置处，只设置试验检修用的安全接地点。

有绝缘监视作用的电压互感器，如JDZJ-10型电压互感器，其非线性电感会与系统的对地电容构成铁磁谐振，引起谐振过电压。当系统发生单相接地时，故障点流过电容电流，未接地相对地电压升高到线电压，其对电容上充以线电压（此时，电压互感器的励磁阻抗很大，故流过的电流很小）。但是，一旦故障点消除，非接地相在接地故障期间，已充电的线电压只能通过电压互感器一次侧高压绕组，经原来的接地中性点泄入大地。在这一瞬变过程中，电压互感器一次侧高压绕组的非接地两相的励磁电流就要突增，甚至可能导致饱和，构成相间串联谐振。由于谐振，可能造成电压互感器一次侧熔断器熔断。造成电压保护控制系统失控，则造成跳闸事故。但因接地电弧时间不同，故障点的切除不一定都在非接地相电压达到最大值的严重情况下发生。因此，每次单相接地故障消除时，不一定都在电压互感器一次侧高压绕组中产生很大的冲击电流，故高压熔断器的熔断情况不尽相同。

为了避免因谐振带来的危害，可通过改变系统参数来避开谐振区域。采取在开口三角形绕组的一端和一次绕组的中性点通过电阻或消谐器接地。

（3）RXQ-10型消谐器。RXQ-10型消谐器是由大容量的碳化硅片及散热片、线性电阻等组装于瓷套管内而成。为保证散热效果，上下盖板上均留有散热孔。

安装接线注意：消谐器上端与电压互感器高压绕组中性点连接，下端与接地网连接，不要倒接。上端与周围的接地体空气距离不小于3cm。

在一个系统中，如装有多台电压互感器时，应在每台电压互感器的三相高压绕组中性点装一只消谐器，才能有效地限制弧光接地过电压和消除铁磁谐振。

3. 电流互感器接地

电流互感器二次电流表的接线如图8-11所示。图中（a）~（d）四种接线形式中，无论哪种接线，电流互感器二次均应做接地（PE）保护，因电流互感器一次侧L1、L2、L3为高电压，当一次侧和二次侧绝缘损坏时，一次侧高压就会窜到二次侧，伤害人员和设备。

电流互感器如多只时，如图8-11（b）~（d），二次接地（PE）时，应为二次绕组的同极性接地。

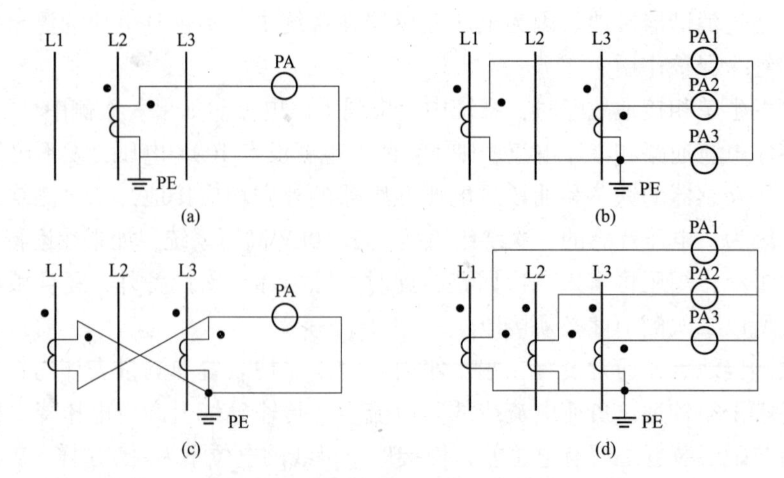

图 8-11 电流互感器二次电流表的接线

(a) 1 只电流互感器接 1 只电流表；(b) 不完全 Y 接线；(c) 两相电流表差接线；(d) Y 形接线

电流互感器铁心也应做接地保护。PE 应就近接地，接开关柜金属外壳上。接地线（PE）应≥4mm² 铜导线。

4. 电缆接地

在电缆线路中，当电缆绝缘损坏时，在电缆的外皮、铠甲及接头盒上都可能呈现电压。当电缆在地下敷设时，因为人接触不到，所以不必沿线路把金属外皮和铠甲接地，只要将电缆两端接地，即将电缆的外皮、铠甲和终端盒连接到两端的总接地网上即可。为了保证接地的可靠性，在制作电缆头和中间接头时，应注意如下几点。

（1）电缆头。在制作电缆头时，电缆铠甲的接地引出线应采用铜裸导线或编织软铜线，其横截面积应≥10mm²。与铠甲的连接处应焊接。

YJV、YJLV，系列交联聚乙烯绝缘聚氯乙烯护套电力电缆，带半导体包带的电缆结构从内向外是导体、导体屏蔽、交联聚乙烯绝缘、绝缘屏蔽、金属屏蔽、填充、内衬层、铠装层、外护套等。做电缆头时，注意：导体屏蔽、绝缘屏蔽、金属屏蔽、铠装层均应做电气连接，然后做接地线引出。

电缆铠甲接地引出线的接法如图 8-12 所示。如图 8-12（b）所示，带零序电流互感器的电缆铠甲接地引出线，从电缆头引出后，应穿过零序电流互感器 TAo 后再接地。

（2）中间盒。电缆中间盒安装时，应把中间盒两端电缆铠甲用≥16mm² 铜导线连接起来。

5. 高压接地开关接地

以 KYN28-12 型户内金属铠装中置式手车高压开关柜为例，高压接地开关的接地线如图 8-13 所示。

四、低压配电设备接地

1. 低压开关柜接地

低压开关柜基础槽钢用 60mm×6mm 热镀锌扁钢和接地网焊接在一起。连接线应不少于两条。

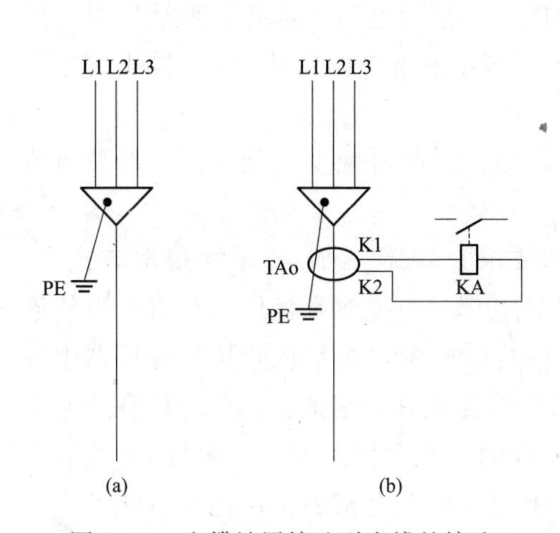

图 8-12　电缆铠甲接地引出线的接法

（a）不带零序电流互感器的接法；

（b）带零序电流互感器接法

TAo—零序电流互感器；KA—电流继电器

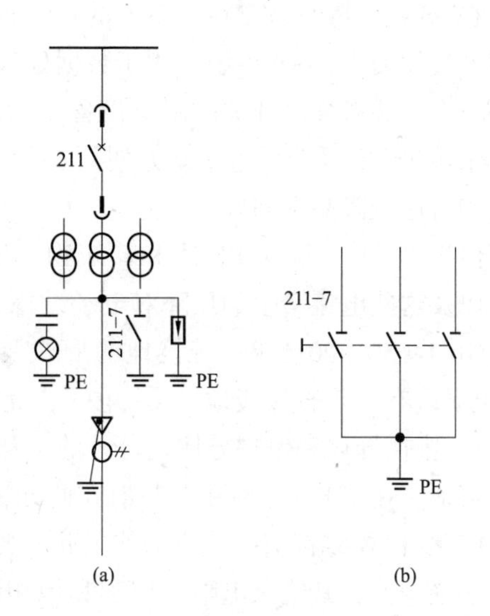

图 8-13　KYN28-12 型户内金属铠装中置式手车高压开关柜

（a）211-7 在高压柜内一次回路中的位置；

（b）高压接地开关

211-7—高压接地开关

低压开关柜用≥M12 镀锌螺栓固定在基础槽钢上，然后再用≥M10 镀锌螺栓把低压开关柜横向连接起来。

2. TN-S 系统与 PE 主母线

TN-S 系统，即我们所说的“三相五线制保护接地系统。”目前国内 10/0.4kV 供配电系统中，低压 380/220V 供配电中，TN-S 系统被广泛应用。TN-S 系统如图 8-14 所示，该系统规定，中性线 N 与保护接地线 PE 分开，N 线仅在供电变压器中性点引出端与 PE 主母线有金属连接，并接地，其接地电阻小于 4Ω，从此开始，中性线 N 和 PE 不允许有任何处金属连接，并对地是绝缘的。保护接地线 PE 是为满足某些防护需要，而用来与外露可导电部分、接地端子、接地极、电源接地点或人工接地点，做电气连接的导体。中性线 N 中，仅流过系统中的不平衡电流及 L 线与 N 线短路时的单相短路电流，而 L 线对于设备金属外壳及地短路时的故障电流，则流经 PE 线。

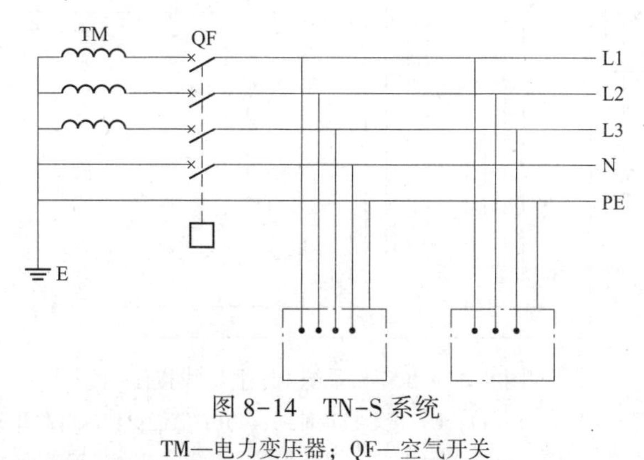

图 8-14　TN-S 系统

TM—电力变压器；QF—空气开关

TN-S 系统除具有 TN-C 系统的优点外，还具有其特殊性。TN-S 系统的电源开关，希望用 4 极开关。TN-S 系统适用于数据处理和精密电子仪器设备的供电，也可用于防爆危险的环境中。装有漏电开关的用电设备，在民用建筑内部，家用电器大都有单独接地点的插头，采用 TN-S 系统供电，既方便又安全。但 TN-S 系统不能解决相线对大地短路引起电压升高和对地故障蔓延问题。

由于 TN-S 系统的 PE 线和建筑物处于等电位联结，因此可减少杂散电流、谐波电流等，以及这些电流产生的压降对电子设备的干扰。

GB 14050—2016《系统接地的形式及安全技术要求》规定，TN-S 系线接地方式中：T—电源端有一点直接接地；N—电气装置的外露可导电部分与电源端接地点有直接电气连接；S—中性导体和保护导体是分开的。从规定中可知：PE 线和 N 线应直接接变压器中性点再接地。在 TN-S 系统中，只有在此处，PE 线和 N 线是接在一起的，其他无论在任何地方，PE 线和 N 线都应是绝缘的。因此，要求竣工验收时，应把该点解开，测量 PE 线和 N 线间的绝缘值，其绝缘电阻值应和其他相间绝缘电阻值一样，合格后，再把该点接上。如绝缘不合格，就把该点接上，那就形成 TN-C 系统了，系统中所有漏电开关将跳闸，合不上闸。

甚至有人在安装时，把变压器的中性点 N 接入接地极的接地网 E 上，而把低压（380/220V）配电柜中的 PE 主母线线排也单独接入接地极的接地网 E 上，使 PE 主母线通过接地网扁钢和变压器中线点 N 连接，这是错误的接法。实际上，这已形成了 TT 系统，而不是 TN-S 系统了，如果某相对设备金属外壳短路，将影响电源开关跳闸速度，使事故电压蔓延，造成对人身和设备伤害。

低压配电柜内 PE 主母线必须是同金属、同质量、同横截面积和配电柜内 N 主母线在变压器中性点 N 处连接在一起，然后再接接地极的接地网 E，该接地线的横截面积应和 N 主母线同质量、同横截面积。

大截面 N 主母线需要和 PE 主母线连接在一起，再接变压器中性点 N，导致制造、安装都比较困难，较简单的制作、安装方法。图 8-15 所示为 TN-S 系统 PE 主母线接法。按此做法，降低了制作、安装成本，安装又方便、简捷，又达到了实用的目的。

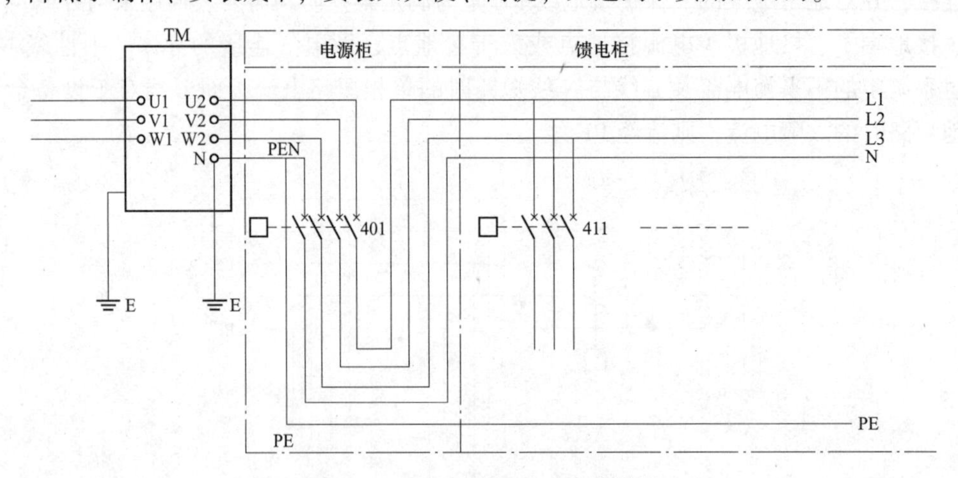

图 8-15　TN-S 系统 PE 主母线接法

TM—10/0.4kV 电力变压器接线；Dyn11；E—接地极接地网；401—储能操作的电源开关；411—储能操作的馈电开关；L1、L2、L3—相线主母线；N—工作零线主母线；PE—保护接零、接地主母线

因此，建议设计、安装订货时，应要求配电柜生产厂家，把主电源开关（401 开关）配电柜内 PE 主母线排和 N 主母线排，用可拆卸的连接母线连接起来（图 8-15 中 PEN 点和 PE 点连接起来）。连接母线排的材料质量、横截面积应和 N 主母线一样。如果电源开关（如 401 开关）是 4 极开关，PE 主母线排应接在主电源开关（401 开关）的电源侧（上口），与 N 主母线（PEN 点）连接起来。

综上所述，如在订货时解决，举手之劳解决了大问题。以上的问题，往往都是设计图交代不清，该画详图的没画详图，形成安装自作主张随意安装造成的。再者，由于技术人员对 IT、TT、TN-C、TN-S、TN-C-S 各种接地方式的认识、理解不一致，造成技术上的混乱。

3. 工作接地

在电力系统中，为保证系统的安全运行，将电气回路中某一点接地，例如，图 8-15 中，电力变压器 TM 中性点 N 接地；380/220V 发电机中性点接地；110kV 及以上高压系统中的中性点接地；带绝缘监视的电压互感器一次侧中性点接地等均称为工作接地。

工作接地能够稳定设备导电部分的对地电压；工作接地使输电线路间的线间绝缘降为对地绝缘，使绝缘承受能力降低。相对地短路时接地电流增大。

4. 保护接零

为防止因电气设备绝缘损坏或带电体碰壳使人身遭受触电危险，将电气设备在正常情况下不带电的金属外壳与中性点直接接地的系统中的零线相连接（REN），称为保护接零，在保护接零的情况下，当设备发生电碰外壳故障时，将直接造成电源的短路，产生大的短路电流，则电气回路中的断路器、熔断器，就会迅速跳开、熔断，从而保护了人身安全和设备安全。

5. 保护接地

为防止因电气设备绝缘损坏或带电体碰壳使人身遭受触电危险。将电气设备正常情况下不带电的金属外壳与接地体相连接，称为保护接地。图 8-16 所示即 TT 供电系统及保护方式。在保护接地的情况下，当设备发生电源碰壳故障时，人触到设备外壳后借助于接地体与人（正常人的电阻为 1700Ω，接地体的电阻为 4Ω 以下）之间的分流起到保护人员的安全。

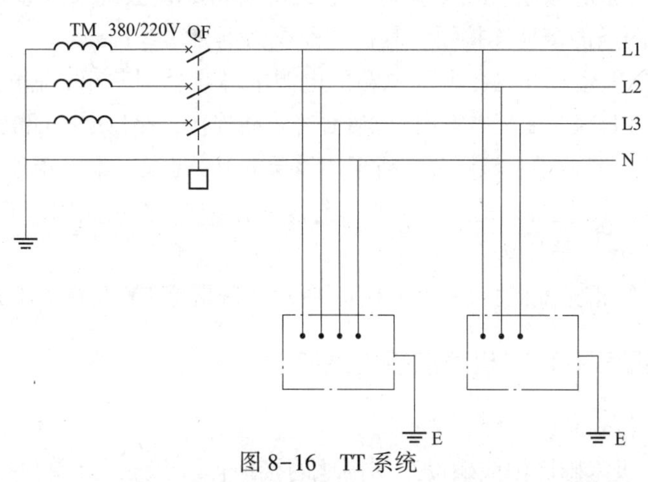

图 8-16 TT 系统

TM—电力变压器 10/0.4kV 接线 Dyn11；QF—储能操作的断路器

6. 电气竖井、桥架、金属线槽、配电箱的接地

电气竖井接地系统如图 8-17 所示。大楼的供配电系统，以变配电室为中心，送出的电

缆桥架，直至电气竖井底层垂直向上，在竖井内每一层都设置有配电箱，配电箱再把从垂直桥架引入的电缆电源通过分配后，再通过桥架送给该层各分配电箱。总之，哪里有电源，哪里就得有PE线。

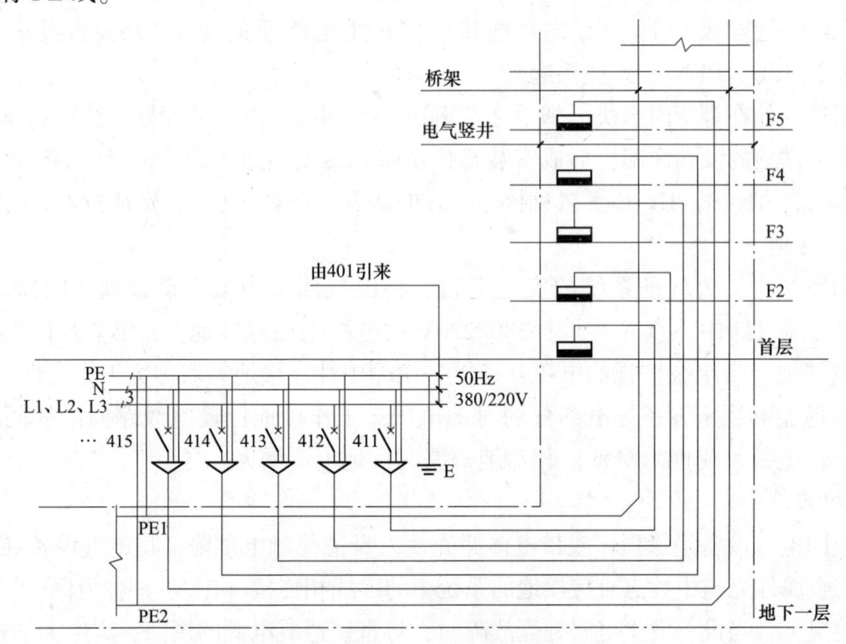

图 8-17　电气竖井接地系统

PE—保护地线主母线；N—工作零线主母线；L1、L2、L3—相线主母线；PE1、PE2—电缆桥架接地点；E—和变压器中性点N有电气连接的接地点；401—电源开关；411~415—馈电开关

竖井垂直主桥架从始端（见图8-17中的PE1、PE2点）接保护地PE，从PE主母线至桥架（PE1、PE2）接地点不少于两点，连接线横截面积为铜导线≥16mm²。如是喷塑桥架，每段之间应做跨接线做电气连接。每层分支桥架和垂直主桥架应做直接连接，如果达不到，应做不少于两条的接地连接线，其横截面积为铜导线≥16mm²。

从变配电室送向大楼竖井内各层配电箱的电源电缆应采用三相五芯电缆（L1、L2、L3、N、PE）。电缆内的PE线在变配电室内应与PE主母线连接，在每层的配电箱内应与配电箱内的PE母线排连接。竖直桥架、该层分支桥架、该层的PE母线、配电箱外壳、送出的穿管线的管壁、竖井的金属门、竖井内的弱电桥架、金属线槽均应与配电箱内的PE母线排连接。

7. 380/220V 母线防雷接地

380/220V 母线防雷接地的接法如图 8-18 所示。避雷器 FV 接在 401 开关电源侧。

五、发电机机房和UPS机房的接地系统

1. 发电机机房接地系统

380/220V 发电机基础周围应砸设工作接地的接地体（极），其单独接地体（极）接地电阻≤4Ω［有条件的情况下，接地体（极）在地下应和变配电室地下接地网、建筑物地下接地网连接起来］。

机房接地网应用 40mm×4mm 热镀锌扁钢敷设在四周墙壁上，扁钢底边距室内完成地面

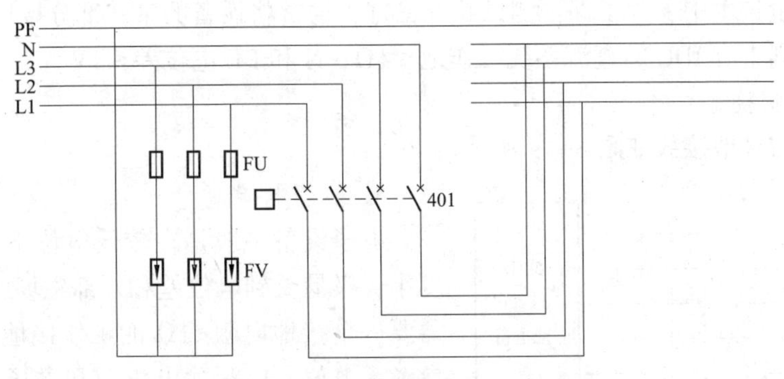

图 8-18　380/220V 母线防雷接地的接法

FU—熔断器；FV—避雷器；401—电源主开关

标高 300mm。由接地体（极）引向接地网的热镀锌扁钢应不少于 2 条，引入处应做断开点。

发电机电源柜（即并网柜）内应设置 PE 母线排，PE 母线排接室内接地网接地，发电机的中性点也在此接地，市电的 PE 线也在此连接，电源柜的外壳也在此接地。

2. 发电机机房设施保护接地

以下设备的保护接地均由机房内四周墙壁上的接地网在各自适当的位置引出：发电机控制柜，直流电源柜（包括工作接地），蓄电池支架，发电机机组外壳，油箱，输油管道，排风机，自来水管道，电源柜、控制柜、直流电源柜及蓄电池支架的基础槽钢，流水沟的槽钢边缘，发电机机房金属防火门、金属窗，自然排风口，排风管道。

3. UPS 机房接地系统

UPS 机房由市电引来的 PE 线做保护接地系统。

第三节　楼宇系统的防雷接地与保护接地

一、 计算机机房的接地系统

1. 机房电源配电箱

机房电源配电箱内应设有 PE 母线。PE 母线接电源电缆的 PE 线。工作接地也接在 PE 母线上，其接地电阻值≤1Ω。配电箱外壳、桥架、金属穿线管管壁的保护接地均接在 PE 母线上。

2. 活动地板支架的接地

活动地板内的四周应做有 40mm×4mm 热镀锌扁钢接地网，该接地网为统一接地网。接地网的接地点由电源配电箱内 PE 母线引来，引线为铜导线，其横截面积≥16mm^2。每个支架的单独接地线为≥4mm^2 的铜导线。

统一接地网上应装有≥M10 蝶形铜质的临时接地螺栓。

3. 工作接地

智能楼宇的工作接地系统，一般是电子线路的工作接地，其接地电阻值≤1Ω。为了保持电路电压处于稳定状态，需要统一参考电位，因此通信设备中的对称电位需要接地。例如通常采用的不对称电路的接地和对称电路的中心对称接地。

在电气测量技术中，为了保证测试状况良好，通常将设备的某些部分接地。

互联网数据中心 IDC 的直流系统工作地≤1Ω，N 和 PE 电位差≤1V。

4. 防雷保护接地

配电箱防雷接地接线如图 8-19 所示。

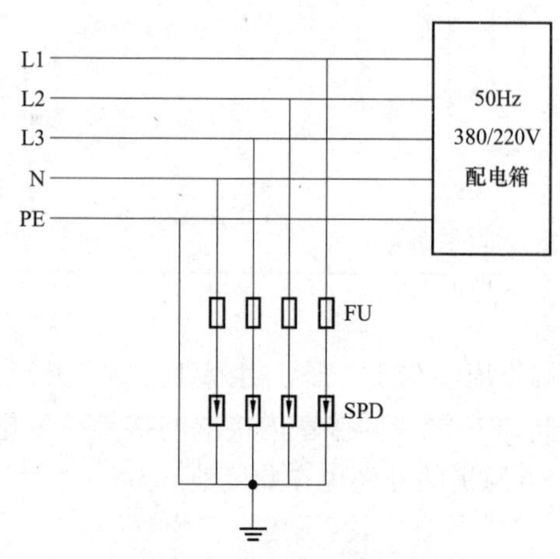

图 8-19　配电箱防雷接地接线

FU—熔断器；SPD—电源电涌防护器

5. 防静电接地

电子设备一般是在较低电位下工作，信号幅度小，极易受到电位差和外部磁场的干扰，因此，需要一个接地电阻<1Ω 的工作接地，统一的公共参考零电位，以消除电位差和磁场的影响。由于计算机房需要有一个比较干燥、清洁的环境，而这种环境极易产生静电，则静电产生了对电子设备的干扰和人身危害。为了防止这种干扰，所有设备外壳均应做电气连接，然后接地。室内应采用导电地板（防静电地板）架设。导电地板必须具有接地连续性措施，房间内所有金属构件都必须可靠接地。做好等电位联结或局部等电位联结，能有效地防止静电带来的影响。

6. 屏蔽接地

在智能楼宇中，设备与线路的布置，防护间距不够的问题是很突出的，防护间距不够的设备与布线必须采取措施，以减弱或防止静电及电磁的相互干扰，这种措施称为屏蔽。静电屏蔽是防止静电场对信号回路的影响，电磁屏蔽是为了防止外来电磁场及布线间之间电磁耦合对电子设备产生干扰。

对于线路来说，为防止来自布线间的相互干扰，电子设备的信号传输线、接地线等尽量远离产生强磁场的场所，布线时尽量不要将有相互干扰的线路平行敷设，布线路径越短越好。当电路干扰超过 3V/m，传输线应采用屏蔽线缆穿钢管或用金属线槽敷设，屏蔽层和金属管两端必须接地。采用屏蔽线时，其屏蔽层应连续，全程屏蔽，接头处 360°焊接，且两端接地。同轴电缆的屏蔽必须与机壳一起接地。

二、中央控制室（中控室）的接地系统

1. 活动地板支架的接地

活动地板内接地系统的做法同计算机房的做法。

2. 工作接地

工作接地值≤1Ω，接地点取自活动地板内接地网，单个接地引线为铜导线，其截面积≥4mm^2。

3. 防雷接地与保护接地

电源配电箱内电源线路的防雷保护接地如图 8-19 所示。保护接地的做法同计算机房电源配电箱的做法。

4. 通风管道、回风管道的接地

中央空调系统送、回风管道既要考虑保护接地又要考虑防静电接地。在风道始端风机

处和风道末端应做接地保护，在防火阀连接处做接地保护。风道在做保温层之前，风道节与节之间应做电气连接，超过20m以上的风道应做接地引出线。

自来水管道、回水管道应在就近接地（PE）点处接地。自来水管道主管道接地点应引入变配电室接地网。

5. 传输线路的屏蔽接地

信号传输线路的屏蔽接地宜在一端（信号的始端）接地。

6. 电梯系统的接地

电梯系统的工作接地、保护接地、屏蔽接地均接入统一的接地网的接地点PE，其接地电阻值≤1Ω。接地点PE随电梯电源线一同引来。

电梯机房的制高点在大楼的防雷保护范围之内，如超出了防雷保护范围，应另考虑避雷针或防雷接地网，引下线除和大楼防雷接地网连接在一起外，还应和机房内PE线连接在一起。

7. 存车场的接地

存车场的保护接地、工作接地、电源防雷接地、屏蔽接地、防静电接地均接于存车场电源配电箱内的PE母线排。PE母线随电源线引来，为铜导线，其横截面积大于等于1/2电源线横截面积，但不能小于4mm²。

存车场进、出口马路面上应装设适当数量的静电泄放装置。泄放装置为铜质或不锈钢材料。泄放装置在路面上未露出部分用40mm×4mm热镀锌扁钢和电源配电箱内PE母线排连接。

8. 厨房的接地系统

厨房的保护接地、防静电接地均接于厨房电源配电箱内的PE母线排上。PE母线排的引线随电源线引来，其横截面积≥4mm²。

电炒锅、电饭锅、电蒸锅、电饼铛、电冰箱、电冰柜、燃气灶、电风扇、排风扇、燃气管道、洗菜池、排水沟金属箅子、金属门窗、自然排风孔、微波炉、和面机、开水炉、电热水器、豆浆机等均应保护接地，保护接地不应串接，应随电源线接入。

燃气管道应在灶台附近接保护地线（PE），有法兰的管道应在法兰两端做跨接线。

厨房储气间地面应装设静电泄放装置，如地面铺设钢板，钢板应做接地保护（PE）。

三、消防控制系统的接地

1. 活动地板支架的接地

活动地板下四周应做有40mm×4mm热镀锌扁钢接地网。设备保护接地（PE），直流电源、电子电路工作接地，传输线路屏蔽接地，活动地板支架接地均接在该接地网上，该接地网引线由消防控制室内电源配电箱PE母线排用40mm×4mm热镀锌扁钢或10mm²铜导线引来。配电箱内PE母线排接地点随电源电缆引来。

2. 消防泵的接地系统

消防泵电源控制柜内，应设有PE母线排，PE母线排接地点随电源电缆引来。PE母线截面积应和相线相同。

消防泵基础附近应做重复接地，重复接地体（极）电阻值应≤10Ω。

消防泵重复接地、消防水管道保护接地、消防水池水接地、流水沟箅子接地均接自消防电源控制柜内PE母线排上，连接线采用40mm×4mm热镀锌扁钢。

四、电话机房、电视、广播音响及公共场所的接地系统

1. 电话机房的接地系统

电话机房的接地系统的接地电阻值应满足工作接地的需要，其接地电阻值≤1Ω。

砸设接地极时，其接地电阻值应≤1Ω 时，再和统一接地网连接在一起。连接处应设断开测试点。

电话机房接地网由 40mm×4mm 热镀锌扁钢布设在活动地板下四周。接地网的接地引入线一是小于等于 1Ω 的接地体（极），二是随机房电源引来的 PE 线。

电话机房设备的保护接地（PE）、直流稳压电源（正极）的工作接地、活动地板支架保护接地（PE）、机房 AC 380/220V 50Hz 电源防雷保护接地、传输线路的屏蔽接地、地面防静电接地均接入电话机房接地网。

2. 电视机、摄像机的接地

中控室内组成电视墙的电视机外框应接地（PE）。

摄像机视频插头的屏蔽层应和硬盘控制器外壳连接在一起接地（PE）。

3. 卫星天线的防雷与接地

卫星天线和无线局域网室外天线，应在大楼屋顶避雷针或避雷网的保护范围内。

卫星天线和无线局域网室外天线，应有馈电线路经 SPD 接入机房等电位接地母排，通过它最终接入电气竖井的接地干线。

天线至机房的所有信号线、电源线均应穿镀钢管保护，镀锌钢管连接处，接线盒处应有良好的电气连接，镀锌钢管接入机房等电位接地母排。

4. LED 显示屏的接地

装于大楼楼顶的 LED 显示屏，应在大楼避雷针或避雷网的保护范围之内。

LED 显示屏应有金属外框（金属外框应做的有装饰性），金属外框两侧接楼顶避雷网。

LED 电源侧应装设电源电涌防护器 SPD。

LED 是源配电箱应金属封闭良好，并接地（PE），就近接避雷网和电源电引来的 PE 线。

电源线或电源电缆应穿镀锌钢管做屏蔽保护。镀锌钢管和电源配电箱、接线盒应电气连接良好。

电源线或电缆线相间和对地绝缘电阻值应≥1MΩ。

5. 淋浴室的等电位联结

有电热水器的淋浴室应做等电位联结。淋浴室内，电热水器外壳、进出水口、喷淋头支架及喷淋头，地面无论绝缘与否均应设置导电板，做等电位联结。

6. 游泳池水下照明灯的接地

我国规定安全电压有 42、36、24、12、6V。12V 及以下为绝对安全电压，所以水下照明灯应采用 12V 或 6V 电压，导线绝缘良好，灯具防水、密封性良好。

游泳池的环境，应是等电位联结的环境，游泳池的四壁、岸边、池底适当的距离内应设置等电位联结板（铜质或不锈钢导电板）。

游泳池环境内的各种电子标示牌、疏散指示灯、电视机、带扩大器的麦克风均应做接地保护（PE）。

参 考 文 献

1. 刘修文．有线电视技术与基本技能［M］．北京：中国电力出版社，2008.

2. 陈一才．楼宇安全系统设计手册［M］．北京：中国计划出版社，1997.

3. 黎连业，黎恒浩，王华．建筑弱电工程设计施工手册［M］．北京：中国电力出版社，2010.

4. 黎连业，王超成，苏畅．综合布线系统工程资质教程［M］．北京：中国电力出版社，2006.

5. 胡崇岳．智能建筑自动化技术［M］．北京：机械工业出版社，1999.

6. 吕景泉．楼宇智能化技术［M］．北京：机械工业出版社，2002.

7. 杨绍胤．智能建筑实用技术［M］．北京：机械工业出版社，2003.

8. 李林．智能大厦系统工程［M］．北京：电子工业出版社，1998.

9. 李英姿．建筑电气施工技术［M］．北京：机械工业出版社，2003.

10. 李英姿．建筑智能化施工技术［M］．北京：机械工业出版社，2004.

11. 梁华．建筑弱电工程设计手册［M］．北京：机械工业出版社，2000.

12. 李东明．建筑弱电工程安装调试手册［M］．北京：中国物价出版社，1993.

13. 程大章．智能建筑工程设计与实施［M］．上海：同济大学出版社．2003.

14. 程周，毛臣健，章小印，等．电气控制与PLC原理及应用［M］．北京：电子工业出版社，2004.

15. 赵永江．楼宇的门禁、监控及车库管理系统［M］．北京：中国电力出版社，2005.

16. 孟宪章．楼宇通信网络实用技术［M］．北京：中国电力出版社，2007.

17. 孟宪章，罗晓梅．10/0.4kV变配电实用技术［M］．北京：机械工业出版社，2007.

18. 孟宪章．智能楼宇电工1000个怎么办［M］．北京：中国电力出版社，2011.

19. 罗晓梅，孟宪章．消防电气技术（第二版）［M］．北京：中国电力出版社，2013.

20. 孟宪章，冯强．消防电气技术1000问［M］．北京：中国电力出版社，2015.